ISBN 978-3-540-03802-3   ISBN 978-3-540-34938-9 (eBook)
DOI 10.1007/978-3-540-34938-9

Die Fortschritte der chemischen Forschung

erscheinen zwanglos in einzeln berechneten Heften, die zu Bänden vereinigt werden. Ihre Aufgabe liegt in der Darbietung monographischer Fortschrittsberichte über aktuelle Themen aus allen Gebieten der chemischen Wissenschaft. Die „Fortschritte" wenden sich an jeden interessierten Chemiker, der sich über die Entwicklung auf den Nachbargebieten zu unterrichten wünscht.

In der Regel werden nur angeforderte Beiträge veröffentlicht, doch sind die Herausgeber für Anregungen hinsichtlich geeigneter Themen jederzeit dankbar. Beiträge können in deutscher, englischer oder französischer Sprache veröffentlicht werden.

Es ist ohne ausdrückliche Genehmigung des Verlages nicht gestattet, photographische Vervielfältigungen, Mikrofilme, Mikrophoto u. ä. von den Heften, von einzelnen Beiträgen oder von Teilen daraus herzustellen.

Herausgeber:

Prof. Dr. *K. Hafner* Institut für Organische Chemie der Technischen Hochschule, 6100 Darmstadt, Schloßgartenstraße 2

Prof. Dr. *E. Heilbronner* Institut für Organische Chemie der Universität, CH-8006 Zürich, Universitätsstraße 6

Prof. Dr. *U. Hofmann* Institut für Anorganische Chemie der Universität, 6900 Heidelberg, Tiergartenstraße

Prof. Dr. *Kl. Schäfer* Institut für Physikalische Chemie der Universität, 6900 Heidelberg, Tiergartenstraße

Prof. Dr. *G. Wittig* Institut für Organische Chemie der Universität, 6900 Heidelberg, Tiergartenstraße

Schriftleitung:

Springer-Verlag Berlin Heidelberg GmbH

Inhalt
9. Band, 1. Heft

Die Bindungsverhältnisse am Silicium-Atom

Doz. Dr. H. Bürger

Institut für Anorganische Chemie der Technischen Hochschule Braunschweig

Inhalt

1. Einführung

Seit der Entdeckung der Direktsynthese vor genau 25 Jahren (*286*) hat sich die Chemie der Organosilicium-Verbindungen sowohl in wissenschaftlicher als auch wirtschaftlicher Sicht stürmisch ausgeweitet. Mit dieser schnellen Entwicklung konnte die Erforschung der physikalischen Eigenschaften neuer Silicium-Verbindungen kaum Schritt halten, zumal man bald erkannte, daß wegen seiner geringeren Elektronegativität und den leicht verfügbaren d-Niveaus das Silicium vielfach andere Eigenschaften als der Kohlenstoff besitzt.

So sind SiH-Gruppen ausgeprägt hydridischer Natur, Si-Halogen-Bindungen polarer als entsprechende Bindungen des Kohlenstoffs, nicht-dative Mehrfachbindungen in der Si-Chemie unbekannt, dafür aber Element-Si-σ-Bindungen häufig durch $(p \rightarrow d)\pi^{1}$)-Mehrfachbindungsanteile verstärkt (SiF, SiCl, SiO SiN).

---

^{1}) Bezeichnung wie in (*97*) vorgeschlagen.

Erst physikalisch-chemische Messungen wie Röntgen- und Elektronenbeugung, Mikrowellenspektroskopie, Bestimmung des Dipolmomentes,
der Kernquadrupolkopplungskonstanten, Elektronen-, Schwingungs-
und Kernresonanzspektroskopie sowie thermodynamische Untersuchungen ermöglichen es uns, Einblick in den Feinbau der Moleküle zu nehmen. Sie lehren uns, makroskopische Beobachtungen zu verstehen und
geben unseren experimentellen Untersuchungen neue Ziele.

Neben der mehr untergeordneten Abhandlung solcher physikalisch-
chemischer Untersuchungen an Silicium-Verbindungen in den Standardwerken (21, 96, 253) widmet sich vor allem *Ebsworth* (97) eingehend
Struktur- und Bindungsproblemen. Zuvor [1959] waren die Zusammenhänge zwischen Bindungsverhältnissen am Si-Atom und Schwingungsspektren von *Kriegsmann* (188) zusammenfassend dargestellt worden.
Seither sind jedoch gerade in dieser Beziehung durch die Möglichkeit,
mit Hilfe verbesserter Potentialansätze und elektronischer Rechenanlagen auch Kraftkonstanten größerer Moleküle zu berechnen, erhebliche
Fortschritte erzielt worden.

2. Zielsetzung

Das Ziel des vorliegenden Beitrages ist es, nach einer Darlegung der Bindungsverhältnisse in der *nicht-silicatischen* Silicium-Chemie tabellarisch
all die Daten zusammenzutragen, die uns verwertbare Informationen
über Geometrie, Elektronenverteilung und Stärke der vom Si-Atom ausgehenden Bindungen geben. Die aus Platzgründen einzig mögliche tabel-
larische Darstellung der Ergebnisse wird selbstverständlich nicht allen
Folgerungen und Argumenten der Originalliteratur gerecht.

Die schnelle Entwicklung der *Kernresonanzspektroskopie* im letzten Jahr-
zehnt brachte es mit sich, daß die experimentell nun leicht zugänglichen
Werte von chemischer Verschiebung und Kopplungskonstanten auch zu
Aussagen über die Elektronenverteilung in Silicium-Element-Bindungen
herangezogen wurden. Kritische Untersuchungen jüngeren Datums (51,
52, 53, 100, 301) stellen jedoch den Wert zu vereinfachter Folgerungen
in Zweifel, da schwierig eliminierbare Terme wie magnetische Anisotropie
und Umhybridisierungseffekte geringe Änderungen der Elektronendichte
an einem mehrere Bindungen entfernten Atom überspielen können. Messungen der ^{29}Si-Kernresonanz an einer Reihe von Silicium-Verbindungen
(156) wurden bisher nicht weiter interpretiert.

Eine der Bedeutung der Kernresonanzspektroskopie in der Analytik von
Si-Verbindungen angemessene Besprechung würde einerseits den Rahmen dieses Beitrages überschreiten, andererseits müßte sie teilweise über-
holte Resultate wiedergeben.

Die tabellarisch zusammengestellten Ergebnisse physikalisch-chemischer Untersuchungen zu den Bindungsverhältnissen am Si-Atom enthalten in den Abschn. 4a) [Abstände, Winkel], 4d) [Kraftkonstanten] und 4e) [Bindungsenergien] alle dem Autor zugänglichen und plausiblen Daten. Abschn. 4b) [Dipolmomente] berücksichtigt neben Bindungsmomenten und Dipolmomenten von Verbindungen ohne SiC-Bindung nur die nach Redaktionsschluß des umfassenden Tabellenwerkes von *McClellan* (229) bekannt gewordenen Momente von Organosilicium-Verbindungen.

3. Bindungstypen in der Silicium-Chemie

a) Ionenbindungen

Als Element mittlerer Elektronegativität [1,8 nach *Pauling*, 1,9 in der *Allred-Rochow*-Skala (3)] bildet das Silicium auch mit stark elektronegativen Partnern wie F, O, Cl und N keine typisch salzartigen Bindungen, sondern überwiegend kovalente Bindungen mit wechselndem Ionencharakter aus. Diese polaren Anteile sind für die Bereitschaft zur heterolytischen Spaltung solcher Bindungen verantwortlich und durch Messung von Bindungsmomenten und Kernquadrupolkopplungskonstanten quantitativ erfaßbar. Bei der Interpretation der Bindungsmomente von Paarungen des Si mit Elementen, die freie Elektronenpaare besitzen, ist allerdings zu berücksichtigen, daß dative $(p \rightarrow d)\pi$-ElSi-Bindungsanteile überlagert sein können, die das Bindungsmoment Si^+El^- stark abbauen [s. 3c)].
Ist, wie in Si—H- oder Si—CR$_3$-Bindungen, keine Möglichkeit zur Ausbildung solcher „komplexer" Mehrfachbindungen gegeben, lassen sich aus den gemessenen Bindungsmomenten μ_{SiEl} [s. 4b)] die Ionenanteile $100 \, \mu/e \cdot r$ berechnen:

Tabelle 1. *Bindungsmomente und Ionenanteile in Si-Element-Bindungen*

μ [D]			$e \cdot r$ [D]	$100 \, \mu/e \cdot r$
$\overset{+}{Si}\overset{-}{H}$	1,58	[SiH$_4$, IR-Intensitäten (18)]	7,10	21
$\overset{+}{Si}\overset{-}{C}$	0,6	[Gruppenmomente (6)]	9,02	7
$\overset{+}{Si}\overset{-}{F}$	3,3	[SiF$_4$, IR-Intensitäten (230)]	7,49	44
		berechnet nach (370 S. 33)		
		$16\Delta X_{AB} + 3,5\Delta X_{AB}^2$		52

Es ist zu bedauern, daß nur eine begrenzte Zahl zuverlässiger Bindungsmomente zugänglich ist [s. 4b)].

H. Bürger

Siliconium-Ionen werden bei Reaktionen von Organosilicium-Verbindungen vielfach als Zwischenstufen postuliert [Lit. z.B. bei (*70,329*)]. Versuche zu ihrer Isolierung schlugen jedoch meist fehl (*120, 290*). Lediglich *Corey* und *West* (*70*) glauben im Triphenylbipyridyl-siliconiumbromid und -jodid ein stabiles Siliconium-Ion mit der KZ 5 gefaßt zu haben.

Der polare Charakter der Alkalisilyle mit einer Ladungsverteilung $\overset{\delta+}{El}-\overset{\delta-}{SiH_3}$ befürwortet ebenso wie der H^+-katalysierte H–D-Austausch von SiD_4 mit HCl die Existenz von Silyl-Anionen (*7, 97*, S. 27).

b) Kovalente Einfach- und Mehrfachbindungen

Für die spezifischen Bindungseigenschaften des Siliciums und besonders den Unterschied gegenüber dem Kohlenstoff sind neben der geringeren Elektronegativität die verfügbaren 3d-Niveaus verantwortlich. Diese 3d-Bahnen können im Prinzip mit allen σ-gebundenen Elementen, die noch freie Elektronenpaare besitzen, [V., VI., VII. Hauptgruppe], weiterhin mit σ-gebundenen Elementen, die an π-Systemen teilnehmen [$Si(C_6H_5)$, $SiCH\pi CH_2$, $Si-\overset{O}{\underset{\|}{C}}-\pi$ usw.], $\sigma + (p \rightarrow d)\pi$ bzw. $(p \rightarrow d)\pi$-Element-Si-Bindungen eingehen und schließlich bei der Anlagerung von Lewis-Basen als $sp^3 d^n$-Hybridorbitale zur Bindung genutzt werden [s. Abschn. 3d) und 3e)].

Mit Elementen der I. bis IV. Gruppe geht das Silicium π-anteil*freie Einfach*bindungen ein. Als Beispiele seien angeführt:

I	$LiSi(C_6H_5)_3$	II SiH_4
	$Ba[Si(C_6H_5)_3]_2$	Si_2BF_7 [s. z.B. (*354*)]
	[s. z.B. (*376*)]	$Si(CH_3)_4$
		H_3SiSiH_3
		H_3SiGeH_3 [s. z.B. (*330*)]

Bei den Metallsilylen (I) ist eine Polarisierung $\overset{\delta+}{Me}-\overset{\delta-}{Si}$ anzunehmen. Während man über das chemische Verhalten dieser Verbindungen verhältnismäßig gut informiert ist, wurden intensive Untersuchungen über die Si-Metall-Bindung, die vermutlich vom Elektronenmangel am Me-Atom geprägt sein wird, noch nicht durchgeführt.

In Gruppe II treten in der Si-Element-Bindung keine Ungewöhnlichkeiten auf. Die gefundenen Si-Element-Abstände stimmen mit den aus der Summe der kovalenten Radien bzw. nach *Schomaker-Stevenson* [S.S.] erwarteten überein; die vier vom Si-Atom ausgehenden Bindungen bilden miteinander Tetraederwinkel [s. 4a)], und die Kraftkonstanten der Si-Element-Bindungen entsprechen den nach der Gordy-Regel (*122*) bzw.

Siebertschen Formel (*319*) abgeschätzten Einfachbindungskraftkonstanten [s. 4d)]. Verglichen mit analogen Kohlenstoff-Verbindungen sind in der Si-Chemie die Bindungsenergien kleiner:

CH	99	Kcal/Mol	(*71*)	CC	83	Kcal/Mol	(*71*)
SiH	76,5	„	(*131*)	SiC	73,2		(*27*)
				SiSi	46,4	„	(*131*)

Eine Verwandtschaft von Silicium- und Kohlenstoff-Chemie beobachtet man immer dann, wenn unpolare Si—El-Bindungen vorliegen. Die Eigenschaften dieser Verbindungstypen werden in den Standardwerken der Siliciumchemie ausführlich abgehandelt.

Anders als der Kohlenstoff und auch die Nachbarn P und S weicht das Si *Doppel-* und *Dreifach*bindungen unter Bildung von Ketten oder Ringen aus:

$$H_2C{=}CH_2 \quad [-SiH_2-]_x \qquad\qquad HC{\equiv}CH \quad [-SiH]_x$$

$$\,{\diagdown}C = \overline{O}{\mid} \quad [-Si-\overline{O}-]_x \qquad\qquad -C{\equiv}N{\mid} \quad [-Si-\overline{N}{\diagup}]_x$$

$$\overline{S}{=}C{=}\overline{S} \quad [\,{\diagdown}Si{\diagup}^{S}{\diagdown}_{S}{\diagdown}Si{\diagup}\,]_x$$

Außer für die aus Bandenspektren hochangeregter Moleküle bekannten radikalischen, zweiatomigen Spezies mit Si—El-Mehrfachbindungen [s. 3e)] wurde noch für das bei der Photolyse von H_3SiNNN in einer Ar-Matrix bei 4 °K erhaltene HNSi (*255*) eine Mehrfachbindung nachgewiesen. Die zu 8,72 mdyn/Å berechnete SiN-Valenzkraftkonstante ist etwa dreimal so groß wie jene der SiN-Einfachbindung, und zusammen mit der niedrigen HNSi-Deformationskonstanten spricht sie für ein lineares Molekül

$$H-N{\equiv}Si{\mid}$$

c) Partiell polare Bindungen

Da Bindungen vom Typ I, wie sie in den Metallsilylen auftreten, noch nicht eingehend untersucht wurden, beschäftigt sich der folgende Abschnitt mit den Bindungen des Si an elektronegativere Elemente [Typ II].

$$\overset{\delta+}{El}{-}\overset{\delta-}{Si} \quad (I) \qquad\qquad \overset{\delta-}{El}{-}\overset{\delta+}{Si} \quad (II)$$

Diese Bindungen sind leicht heterolytisch trennbar und besitzen die typischen Eigenschaften kovalenter Bindungen mit polaren Anteilen:

H. Bürger

I. kürzere Atomabstände als die Summe der kovalenten Radien

II. hoher Beitrag zum Dipolmoment, hohes Bindungsmoment

III. größere Valenzkraftkonstanten als Bindungen ohne polare Anteile

IV. hohe Bindungsenergien.

Während sich bei Elementpaarungen der ersten Achterperiode die Eigenschaften von Bindungen zwischen verschieden elektronegativen Partnern vorhersagen lassen, versagen empirische Kriterien in der Siliciumchemie dann, wenn dative Element-Silicium-$(p \rightarrow d)\pi$-Bindungen den σ-Bindungen überlagert sind [s. 3d)].

Es ist allerdings unkritisch, alle beobachteten Unregelmäßigkeiten solchen Bindungsverstärkungen zuzuschreiben, denn die Folgen polarer Bindungsanteile lassen sich nicht immer von jenen aus $(p \rightarrow d)\pi$-Anteilen abtrennen. Dem Autor ist bewußt, daß viele der in 3d) vorgebrachten Argumente kein zwingender Nachweis von Mehrfachbindungsanteilen sind, wohl aber widerspruchsfrei viele Eigenschaften begreiflich machen.

Ebsworth (*97*, S. 161–163) hat mit kritischer Skepsis Argumente für und wider das Auftreten von $(p \rightarrow d)\pi$-Bindungen abgewogen. Seinen Folgerungen schließt sich der Autor an, ohne jedoch jedem Argument gleiches Gewicht zu geben.

Eine Möglichkeit zur Aufschlüsselung der Bindungen nach kovalenten, polaren und Mehrfachbindungsanteilen bieten die Kernquadrupolkopplungskonstanten:

Tabelle 2. *Elektronenverteilung in Si—Halogen-Bindungen aus Kernquadrupolkopplungskonstanten*

Verbindung	Bindung	% kovalent	% Si$^+$ X$^-$	% $\overset{(+)}{Si} = \overset{(-)}{X}$	Lit.
SiCl$_4$	SiCl	[52]	18*	30	(*123*)
SiBr$_4$	SiBr	[59]	15	26	(*123*)
SiJ$_4$	SiJ	[68]	12	20	(*123*)
HSiCl$_3$	SiCl	34	37	29	(*228*)
		30	40	30	(*260*)
		oder 40	60	0	(*260*)
		22 ± 8	33 ± 4	45 ± 12	(*299*)
HSiBr$_3$	SiBr	34	41	25	(*228*)
			40	25	(*307*)
		24 ± 8	16 ± 7	60 ± 15	(*299*)

*) Ionencharakter der σ-Bindung abzüglich der (entgegengerichteten) π-Anteile.

Die Unsicherheit in der Erklärung des Zusammen- bzw. Gegeneinanderspiels von polaren und Doppelbindungsanteilen geht aus der Tatsache

6

Tabelle 3. *Eigenschaften partiell polarer Bindungen*

X	Elektroneg.-Differenz SiX	Beispiel	Bindungs-energie [Kcal/Mol]	Abstand [Å] ber. nach S.S.	Abstand [Å] experimentell	Kraftkonstante [mdyn/Å] experimentell	(319)	(122)
P	0,3	H_3SiPH_2	88,2 (293)	2,24	—	2,0 (85)	2,07	1,65
As	0,2	$(H_3Si)_3As$	—	2,36	—	—	1,93	1,50
Sb	0	$(H_3Si)_3Sb$	—	2,58	—	—	1,52	1,27
S	0,7	$(H_3Si)_2S$	100 (a)	2,15	2,136 (5)	2,35 (58)	2,22	1,94
Se	0,6	$(H_3Si)_2Se$	—	2,29	—	2,01 (58)	1,97	1,74
Te	0,3	$(R_3Si)_2Te$ R = CH_3	—	2,51	—	1,8 (58)	1,55	1,44
Br	1,0	$SiBr_4$	86 (149)	2,22	2,14 (216)	2,17 (315)	2,04	2,00
J	0,7	SiJ_4	48,4 (107)	2,44	2,46 (138)	1,55 (315)	1,57	1,64
H	0,3	SiH_4	76,5 (131)	1,51	1,4798 (37)	2,75 (315)	3,74	2,24

(a) SiS $D^1\Pi - X^1\Sigma^+$ (199)

hervor, daß sich gleiche Kernquadrupolkopplungskonstanten verschieden interpretieren lassen, z.B. auch über den variablen s-Charakter der Si-Halogen-Bindung alleine (382).

Die in 3d) dargelegten Argumente machen π-Anteile in Bindungen des Si an N, O, F und Cl wahrscheinlich, für SiP-, SiS- und SiBr-Bindungen fraglich. Letztere sind deshalb mit in Tab. 3 einbezogen worden, die mit der in 3b) bereits abgehandelten SiH-Bindung ergänzt wurde.

Da viele Daten unzuverlässig (z.B. Bindungsenergien) bzw. lückenhaft (Abstände, Kraftkonstanten, Bindungsenergien) sind, ist es vorerst nicht gerechtfertigt, die vorliegenden Werte anders als stellvertretend für partiell polare σ-Bindungen zu verstehen: ihre Übereinstimmung mit den Erwartungswerten ist recht gut.

d) Hinweise auf (p→d)π-Bindungsanteile

In allen Bindungen des Si an die stark elektronegativen Elemente mit freien Elektronenpaaren N, O, F und Cl [Elektronegativitätsdifferenz >1] treten bei den Bindungsparametern Unregelmäßigkeiten auf, die auf variable Anteile mesomerer Grenzstrukturen II [der σ-Bindung überlagerte (p→d)π-Anteile] zurückgeführt werden.

$$\overline{El}\!-\!Si \ \text{(I)} \quad\longleftrightarrow\quad \overset{(+)}{El}\!=\!\overset{(-)}{Si} \ \text{(II)}$$

$$\text{bzw.} \ \overset{\delta-}{\overline{\overline{El}}}\!-\!\overset{\delta+}{Si} \ \text{(I)} \quad\longleftrightarrow\quad \overset{\Delta+}{El}\!=\!\overset{\Delta-}{Si} \ \text{(II)} \ \Delta = (1-\delta)$$

Theoretische Voraussagen

Aus der Berechnung von Überlappungsintegralen (73, 74), an denen äußere 3d-Funktionen beteiligt sind, läßt sich folgern, daß diese immer dann mit 2p -und 3p-Funktionen starke, gerichtete π-Bindungen ausbilden können, was das d- diffuser als das p-Orbital ist. Hierbei bewirkt ein polarer Charakter der σ-Bindung eine Bindungsverstärkung, und zwar kann der Mehrfachbindungsanteil nur dann bedeutend sein, wenn das Atom mit d-Funktionen innerhalb der σ-Bindung eine positive Partialladung trägt (162). Wegen der Orthogonalität der 3d-Funktionen des Si erwartet man keine Einschränkung der freien Drehbarkeit um eine solche π-Bindung. Der Wert des Überlappungsintegrals selbst ist nur wenig empfindlich gegenüber Änderungen in der Kompaktheit von p- und d-Orbitalen, wobei angenommen wird, daß die d-Orbitale durch stark elektronegative Liganden kontrahiert werden.

Bei mehreren π-bindungsfähigen Liganden wie im SiO_4^{4-} bilden sich starke π-Bindungen durch Überlappung von $3\,d_{x^2-y^2}$ und $3\,d_{z^2}$-Orbitalen mit den 2 $p\pi$- und 2 $p\pi'$-Orbitalen des O aus (75). Nach *Jaffé* (*162*) nehmen dabei die Überlappungsintegrale folgende Werte an:

SiF_4	0,33	zum Vergleich PO_4^{3-}	0,46
$SiCl_4$	0,25	ClO_4^-	0,57
SiO_4^{4-}	0,33		

Ist das 2 p-π-Donoratom ein Brückenatom wie in der SiOSi-Gruppierung, so erbringt die Überlappung mit dem senkrecht zur SiOSi-Ebene angeordneten 2 p-π-Orbital des Sauerstoffs den Hauptbetrag der Bindungsverstärkung; das mit der SiOSi-Winkelhalbierenden zusammenfallende bindet nur in untergeordnetem Maße (75).

Weiterhin sei erwähnt, daß nach den empirisch abgeleiteten Beziehungen zwischen maximalem Bindungsgrad und Elektronegativitätssumme bzw. -differenz (*124, 125*) SiN-, SiO- und SiCl-Bindungen in den Bereich von möglichen Bindungsgraden bis zu 1,5 fallen, SiS- und SiF-Bindungen dagegen nahe dem Erwartungsbereich der Einfachbindung liegen.

Die Untersuchung der physikalischen und chemischen Eigenschaften von Verbindungen des Si mit Elementen der V.–VII. Hauptgruppe gibt uns in großer Zahl Argumente für das Auftreten partieller Mehrfachbindungen an die Hand.

Physikalisch-chemische Untersuchungen an $(p \rightarrow d)\pi$-Bindungen

Am sichersten lassen sich die Bindungsverhältnisse in der Siliciumchemie über die Untersuchung der SiEl-Bindung selbst erfassen. Daneben vermittelt das Studium der durch sie induzierten Eigenschaften der beteiligten Atome wertvolle Rückschlüsse auf die Bindung selbst.

Zum ersten Punkt zählen die in Tab. 4 zusammengestellten Ergebnisse.

Tabelle 4. *Eigenschaften von SiEl-Bindungen mit möglichen Mehrfachbindungsanteilen*

El =	Beispiel	D [Kcal/Mol]	Abstand [Å]	
			experimentell	nach S.S.
N	$(H_3Si)_3N$	76,4 (*27*)	1,738 (*143*)	1,80
O	$(H_3Si)_2O$	103 (*343*)	1,634 (*4*)	1,76
F	SiF_4	142 (*323*)	1,56 (*10*)	1,69
Cl	$SiCl_4$	97,2 (*26*)	2,02 (*45*)	2,05

Tabelle 4 (Fortsetzung)

El =	Bindungsmoment [D]		Kraftkonstante [mdyn/Å]	
	experimentell (a)	ber. (370, S. 33)	experimentell	ber. (122)
N	0,1—0,4 (297)	2,0	3,62 (b)	2,92
O	0,39 (c)	2,15	5,0 (231)	3,46
F	3,3 (230)	3,9	6,223 (315)	4,06
Cl	2,1—2,4 (297)	2,35	2,866 (315)	2,36

(a) Bindungsmoment und Kraftkonstante beziehen sich nicht immer auf die als Beispiel angegebene Verbindung;

(b) $Si[N(CH_3)_2]_4$ (59); (c) H_3SiO — Gruppenmoment (360).

Tab. 4, die einen Ausschnitt der in Kap. 4 zusammengefaßten Daten wiedergibt, deckt die Abweichungen zwischen berechneten und beobachteten Werten für Abstand, Bindungsmoment und Kraftkonstante in SiN-, SiO- und SiF-Bindung auf. Für die SiCl-Gruppierung sind diese Abweichungen geringer.

Das kleine Bindungsmoment von SiN- und SiO-Bindung verdeutlicht die weitgehende Kompensation (III) der σ-Polarität (I) durch überlagerte π-Anteile mit gegengerichtetem Moment (II).

$$\overset{\delta-}{El}\text{—}\overset{\delta+}{\underset{\sigma}{Si}} \ \text{(I)} \ + \ \overset{+}{El}\text{—}Si^- \ \text{(II)} \ = \ El\text{—}Si \ \text{(III)}$$
$$(p\rightarrow d)\pi \qquad\qquad \sigma + (p\rightarrow d)\pi$$

Die wesentliche Frage nach dem *Bindungsgrad* dieser Bindungen ist nur unsicher zu beantworten, da man wenig Unterlagen über Atomabstand und Kraftkonstante echter Mehrfachbindungen hat. Anhaltspunkte erhält man aus den in Tab. 5 für Einfach- und Mehrfachbindungen abgeschätzten bzw. experimentell ermittelten Größen:

Tabelle 5. *SiN- und SiO-Mehrfachbindungen*

	r einfach (S.S.)	r doppelt [Å]
SiN	1,80	1,58 [$X^2\Sigma^+$] (146)
SiO	1,76	1,51 [$X^1\Sigma^+$] (146/248)

	f einfach [mdyn/Å] (122) experimentell		f zweifach [mdyn/Å]	dreifach
SiN	2,92	2,87 (377)	—	8,72 (255)
SiO	3,46	1,5 (284)	9,25 (284)	—

Da in der Regel eine direkte Proportionalität zwischen Kraftkonstante und Bindungsgrad besteht (*124*), erscheinen die von *Robinson* (*284*) bestimmten SiO-Valenzkraftkonstanten zweifelhaft.

Legt man direkte Proportionalität zugrunde, so ergeben sich aus den in Tab. 4 und Kap. 4 zusammengestellten Meßergebnissen für SiN, SiO und SiF-Bindung maximale Bindungsgrade von 1,5 und für die SiCl-Bindung Werte von 1,0 bis 1,2.

Zahlreich sind auch die Untersuchungen, die aus dem Studium der SiC-Bindung in Vinyl-, Äthinyl- und Phenylsilanen auf bindungsverstärkende Wechselwirkungen der CC-π-Bindung mit Si-d-Bahnen schließen.

Hierbei ist allerdings zu berücksichtigen, daß schon als Folge der Umhybridisierung des C-Atoms [$sp^3 \rightarrow sp^2 \rightarrow sp$] eine SiC-Abstandsverkürzung und Erhöhung der Valenzkraftkonstanten erwartet wird.

Tabelle 6. *SiC-Bindung und Hybridisierung des C-Atoms*

	Beispiel	r [Å]	Δr (vgl. mit sp^3)
sp^3	H_3SiCH_3	1,8668 (*177*)	
sp^2	$H_3SiCHCH_2$	1,853 (*259*)	—0,7%
sp	H_3SiCCH	1,826 (*117*)	—2,3%

	f [mdyn/Å]	Δf	Δr CH (*370*, S. 696)	Δf CH (*317*, S. 35)
sp^3	3,02 (*56*)			
sp^2	2,94 (*56*)	— 2,7%	—0,7%	+ 3,4%
sp	3,92 (*56*)	+29,7%	—3,3%	+19,1%

Wie Tab. 6 zeigt, liegen die beobachteten Änderungen der Bindungsparameter in der Größenordnung der Umhybridisierungseffekte. Aus thermodynamischen Daten berechnete SiC-Bindungsenergien (*345*) liegen für Vinylsilane ca. 10% über dem Wert der Alkylsilane.

So läßt sich im Moment bei kritischer Abwägung verschiedenartiger Untersuchungsergebnisse keine merkliche Beeinflußung der CSi-Bindung selbst durch (p$\rightarrow$d)π-Bindungsanteile nachweisen (*207*).

Induzierte Eigenschaften am El-Atom

Neben der Untersuchung der Silicium-Element-Bindung selbst geben auch die physikalisch erfaßbaren Änderungen am Element-Atom wertvolle Auskunft über die Eigenschaften der SiEl-Bindung. Im folgenden werden die Gesichtspunkte Hybridisierung und Elektronendichte am Element-Atom besprochen.

Die SiElSi-*Bindungswinkel* an den mehrbindigen El-Atomen N, O und P sind, verglichen mit den analogen CSiC-Verbindungen, deutlich aufgeweitet [s. 4a]; am Si-Atom beobachtet man dagegen normale Winkel.

Tabelle 7. *Bindungswinkel am El-Atom*

Si-Verbindung	Winkel	C-Verbindung	Winkel
$(H_3Si)_3N$	119,6° (*143*)	$(H_3C)_3N$	108,7° (*338*)
H_3SiNCS	180° (*165*)	H_3CNCS	142° (*338*)
$(H_3Si)_3P$	120° (*85*)	$(H_3C)_3P$	99,1° (*338*)
$(H_3Si)_2O$	144,1° (*4*)	$(H_3C)_2O$	111°37' (*338*)
$(H_3Si)_2S$	97,4° (*5*)	$(H_3C)_2S$	[105°] (*338*)

Die Aufweitung der Bindungswinkel wird gewöhnlich der Umhybridisierung des El-Atoms zugeschrieben, dessen ein- oder zwei freie Elektronenpaare als reine p-Elektronen in π-Bindungen zum Si hin entlassen werden. Neuere Argumente schränken diese Folgerungen dahingehend ein, daß

I. $(p \rightarrow d)\pi$-Bindungen auch ohne merkliche Umhybridisierung des El-Atoms auftreten können (*98*) und

II. das Si-Atom eine Umhybridisierung des El-Atoms induzieren kann, ohne daß es zu einer meßbaren Verstärkung der SiEl-Bindung kommt (*54*, 377).

In kleinen Ringen [Disilylcyclodisilazan (*374*), Disilylcyclodialumoxan (*34*)] treten trotz kurzer SiEl-Abstände am El-Atom Bindungswinkel nahe 90° auf. Weiterhin sind für Silylverbindungen zutreffende Strukturprinzipien (*212*) nicht auf analoge Trimethylsilylverbindungen übertragbar: während H_3SiNCO und H_3SiNCS ein gestrecktes SiNCO(S)-Skelett besitzen (*103, 165*), wurde für die analogen Trimethylsilylverbindungen eine Winkelung am N-Atom gefunden (*178*).

Wertvolle Hinweise auf die Elektronenverteilung in der SiN-Bindung geben die ^1H-^{15}N-Spin-Spin-Kopplungskonstanten. So liegt im $(CH_3)_3Si^{15}NHC_6H_5$ $J^1H^{15}N$ mit 78,5 Hz dem sp^3-hybridisierten NH_4^+ [73,7 Hz] näher als dem sp^2-hybridisierten Pyridiniumion [98,7 bzw. 90,5 Hz] (*277*), was als Argument gegen erhebliche $(p \rightarrow d)\pi$-Bindungsanteile gewertet wird[2]).

Die chemischen Verschiebungen der Protonensignale selbst lassen keine sicheren Schlüsse auf die Elektronenverteilung in der Si-Element-Bindung zu (*100*). Werden jedoch die Störterme eliminiert, so entsprechen die aus den Protonenresonanzspektren von Alkoxysilanen abgeleiteten Ergebnisse den üblichen Vorstellungen, daß der SiO-σ-Bindung eine un-

---

[2]) Anmerkung bei der Korrektur: s. dagegen (*262a*).

abhängige π-Bindung überlagert ist (*51–53*). Hingegen steht die Folgerung, daß in $X_3SiO(Alkyl)$-Verbindungen bei schrittweiser Substitution von $X = CH_3$ durch $X = Cl$ der SiO-Bindungsgrad sinkt, im Widerspruch zu theoretischen Überlegungen und den aus Kraftkonstantenrechnungen an ähnlichen Molekülen abgeleiteten Ergebnissen.

Während die Untersuchung der SiC-Bindung selbst keine π-Bindungsanteile nachweisen konnte, werden indirekt abgeleitete Ergebnisse vielfach als Argumente für eine mögliche Mesomerie nach

$$\text{Si}\!-\!\text{C} \quad \longleftrightarrow \quad \overset{(-)}{\text{Si}}\!=\!\text{C}_{(+)}$$

gewertet, wobei vielfach auch die SiSi-Bindung in die Konjugation einbezogen wird.

So weisen Elektronenspinresonanzspektren von Anionen silylsubstituierter Benzolderivate (*25, 72, 358*) nach, daß die aromatischen π-Bindungen mit den Si-d-Bahnen in Konjugation stehen. *Curtis* und *Allred* (*80*) bestimmen den π-Bindungsanteil der $Si\!-\!C_{aromat.}$-Bindung zu 18%, und *Husk* und *West* (*159*) nehmen selbst im Radikalanion des Dodekamethylcyclosilans eine Elektronendelokalisierung über den gesamten Si_6-Ring an. Hingegen lassen UV-Spektren von Phenylsilanen nur eine schwache Konjugation erkennen (*163, 202*).

Eingehende Untersuchungen liegen über die Elektronenspektren verschiedener Silylketone vor. Während γ-Silylketone keine und β-Silylketone schwache $p \rightarrow d$-OSi-Wechselwirkungen erkennen lassen (*47*), tritt in α-Silylketonen eine erhebliche Schwächung der CO-Bindung auf (*46*), die *Brook* (*48*) einer partiellen Bindung zwischen dem Carbonyl-Sauerstoff und dem Si-Atom zuschreibt. Die Mesomeriemöglichkeit

$$\overset{\displaystyle |O|}{\underset{\displaystyle }{{>}\!\text{Si}\!-\!\text{C}\!-}} \quad \longleftrightarrow \quad \overset{\displaystyle \overset{(+)}{|O|}}{\underset{\displaystyle }{{>}\!\overset{(-)}{\text{Si}}\!=\!\text{C}\!-}}$$

äußert sich in einer langwelligen Verschiebung des n-π^*-Überganges (*137*), zu dessen Auftreten jedoch keine große π-3d-Überlappung notwendig ist. Diese sollte mit $p\pi$-Orbitalen des C-Atoms stärker als mit denen des O-Atoms sein (*137*).

Analog werden auch UV-Spektren von Mercaptosilanen und Disilylsulfiden (*76*) bzw. Disilanderivaten (*134*) im Sinne von dd-π-Wechselwirkungen in der SiSi- und SiS-Gruppe interpretiert.

Abschließend sei noch bemerkt, daß methodisch unabhängige Untersuchungen über die $(p \rightarrow d)\pi$-Konjugation nicht zu identischen Ergebnissen führen, weil sie mehrere, der σ-Bindung überlagerte Effekte verschieden gewichtig berücksichtigen; vgl. dazu (*106*).

(*p→d*)π-*Bindungen und chemische Eigenschaften*

Seit dem zusammenfassenden Bericht von *Stone* und *Seyferth* (*336*) aus dem Jahre 1955 über die Bedeutung der d-Orbitale des Si-Atoms für die gesamte Siliciumchemie sind in so zahlreichen Arbeiten chemische Eigenschaften mit (p→d)π-Bindungen korreliert worden, daß ihre Besprechung an dieser Stelle nicht möglich ist. Da alle Standardwerke der Siliciumchemie auf diese Zusammenhänge eingehen, sollen hier nur vier Beispiele diesen Punkt erläutern:

I. Als Folge der Blockierung eines freien Elektronenpaares an O- und N-Atom sind Silanole stärkere Säuren und Silylamine schwächere Basen als die entsprechenden Carbinole und Alkylamine (*1, 19, 164, 225, 272, 371, 372, 373*).

II. Siloxane und Silylamine sind ausgesprochen schwache *Lewis*-Basen. Sie bilden nur mit starken *Lewis*-Säuren relativ instabile Komplexe (*15, 97, 99, 373, 377*).

III. p-Silyl-substituierte Benzoesäure ist eine stärkere Säure als Benzoesäure selbst (*66*). Konjugation der SiC-Bindung mit dem aromatischen Ring überspielt den Einfluß des elektrischen Effektes (*96*, S. 97).

IV. Als Folge der Elektronenverschiebung

$$R_3Si\text{—}CH\text{=}CH_2 \quad \longleftarrow\!\!\longrightarrow \quad R_3\overset{(-)}{Si}\text{=}CH\text{—}\overset{(+)}{CH_2} \quad [\text{—T-Effekt}]$$

addieren Vinylsilane Halogenwasserstoffe entgegen der *Markownikoff*schen Regel (z.B. *96*, S. 103, *328*):

$$R_3SiCH\text{=}CH_2 + HBr \rightarrow R_3SiCH_2CH_2Br$$

e) Koordination am Silicium-Atom

KZ 1

tritt bei den aus Bandenspektren bekannten Spezies SiH, SiN, SiO, SiF, SiS, SiCl, SiSe, SiBr, SiTe (*146*) auf. Neuere Untersuchungen s. SiH (*92, 364*), SiO (*200*), SiF (*166*), SiSi (*91*), SiS (*199*), SiSe (*155*). Für das bei der Photolyse von H SiNNN in einer Matrix bei tiefer Temperatur gebildete HNSi wird ebenfalls eine Struktur mit KZ 1 am Si angenommen (*255*).

KZ 2

Si mit der KZ 2 liegt in den durch Blitzlichtphotolyse von H_3SiCl und H_3SiBr erhaltenen Radikalen HSiCl und HSiBr vor (147). KZ 2 wurde weiterhin für das im Gaszustand bis zu Raumtemperatur beständige SiF_2 (355) nachgewiesen. Die Atomabstände der Radikale im Grundzustand

Tabelle 8. *Siliciumverbindungen mit der Koordinationszahl 2*

	Abstand [Å]		Winkel am Si	Lit.
HSiCl	SiH 1,561	SiCl 2,064	102,8°	(147)
HSiBr	SiH 1,561	SiBr 2,231	102,9°	(147)
FSiF	SiF 1,591		100°59′	(280)

sind erheblich länger als in Verbindungen des Si mit der KZ 4. Im Einklang mit dem kleinen Bindungswinkel von ca. 100° läßt sich folgern, daß in diesen Molekülen angenähert p-Elektronen des Si den Bindungscharakter bestimmen und das 3s-Elektronenpaar „inert pair"-Charakter besitzt.

KZ 3

findet sich in Silyl-Anionen [z.B. $KSiH_3$ (283)]. Die Bindungsverhältnisse dieser Verbindungen wurden noch nicht eingehend untersucht

KZ 4

Mit Ausnahme der gespannten Drei- und Vierringe [Zusammenstellung s. (110, 115, 133)] mit Bindungswinkeln am Si-Atom $< 110°$ sind die Abweichungen vom Tetraederwinkel 109°28′ [sp^3-Hybridisierung] klein. Element-Si-Bindungen vom σ-Typ überlagerte $(p \rightarrow d)\pi$-Bindungen verändern die Hybridisierung nicht [4a)].

KZ 5 und KZ 6

Als Element mit unbesetzten 3d-Niveaus kann das Si-Atom durch Anlagerung starker Lewis-Basen seine Koordinationszahl über vier hinaus erhöhen. Eine zusätzliche Koordination eines oder zweier Liganden ist mit einer Umhybridisierung $sp^3 \rightarrow sp^3d \rightarrow sp^3d^2$ verbunden und immer dann möglich, wenn wie in den Silanen oder Siliciumhalogeniden stark elektronegative σ-gebundene Liganden die diffusen 3d-Orbitale kontrahieren.

Neuere Ergebnisse der Koordinationschemie des Siliciums behandeln *Aylett* (11—13), *Beattie* (22), *Müller* (241—243) und *Tansjö* (349, 350).

Über die Struktur der Komplexe ist wenig bekannt. *Muetterties* (245, 246) nimmt an, daß formal pentakoordinierte Si-Komplexe in Wirklichkeit oktaedrisch gebaut sind und Halogenbrücken ausbilden, außer, man zwingt dem Si-Atom sterisch eine KZ 5 auf (116, 161). Die Struktur der

SiF$_4$·2 Donor-Komplexe läßt sich in Lösung wegen des schnellen Ligandenaustausches mit Hilfe der ^{19}F-Kernresonanz nicht festlegen (245). Im SiF$_4$·2NH$_3$ sprechen ^{19}F-Breitband-Kernresonanzspektren im Einklang mit IR- und Ramandaten für eine cis-Struktur (60); während in Analogie zur entsprechenden Ge-Verbindung für SiCl$_4$·2 Pyridin eine trans-Struktur postuliert wird (158), legen Spektren im fernen Infrarot eine cis-Anordnung der Liganden nahe (23).

1:1-Komplexe von H$_3$SiJ mit Aminen sind ionisch aufgebaut; die KZ am Si beträgt 4 [H$_3$SiN(CH$_3$)$_3$]$^+$ oder 6 [H$_2$Si(Pyridin)$_4$]$^{2+}$ (63). Die absolute Konfiguration des l-Tris-(acetylacetonato)-siliconiumions [KZ 6] wurde durch Messung des Circulardichroismus festgelegt (204).

Wie erwartet, sind in oktaedrischen Komplexen die Atomabstände größer und die Kraftkonstanten kleiner als in tetraedrischen Si-Verbindungen:

Tabelle 9. *Siliciumverbindungen der KZ 6*

Verbindung	r SiF [Å]	f SiF [mdyn/Å]	
[SiF$_4$]	1,56 (10)	6,223 (315)	
SiF$_6$$^{2-}$	1,71 (176)	3,54 (321)	
SiF$_4$·2NH$_3$		cis 2,60	trans 3,31 (60)

4. Experimentelle Untersuchungen an Silicium-Verbindungen

a) Strukturanalysen

In Tab. 10 sind die Ergebnisse von Strukturuntersuchungen an Siliciumverbindungen zusammengestellt; Silicate wurden dabei nicht berücksichtigt [s. hierzu z.B. (254, 327)]. Liegen Zusammenfassungen von Einzelergebnissen vor, so sind die Detailarbeiten nicht zitiert [z.B. (387, 388)].

Obwohl die bis 1959 durchgeführten Strukturuntersuchungen in „Interatomic Distances (338)" referiert sind, erschien es angebracht, auch diese Untersuchungen mit in Tab. 10 einzubeziehen, da die Strukturdaten die sichersten Auskünfte über die Bindungsverhältnisse am Siliciumatom geben.

Im einzelnen sind alle Si-Element-Abstände aufgeführt, Bindungswinkel am Si-Atom hingegen nur dann angegeben, wenn sie signifikant vom Tetraederwinkel [109°28'] abweichen. Wenn zugänglich, sind die für die SiElSi-Bindung wesentlich charakteristischeren Winkel am El-Atom mit in Tab. 10 aufgenommen.

Tabelle 10. *Strukturdaten von Silicium-Verbindungen*

Verbindung	r SiH	r Si-Halogen	Winkel	Bemerkungen	Verf.	Lit.
SiH_4	1,4798 ± 0,0004				VS	(37)
	1,477 ± 0,003				VS	(273)
HSiCl	1,561	2,064	102,8°		VS	(147)
HSiBr	1,561	2,231	102,9°		VS	(147)
H_3SiF	1,474	1,594			VS	(252)
	1,503 ± 0,036	1,593 ± 0,002	HSiH 111 ± 1°		MW	(308)
D_3SiF	1,473	1,593			VS	(252)
H_2SiF_2	1,471 ± 0,007	1,5767 ± 0,001	HSiH 112°1′ ±30′		MW	(205)
D_2SiF_2	1,469 ± 0,010	1,5764 ± 0,001			MW	(205)
$HSiF_3$	1,456 a	1,595 ± 0,010			MW	(16)
	1,455 ± 0,01	1,565 ± 0,05			MW	(142)
	1,55 ± 0,005a	1,555 ± 0,005			MW	(310)
		1,561 ± 0,005			MW	(311)
H_3SiCl	1,456 a	2,035	HSiH 103°57′		MW	(304)
		2,06 ± 0,05			ED	(42)
	1,476	2,049			VS	(252)
	1,49 ± 0,02	2,048 ± 0,001	HSiH 110°34′ ±30′		MW	(239)
	1,50 ± 0,03	2,048 ± 0,004	HSiH 110°57′		MW	(228)
	1,483 ± 0,010	2,0479 ± 0,0007			MW	(17)
	1,50	2,05			MW	(84)
	1,50	2,048			MW	(83)
D_3SiCl	1,482	2,048			VS	(252)
		2,0486 ± 0,0007			MW	(17)
H_2SiCl_2		2,02 ± 0,03			ED	(42)
$HSiCl_3$		2,00 ± 0,03			ED	(45)
		2,01 ± 0,03			ED	(41)

Tabelle 10 (Fortsetzung)

Verbindung	r SiH		r Si-Halogen		Winkel	Bemerkungen	Verf.	Lit.
			2,05				ED	(86)
			2,021				MW	(238)
H_3SiBr	1,57	± 0,03	1,98	± 0,02			ED	(271)
			2,209	± 0,001			MW	(305)
	1,481		2,210				VS	(252)
	1,57		2,209				MW	(228)
$HSiBr_3$			2,16	± 0,03			ED	(332)
H_3SiJ	1,55 a		2,433				MW	(306)
	1,48 a		2,45	± 0,09			VS	(90)
SiF_2			1,49	± 0,07	124 ± 2°		VS	(279)
			1,591		100°59′		MW	(280)
SiF_4	1,54	± 0,02					ED	(40, 45)
	1,55	±					ED	(38)
	1,56	± 0,01				[−145°C]	X	(10)
	1,54	± 0,02					ED	(262)
M_2SiF_6 [M=K, Rb, Cs, Tl]	1,71						X	(176)
$BaSiF_6$	1,71					SiF_6 O_h	X	(152)
$(NH_4)_2SiF_6 \cdot NH_4F$	1,71					SiF_6 O_h	X	(153)
$SiCl_4$	2,00	± 0,02					ED	(40)
	2,02	± 0,02					ED	(45)
	2,00	± 0,02					ED	(262)
	2,02						ED	(378)
$SiBr_4$	2,15	± 0,02					ED	(332)
	2,14	± 0,02					ED	(216)
SiJ_4	2,46						X	(138)
F_3SiCl	SiF 1,55	± 0,02					ED	(218)
	SiF 1,550		SiCl 1,998				MW	(310)

Verbindung	r SiEl	r Si-Halogen	Winkel	Bemerkungen	Verf.	Lit.
F_3SiBr	SiF 1,560 ± 0,005	SiCl 1,989 ± 0,018			MW	(311)
	SiF 1,550	SiBr 2,159			MW	(310)
	SiF 1,560 ± 0,005	SiBr 2,153 ± 0,018			MW	(311)
Cl_3SiBr	SiCl 2,05 ± 0,05	SiBr 2,19 ± 0,05			ED	(87)
F_2SiBr_2		SiBr 2,16 ± 0,02			ED	(332)

Verbindung	r SiH	r SiC	Winkel	Bemerkungen	Verf.	Lit.
CH_3SiH_3	1,48 ± 0,02	1,857 ± 0,007			ED	(35)
	1,485 ± 0,005	1,8669 ± 0,0005		gestaffelt	MW	(177)
$(CH_3)_2SiH_2$	1,48 ± 0,02	1,860 ± 0,004			ED	(35)
	1,483 ± 0,005	1,867 ± 0,002			MW	(267)
$(CH_3)_3SiH$	1,48 ± 0,002	1,873 ± 0,006			ED	(35)
	1,489 ± 0,001	1,863 ± 0,002			MW	(268)
$C_6H_5SiH_3$		1,843 ± 0,01			ED	(179)
$ClCH_2SiH_3$	1,477 ± 0,005	1,889 ± 0,01	HSiH 110,6 ± 0,5°		MW	(302)
$CII_2-CHSiH_3$	1,475	1,853			MW	(259)
H_3SiCCH	1,4552	1,8263		CC 1,2076	MW	(244)
	1,488	1,826		CC 1,208	MW	(117)
	1,47 a	1,848		CN 1,156	MW	(312)
H_3SiCN	1,49 ± 0,05	1,847 ± 0,005			MW	(247)
	1,555 a	1,88			MW	(310)
CH_3SiF_3	2,03 ± 0,03				ED	(218)
CH_3SiCl_3	2,021	1,876			MW	(238)
CH_3SiBr_3	2,17 ± 0,03	1,93 a			ED	(387)
$(CH_3)_2SiCl_2$	1,99 + 0,03				ED	(218)
$(CH_3)_2SiBr_2$	2,21 ± 0,03	1,92 ± 0,06			ED	(387)
$(CH_3)_3SiF$	1,57 ± 0,02	1,89 ± 0,02			ED	(379)
	1,55	1,87 a			MW	(132)

Tabelle 10 (Fortsetzung)

Verbindung	r SiH	r SiC	Winkel	Bemerkungen	Verf.	Lit.
$(CH_3)_3SiCl$	2,03	1,87			MW	(238)
	2,09 $\pm$ 0,03	1,89 $\pm$ 0,03			ED	(219)
$(CH_3)_3SiBr$	2,24 $\pm$ 0,02	1,81 $\pm$ 0,02			MW	(257)
	2,21 $\pm$ 0,03	1,86 $\pm$ 0,05			ED	(387)
$(CH_3)_3SiJ$	2,46 $\pm$ 0,02	1,81 a			MW	(281)
Cl_3CSiCl_3	2,010 $\pm$ 0,013	1,93 $\pm$ 0,04			ED	(240)
$C_2H_5SiCl_3$	2,00 $\pm$ 0,02	1,88 a			ED	(387)
$CH_2{=}CHSiCl_3$	2,06 $\pm$ 0,005	1,81 $\pm$ 0,02			ED	(380)
$CH_3CHClSiCl_3$	2,00 $\pm$ 0,02	1,88 a			ED	(387)
$ClCH_2CH_2SiCl_3$	2,00 $\pm$ 0,02	1,88 a			ED	(387)
$Cl_3SiCH_2SiCl_3$	2,00 $\pm$ 0,02	1,88 a			ED	(387)
$C_6H_5SiCl_3$	2,00 $\pm$ 0,02				ED	(387)
$(CH_3)_3SiCH_2Cl$		1,88 $\pm$ 0,04			ED	(139)
XYZSiH		SiX 1,863				
X = $1\text{-}C_{10}H_7$		SiY 1,863				
Y = C_6H_5, Z = CH_3		SiZ 1,850			X	(256)
XYZSiF	1,610	SiX 1,889				
		SiY 1,845				
		SiZ 1,833			X	(256)
$(CH_3)_2SiClF$	SiF 1,60 $\pm$ 0,02	1,89 $\pm$ 0,02				
	SiCl 2,03 $\pm$ 0,03				ED	(379)
CH_3SiH_2F	1,597 $\pm$ 0,005	1,849 $\pm$ 0,005		SiH 1,477 $\pm$ 0,005	MW	(195)
	1,600 $\pm$ 0,005	1,848 $\pm$ 0,005		SiH 1,473 $\pm$ 0,005	MW	(265)
CH_3SiHF_2	1,580 $\pm$ 0,008	1,840 $\pm$ 0,010		SiH 1,471 $\pm$ 0,010	MW	(195)

Verbindung	r SiSi	andere r SiEl	Winkel	Bemerkungen	Verf.	Lit.
	1,583 ± 0,002	1,833 ± 0,002		SiH 1,474 ± 0,005	MW	(340)
$(CH_3)_4Si$		1,888 ± 0,02			ED	(309)
		1,93 ± 0,03			ED	(40, 44)
$(C_6H_5)_4Si$		1,87 ± 0,03			ED	(387)
Verbindung	**r SiSi**	**andere r SiEl**	**Winkel**	**Bemerkungen**	**Verf.**	**Lit.**
Si_2H_6	2,32 ± 0,03				ED	(41)
$(CH_3)_3SiSi(CH_3)_3$	2,34 ± 0,10	SiC 1,90 ± 0,02			ED	(43)
Si_2Cl_6	2,34 ± 0,06	SiCl 2,02 ± 0,02			ED	(386)
	2,24 ± 0,06	SiCl 2,01 ± 0,01			ED	(341)
	2,294 ± 0,05	SiCl 2,014 ± 0,01			ED	(240)
	2,32 ± 0,06	SiCl 2,00 ± 0,05			ED	(41)
$[—(CH_3)_2Si(CH_3)_2SiO—]_2$	2,35	SiO 1,61 SiC 1,88	SiOSi 143,2°	Sechsring in Sesselform	X	(342)
$(CH_3)_8Si_8O_8$	2,36	SiO 1,63 SiC 1,88	SiOSi 136°	2[SiO]$_4$-Acht-ringe in Kro-nenform über SiSi verknüpft.	X	(151)
	r SiO	**andere r SiEl**				
SiO_2	1,60 ± 0,01				X	(327)
	1,59 ± 1,615				X	(254)
Si_2N_2O	1,62	SiN 1,71	SiOSi 147°		X	(49)
Silicate	1,57—1,675				X	(254)
	1,60 ± 0,01				X	(327)
$(H_3Si)_2O$	1,634 ± 0,002	SiH 1,486 ± 0,010	SiOSi 144,1 ± 0,86°		ED	(4)
	1,633 ± 0,002	SiH 1,480 ± 0,004	SiOSi 144,1 ± 1°		ED	(20)
	1,629 a		SiOSi 148°		VS	(9)
			SiOSi 155°		VS	(79)

Tabelle 10 (Fortsetzung)

Verbindung	r SiO	andere r SiEl	Winkel	Bemerkungen	Verf.	Lit.
$(Cl_3Si)_2O$			SiOSi 180°		VS	(220)
			SiOSi 175 ± 5°			(369)
	1,64 ± 0,05	SiCl 2,02 ± 0,02	SiOSi 130° a		ED	(387)

Verbindung	r SiO	r SiC	Winkel	Bemerkungen	Verf.	Lit.
$[(CH_3)_3Si]_2O$	1,63 ± 0,05	1,88 ± 0,03	SiOSi 130 ±10°		ED	(387)
			SiOSi 131 ±10°		(b)	(113)
			SiOSi 137 ±7°		ED	(223)
$(C_2H_5)_2Si(OH)_2$	1,63 KX	1,90 KX			X	(169)
$(CH_2=CHCH_2)_2Si(OH)_2$	1,63	1,90			X	(170)
$(PcSiO)_x$ (c)	1,659 ± 0,003		SiOSi 180° a		X	(197)
$Si(OCH_3)_4$	1,64 ± 0,03		SiOC 113 ±2°		ED	(387)
$[(CH_3)_3SiO]_4Si$	1,63	1,88	SiOSi 140 ±5°		ED	(387)
$[(CH_3)_4Sb]^+$	1,56	1,87 a	SiOAl 147°		X	(375a)
$Al[OSi(CH_3)_3]_4^-$						
$[(CH_3)_2SiO]_3$	1,614 ± 0,02	1,93 ± 0,02	SiOSi 136°			
			± 25′	eben	X	(263)
	1,66 ± 0,04	1,88 ± 0,04	SiOSi 125 ±5°	eben	ED	(2)
				eben	VS	(185)
$[(CH_3)_2SiO]_4$	1,65 ± 0,018	1,92 ± 0,05	SiOSi 142,5°	gewellt	X	(335)
	1,63	1,88	SiOSi 140 ±5°	gewellt	ED	(387)
				gewellt	VS	(186)
$[(CH_3)_2SiO]_8$				gewellt	X	(114)

Verbindung					Verf.	Lit.
$(CH_3SiO_{1,5})_8$	1,603—1,620	1,866—1,925	SiOSi 144,2 —146,3°		X	(203)
$[(CH_3)_3SiOAlBr_2]_2$	1,69	1,86	SiOAl 130 —134°	$[SiOAl]_2$ eben	X	(34)
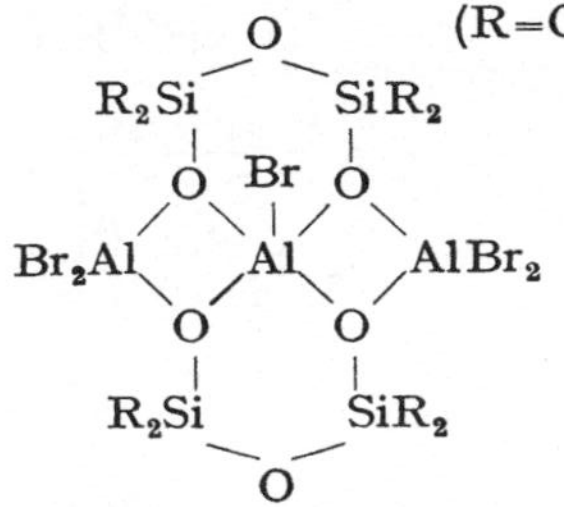 (Struktur, $R=CH_3$): O, R_2Si, SiR_2, O, Br, O, Br_2Al, Al, $AlBr_2$, O, O, R_2Si, SiR_2, O	SiO(Al) 1,74 ± 0,026 SiO(Si) 1,62 ± 0,026	1,90 ± 0,036	SiOSi 131 —138° AlOSi 125 —132°		X	(33)
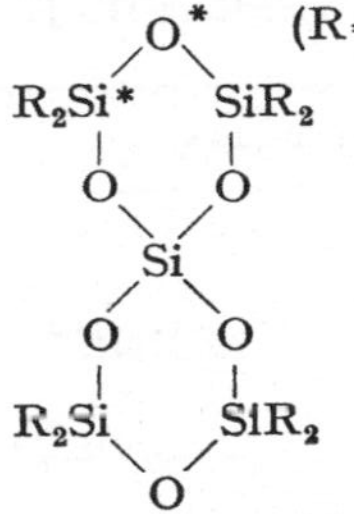 (Struktur, $R=CH_3$): O*, R_2Si*, SiR_2, O, O, Si, O, O, R_2Si, SiR_2, O	SiO 1,64 ± 0,03 Si*O 1,61 ± 0,03 Si*O* 1,67 ± 0,03	1,88 ± 0,03	SiOSi* 134 ± 4° Si*O*Si* 129 ± 4°		X	(289)

Verbindung	r SiN	r SiH	Winkel	Bemerkungen	Verf.	Lit.
$\beta\text{-}Si_3N_4$	1,711—1,758			verzerrter Oktaeder	X	(36)
	1,72 —1,75		120° am N	N_4Si_4 Ringe gewellt	X	(136)

Tabelle 10 (Fortsetzung)

Verbindung	r SiN	r SiH	Winkel		Bemerkungen	Verf.	Lit.
$(H_3Si)_3N$	$1,738 \pm 0,020$	$1,54 \pm 0,05$	SiNSi	$119,6 \pm 1°$	NSi_3 eben	ED	(143)
					NSi_3 eben	VS	(101)
H_3SiNCS	$1,714 \pm 0,010$	$1,489 \pm 0,010$	SiNC	180°		MW	(165)
			SiNC	180°		VS	(105)
H_3SiNNN			$SiNN \neq$	180°		MW	(102)
			$SiNN \neq$	180°		VS	(104)

Verbindung	r SiN	r SiC	Winkel		Bemerkungen	Verf.	Lit.
$(H_3Si)_2NN(SiH_3)_2$					D_{2d}-Symmetrie	VS	(14)
$Si(NCO)_4$			SiNC	180°	T_d-Symmetrie	VS	(235)
			SiNC	180°		VS	(126)
$Si(NCS)_4$			SiNC	180°	T_d-Symmetrie	VS	(64)
			$SiNC \neq$	180°		VS	(127)
$(CH_3)_3SiNHCH_3$	$1,72 \pm 0,03$	1,89 a	SiNC	$130 \pm 5°$		ED	(287)
$(CH_3)_3SiNCO$	$1,76 \pm 0,02$	$1,89 \pm 0,01$	SiNC	$150 \pm 3°$		ED	(178)
$(CH_3)_3SiNCS$	$1,78 \pm 0,02$	$1,87 \pm 0,01$	SiNC	$154 \pm 2°$		ED	(178)
$[(CH_3)_2SiNH]_3$	$1,78 \pm 0,03$	$1,87 \pm 0,05$	SiNSi	$117 \pm 4°$		ED	(387)
					eben	VS	(185)
$[(CH_3)_2SiNH]_4$	$1,78 \pm 0,03$ a	$1,87 \pm 0,05$ a			gewellt	ED	(387)
(d)	$1,727—1,746$	$1,850—1,897$	SiNSi	$132,3 —132,4°$	Sesselform	X	(326)
	$1,687—1,750$	$1,867—1,923$	SiNSi	$130,1 —133,1°$	Wiegenform	X	(326)

$[(CH_3)_3SiN{-}Si*(CH_3)_2]_2$	SiN 1,707	SiC 1,89	Si*SiN*	Si_4N_2 eben		
	Si*N 1,725	Si*C 1,86	91,7°		X	(374)
SiS_2	2,130				X	(274)
	2,14				X	(389)
Cl_3SiSH	2,14 ± 0,02	SiCl 2,02 ± 0,02			ED	(379)
$H_3SiSSiH_3$	2,136 ± 0,002	SiH 1,494	SiSSi 97,4			
		± 0,008	± 0,7°		ED	(5)
			SiSSi 100°		VS	(213)
$[(CH_3)_2SiS]_2$	2,18 ± 0,03		SiSSi 75°		ED	(387)
				eben	VS	(189)
$[(CH_3)_2SiS]_3$	2,15 ± 0,03		SiSSi 110°		ED	(387)
				Wannenform	VS	(189)
$(H_3Si)_3P$				PSi_3 eben	VS	(85)

(a) angenommen; (b) aus Dipolmoment; (c) Pc = Phthalocyanino-; (d) Sessel- und Wiegenform liegen im Verhältnis 1:1 im Molekülgitter nebeneinander vor.

Neben den klassischen Verfahren

ED = Elektronenbeugung
MW = Mikrowellenspektroskopie
VS = Schwingungsspektroskopie (Rotationskonstanten usw.)
X = Röntgenbeugung

sind auch aus der Befolgung von Auswahlregeln bzw. der Größe von Wechselwirkungskonstanten abgeleitete Rückschlüsse auf Bindungswinkel erwähnt, besonders, wenn keine zuverlässigeren Daten bekannt sind. Es ist selbstverständlich, daß diesen Ergebnissen *nicht* die Genauigkeit echter Strukturuntersuchungen zukommt; ein Beispiel hierfür ist das $H_3SiOSiH_3$, das auf Grund des Schwingungsspektrums lange Zeit als gestreckt angenommen wurde.

Berechnungen von Bindungswinkeln unter so weitgehenden Annahmen wie in *(135, 198)* hält der Autor nicht für zuverlässig genug, um eine Aufnahme in Tab. 10 zu rechtfertigen.

Rotationsbarrieren

In relativ großer Zahl ist aus Mikrowellen- und Schwingungsspektren die Höhe der Rotationsbarriere um die SiC-Achse berechnet worden *(211)*. Die Potentialbarrieren sind mit ca. 1500 cal/Mol kleiner als in der Kohlenstoffchemie [s. hierzu *(236)*].

Tabelle 11. *Rotationsbarrieren um die SiC-Achse*

Molekül	V_0 [cal/Mol]		Lit.
$H_3Si{-}CH_3$	1700		*(177)*
	1618		*(180)*
	1580	$\pm$ 50	*(181, 210)*
$CH_3{-}SiH_2{-}CH_3$	1665	$\pm$ 10	*(266)*
	1647	$\pm$ 3	*(267)*
$CH_3{-}SiH_2{-}CD_3$	1657	$\pm$ 10	*(266)*
$H_3Si{-}CHCH_2$	1500	$\pm$ 30	*(259)*
$H_2SiF{-}CH_3$	1559	$\pm$ 30	*(265)*
$HSiF_2{-}CH_3$	1555		*(340)*
$F_3Si{-}CH_3$	1388		*(180)*
	1200	$\pm$ 250	*(237)*
	1200		*(311)*
$H_3Si{-}CH_2Cl$	2550	$\pm$ 50	*(302)*
$Cl_3Si{-}CCl_3$	4000		*(240)*
$(CH_3)_3SiH$	1830		*(268)*
$(CH_3)_4Si$	1600	$\pm$ 50	*(303)*
$H_3SiC{\equiv}CCH_3$	3000		*(179, 221, 62)*
$Cl_3Si{-}CHClCH_3$	3000		*(388)*

Über Rotationsbarrieren anderer Si-Element-Bindungen wird wenig berichtet. So besitzen $(CH_3)_3SiOSi(CH_3)_3$ (303) und Silicone (288) freie Drehbarkeit um die SiO-Achse; im $SiCl_3–SiCl_3$ liegt die Potentialschwelle bei 1000 (240), im $SiH_3–SiH_3$ bei 1220 cal/Mol (264).

b) Dipolmomente

Bis zum Jahre 1961 vermessene Dipolmomente sind in einem vollständigen Tabellenwerk (229) zusammengefaßt. In die folgende Tab. 12 sind deshalb nur die nach Redaktionsschluß dieses Buches bekannt gewordenen Dipolmomente von Siliciumverbindungen allgemein und darüber hinaus alle zugänglichen Momente von Si-Verbindungen *ohne* SiC-Bindungen aufgenommen. Die Angabe der Untersuchungsmethode entspricht der von *McClellan* (229) gewählten:

keine Angabe: Dielektrizitätskonstante [Lösungsmittel in Klammern]
M: Mikrowellenspektrum [Stark-Effekt]

Tabelle 12. *Dipolmomente von Silicium-Verbindungen*

Verbindung	μ [D]		Verfahren	Lit.
SiF_2	1,23	± 0,015	MW	(280)
$SiCl_4$	0,0		[Dioxan]	(201)
	0		[CCl_4]	(28, 29)
$SiBr_4$	0,00		[CCl_4]	(174)
H_3SiF	1,268	± 0,013	MW	(308)
H_2SiF_2, D_2SiF_2	1,54	± 0,02	MW	(205)
$HSiF_3$	1,26	± 0,01	MW	(118, 119)
H_3SiCl	1,303	± 0,01	MW	(228)
	1,311		MW	(83, 84)
	1,284	± 0,005	Dampf	(42)
H_2SiCl_2	1,173	± 0,005	Dampf	(42)
$HSiCl_3$	0,97	± 0,06		(331)
	0,850	± 0,005	Dampf	(42)
H_3SiBr	1,23	± 0,03	MW	(228)
	1,31	± 0,03	MW	(307)
$HSiBr_3$	0,79		[Heptan]	(209)
H_3SiCCH	0,316	± 0,003	MW	(244)
$(CH_3)_2SiH_2$	0,75	± 0,01	MW	(267)
H_3SiOCH_3	1,166		Dampf	(360)
$H_3SiOSiH_3$	0,24		Dampf	(360)
$(H_3Si)_3N$	0		Dampf	(359)
$[(CH_3)_2N]_2SiCl_2$	2,64	± 0,03	[Benzol]	(297)
$(CH_3)_2NSiCl_3$	2,48	± 0,08	[Benzol]	(297)
$(CH_3)_3SiSi(CH_3)_3$	0		[Benzol]	(171)
$Cl_3SiSiCl_3$	0		[Benzol]	(171)
$(CH_3)_3SiSi(CH_3)_2C_6H_5$	0		[Benzol]	(171)
$(CH_3)_3SiSi(CH_3)_2CH_2C_6H_5$	0,43		[Benzol]	(171)

Tabelle 12 (Fortsetzung)

Verbindung	μ [D]	Verfahren	Lit.
$(CH_3)_3SiSi(CH_3)_2\text{-}p\text{-}C_6H_4Cl$	1,76	[Benzol]	(171)
$(CH_3)_3SiSi(CH_3)_2\text{-}p\text{-}C_6H_4Br$	1,81	[Benzol]	(171)
$[(CH_3O)_3Si]_4Si$	1,10		(227)
CH_3OSiCl_3	2,02		(227)
$(CH_3O)_2SiCl_2$	2,04		(227)
$(CH_3O)_3SiCl$	1,97		(227)
$(CH_3)_3SiOCH_3$	1,19	[Benzol]	(76)
	1,18		(227)
$(CH_3)_3SiSCH_3$	1,73	[Benzol]	(76)
$(CH_3)_3SiOSi(CH_3)_3$	0,78	[Benzol]	(76)
$(CH_3)_3SiSSi(CH_3)_3$	1,85	[Benzol]	(76)
$(CH_3)_3SiOCOCH_3$	1,86	[Benzol]	(78)
$(CH_3)_2Si(OCH_3)_2$	1,29	[Benzol]	(78)
	1,33		(227)
$(CH_3)_2Si(SCH_3)_2$	1,25	[Benzol]	(78)
$CH_3Si(OCH_3)_3$	1,68	[Benzol]	(78)
	1,60		(227)
$CH_3Si(SCH_3)_3$	1,84	[Benzol]	(78)
$Si(OCH_3)_4$	1,75	[Benzol]	(78)
	1,78		(227)
$(CH_3)_3SiOC_2H_5$	1,17	[Benzol]	(78)
$(CH_3)_2Si(OC_2H_5)_2$	1,39	[Benzol]	(78)
$CH_3Si(OC_2H_5)_3$	1,72	[Benzol]	(78)
$Si(OC_2H_5)_4$	1,75	[Benzol]	(78)
	$1,70 \pm 0,02$	[Benzol]	(339)
$(CH_3)_2Si(O\text{-}n\text{-}C_4H_9)_2$	1,34	[Benzol]	(78)
$CH_2{=}CHSi(OC_2H_5)_3$	1,69	[Benzol]	(78)
$C_6H_5Si(OC_2H_5)_3$	1,65	[Benzol]	(78)
$Si(OC_6H_5)_4$	1,40	[Benzol]	(78)
$Si[OC_6H_3\text{-}2,6\text{-}(CH_3)_2]_4$	1,16	[Benzol]	(78)

$$(CH_3)_3SiNH \underset{\displaystyle AlCl_2}{\overset{\displaystyle AlCl_2}{\diamond}} NHSi(CH_3)_3$$

Verbindung	μ [D]	Verfahren	Lit.
(obige Verbindung)	3,54	[Benzol]	(377)
$(CH_3)_3SiNCNSi(CH_3)_3$	1,48		(30)
$[(CH_3)_3SiOAl(CH_3)_2]_2$	0		(300)
$[(CH_3)_3SiOAlCl_2]_2$	0		(300)

$$(CH_3)_3Si{-}C{=}\!\!=\!\!C{-}Si(CH_3)_3$$

(Triazol-Ring mit N–N–N und Substituent R)

Verbindung	μ [D]		Lit.
$R = H$	1,09		(31)
$R = Si(CH_3)_3$	0,94		(31)

Bindungsmomente

Aus Dipolmomenten abgeschätzte Bindungsmomente sind mit einem relativ großen Fehler behaftet, da ihre Größe von der Wahl anderer Bindungsmomente abhängig ist. Einige Werte sind in Tab. 4 aufgeführt, andere finden sich bei (6). Das SiH-Bindungsmoment im Si_2H_6 wurde aus Polarisationsmessungen zu 1,54 D bestimmt (206).

Die lineare Beziehung zwischen dem Bindungsmoment und der zweiten Ableitung der IR-Intensität nach der Normalkoordinaten wurde zur Berechnung des SiH- und SiF-Momentes in SiH_4 und SiF_4 herangezogen. Aus den beiden F_2-Schwingungen dieser Moleküle ergeben sich für μ und $\delta\mu/\delta r$ stets zwei Wertepaare, von denen die Autoren die folgenden für die wahrscheinlicheren halten:

Tabelle 13. *Bindungsmomente aus Infrarotintensitäten*

Verbindung	μ [D]	$\delta\mu/\delta r$ [D/Å]	Lit.
SiH_4	$1,438 \pm 0,033$	$\mp 1,139 \pm 0,022$	(208)
	1,58	$\pm 1,23$	(18)
SiF_4	3,3	3,7	(230)
	2,3 [3,3]	$-7,49$ [3,66]	(298)

Eine rechnerische Auswertung von Dipolmomenten im Hinblick auf SiEl-Mehrfachbindungsanteile und die Hybridisierung am El-Atom führten *Krishnamurthy* und *Soundararajan* (196) aus.

c) Kernquadrupolkopplungskonstanten

Die Größe der Kernquadrupolkopplungskonstanten eQq wird in erster Näherung durch die Asymmetrie innerhalb der vorhandenen p-Orbitale bestimmt. eQq-Werte werden deshalb zur Bestimmung von s-, p- und Doppelbindungscharakter der SiEl-Bindung herangezogen (123,382).

Aus der Hyperfeinstruktur der Mikrowellenspektren von SiCl-, SiBr- und SiJ-Verbindungen wurden folgende eQq-Werte bestimmt:

Tabelle 14. *Kernquadrupolkopplungskonstanten von Siliciumverbindungen aus Mikrowellenspektren*

Molekül	eQq [MHz]	Lit.
$H_3Si^{35}Cl$	$-40,0$	(82,304)
$H_3Si^{37}Cl$	-30	(83)
	$-30,8$	(304)
$F_3Si^{35}Cl$	$-43,0$	(260)
$H_3Si^{79}Br$	336	(228,305)
$H_3Si^{81}Br$	278	(305)
$F_3Si^{79}Br$	440,0	(260)
$H_3Si^{127}J$	-1240 ± 30	(306)
$H_3SiCH_2^{35}Cl$	$-32,51 \pm 0,56$	(302)

Zur Interpretation dieser Werte s. 3c bzw. (*224*).

Daneben wurden die reinen Quadrupolspektren vieler Siliciumverbindungen bei tiefer Temperatur [besonders in jüngster Zeit von russischen Autoren] untersucht [(*32*) und vorhergehende Arbeiten sowie (*88, 157, 217, 285, 381*)].

d) Kraftkonstanten

Zumindest für Bindungsgrade zwischen 1 und 1,5 [höhere Bindungsgrade werden in der Si-Chemie gewöhnlich nicht beobachtet] besteht zwischen Valenzkraftkonstante f und Bindungsgrad b die einfache Beziehung (*125*)

$$b = f/f_1 \quad (f_1 = \text{Kraftkonstante der Einfachbindung})$$

Kraftkonstanten sollten somit ein empfindliches Kriterium für das Ausmaß von $(p \rightarrow d)\pi$-Verstärkungen in Element-Silicium-Bindungen sein. Die Möglichkeit, mit Hilfe elektronischer Rechenanlagen auch Potentialansätze größerer Moleküle lösen zu können, hat in jüngster Zeit der Kraftkonstantenrechnung einen erheblichen Aufschwung gegeben.

Voraussetzung für die Berechnung brauchbarer Kraftkonstantensätze sind:

I. Vollständiges, richtig zugeordnetes Schwingungsspektrum

II. Kenntnis der Geometrie des Moleküles

III. Ausreichend vollständiger Potentialsatz

Während der Erfassung des Schwingungsspektrums (Raman, IR) heute keine prinzipiellen Schwierigkeiten mehr entgegenstehen und die Molekülgeometrie in vielen Fällen bekannt oder meist verhältnismäßig zuverlässig vorherzusagen ist, treten bei der Wahl des Potentialansatzes immer dann Komplikationen auf, wenn [wie üblich] zwei oder mehr Schwingungen gleichrassig sind und keine zusätzlichen Daten wie Coriolis-ξ-Konstanten, Zentrifugal-Verzerrungskonstanten oder Isotopendaten zur Verfügung stehen. In diesen Fällen ist das Potentialfeld unterbestimmt. Man kann diese Schwierigkeit überwinden, indem man Nebendiagonalglieder der F-Matrix null setzt, faktorisiert oder andere Annahmen [z.B. im OVFF, HOFF, *Fadini*-Verfahren (*125*)] macht.

Die Bezeichnungen der Potentialansätze, mit denen die in Tab. 15 aufgeführten Werte berechnet sind, entsprechen den von *Sawodny* (*125*) gewählten:

SVFF   einfaches Valenzkraftfeld
MVFF   modifiziertes Valenzkraftfeld
GVFF   allgemeines Valenzkraftfeld

(M)UBFF   (modifiziertes) *Urey-Bradley*-Feld

  OVFF   Orbital-Valenzkraftfeld

  WIFF   *Wolkenstein*-Intensitätskraftfeld (65)

FADINI   Verfahren der nächsten Lösung nach *Fadini* (296)

Da es im Rahmen der Tab. 15 unmöglich ist, die Charakteristika aller mit MVFF bezeichneten Potentialansätze wiederzugeben, reicht das MVFF vom gewöhnlich unzureichenden SVFF bis an das GVFF heran: die Kraftkonstanten sind folglich verschieden zuverlässig. Näherungsweise Kraftkonstanten in Tab. 15 sind auf 2 Dezimalstellen gerundet.

Die SiH-Valenzkraftkonstanten sind [außer, die Frequenzen wurden auf Anharmonizität korrigiert] weitgehend konstant. Kraftkonstanten von Bindungen mit möglichen π-Anteilen (SiN, SiO, SiF, SiCl) streuen hingegen in einem breiten Bereich. Vergleicht man nach identischen Verfahren ermittelte Kraftkonstanten miteinander, so ist zu erkennen, daß in $X_{4-n}SiEl_n$-Verbindungen die zur Ausbildung von π-Anteilen befähigte SiEl-Bindung durch elektronegative Liganden X (Halogen, O, N, H) gegenüber X = Alkyl verstärkt wird (55, 59, 187 188, 190). Die Interpretation dieser Tatsache geht davon aus, daß elektronegative Liganden die Si-d-Orbitale kontrahieren und dadurch eine bessere Überlappung mit Element-p-Elektronenbahnen ermöglichen.

Die experimentell gefundenen Kraftkonstanten liegen für SiN-, SiO-, SiF- und SiCl-Bindungen über den nach *Siebert* (319) bzw. *Gordy* (122) berechneten f_1-Werten [s. Tab. 3 und 4 sowie zu ergänzen

$$f_1 \quad SiC \ 2,80 \ (319)^{3)} \quad 2,32 \ (122)$$
$$f_1 \quad SiSi \ 1,93 \ (319) \quad 1,44 \ (122)]$$

Umgekehrt lassen sich natürlich die Kraftkonstanten zur Berechnung der Normalschwingungen benutzen. So geben die von *Shimanouchi* (313), *Kakiuti* (168) sowie *Beattie, Webster und Chantry* (24) aufgestellten Kraftfelder die Spektren vieler Siliciumverbindungen gut wieder, s. a. (112, 172, 249, 261, 275).

Neben der Bestimmung des Bindungsgrades über die Kraftkonstante lassen sich auch den Spektren selbst wertvolle Informationen entnehmen. So besteht eine lineare Abhängigkeit zwischen Lage der SiH-Valenzschwingung in substituierten Silanen und der Elektronegativität (325) bzw. den *Taft*schen σ^*-Koeffizienten der Substituenten (111, 150, 175, 190, 324, 351). Ebenso sind IR-Intensität der νSiH und Geschwindigkeitskonstante der alkalischen SiH-Hydrolyse direkt miteinander ver-

---

[3)] Die Siebert-Regel ist aus den Kraftkonstanten der Methyl-Element-Verbindungen abgeleitet; f_1 SiC stimmt deshalb zwangsläufig mit den experimentellen Werten überein.

Tabelle 15. *Kraftkonstanten von Silicium-Verbindungen*

Verbindung	Feld	f SiH	f Si-Halogen	andere	Bemerkungen	Lit.
SiH_4	OVFF	2,77				(141)
	MVFF	2,72		f' SiH 0,09		(234)
	MVFF	2,96				(319)
	UBFF	2,94			(ξ, a)	(81)
	GVFF	2,74			(ξ)	(356)
	GVFF	2,75		f' SiH 0,03	(ξ)	(315)
	GVFF	2,77			(ξ)	(94)
H_3SiF	MVFF		5,95			(188)
	MVFF	2,79	5,29			(275)
	MVFF	2,87	5,11			(8)
	UBFF	2,58 b	4,75 b			(261)
	GVFF	2,81	5,32		(ξ)	(94)
H_2SiF_2	MVFF	2,72	3,70			(276)
H_3SiCl	MVFF	2,82	3,00			(8)
	MVFF	2,66	5,13	f' SiH 0,06		(239)
	MVFF	2,78	2,96			(275)
	UBFF	2,64 b	2,49 b			(261)
	GVFF	2,81	2,98		(ξ)	(94)
H_nSiCl_{4-n}	UBFF	2,79	3,45			(112)
$HSiCl_3$	MVFF		2,73			(321)
	MVFF	2,92	3,52			(363)
H_3SiBr	MVFF	2,78	2,46			(275)
	UBFF	2,69 b	2,02			(261)
	GVFF		2,45		(ξ)	(94)
$HSiBr_3$	MVFF	2,85	2,27			(363)
H_3SiJ	MVFF	2,77	1,95			(214)
	MVFF	2,79	1,96			(275)

	UBFF	2,70 b	1,62 b			(261)
	GVFF	2,78	1,95		(ξ)	(94)
H$_3$SiCN	MVFF	2,72	3,81	CN 16,89		(269)
	GVFF	2,86	3,23	CN 18,00		(94)
H$_3$SiNCS	FADINI	2,80	3,22		SiNC 180°	(54)
	MVFF	3,02 a	4,76		SiNC 180°	(295)
D$_3$SiNCS	FADINI	2,84	3,17		SiNC 180°	(54)
H$_3$SiNCNSiH$_3$	FADINI	2,78 c	4,41		SiNC 180°	(56)
SiF$_4$	OVFF		5,7			(140)
	MVFF		5,94	f' SiF 0,41		(321)
	MVFF		6,23	f' SiF 0,31		(365)
	MVFF		5,51	f' SiF 0,55		(365)
	MUBFF		5,84 b			(314)
	GVFF		6,22	f' SiF 0,32	(ξ)	(315)
	GVFF		6,57	f' SiF 0,21	Isotopendaten	(44)
	GVFF		6,44	f' SiF 0,24	Isotopendaten	(232)
	GVFF		6,16	f' SiF 0,33	(ξ)	(95)
	MVFF		3,54	f' SiF 0,32		(321)
Li$_2$SiF$_6$	OVFF		2,55			(140)
SiCl$_4$	WIFF		3,10	f' SiCl 0,20		(65)
	MVFF		2,68	f' SiCl 0,34		(321)
	MVFF		2,87	f' SiCl 0,30	d	(315)
	UBFF		3,12	f' SiCl 0,21		(65)
	MUBFF		2,67 b			(314)
	OVFF		2,01			(140)
SiBr$_4$	MVFF		2,17	f' SiBr 0,25	d	(315)
	MUBFF		2,03 b			(314)
ClSiBr$_3$	MVFF		2,00 SiCl			
			2,46 SiBr			(363)
Cl$_2$SiBr$_2$	MVFF		2,50 SiCl			
			1,70 SiBr			(276)
SiJ$_4$	MVFF		1,55	f' SiJ 0,19	d	(315)

Tabelle 15 (Fortsetzung)

Verbindung	Feld	f SiH	f SiC	andere	Bemerkungen	Lit.
H_3SiCH_3	FADINI	2,69	3,02			(56)
	MVFF	2,66 c				(278)
	GVFF	2,72	2,97		(ξ)	(94)
$H_2Si(CH_3)_2$	MVFF	2,55	3,50			(276)
	MVFF	2,68				(188)
$H_3SiCH=CH_2$	FADINI	2,65	2,94	CC 9,09		(56)
H_3SiCCH	MVFF	2,73	4,14	CC 15,80		(270)
	GVFF	2,79	3,30 e	CC 15,59	(ξ)	(94)
	FADINI	2,75	3,92	CC 15,55		(56)
D_3SiCCH	FADINI	2,81	4,03	CC 15,58		(56)
$H_3SiCCCH_3$	GVFF	2,75	3,30 e	CC 15,70	(ξ)	(94)
$H_3SiCCSiH_3$	GVFF	2,76	3,35	CC 15,55	(ξ)	(94)
$H_3SiN(CH_3)_2$	FADINI	2,59		SiN 3,66		(59)
$D_3SiN(CH_3)_2$	FADINI	2,74		SiN 3,73		(59)
Si_2H_6	MVFF	2,70		SiSi 1,78		(264)
	GVFF	2,70		SiSi 1,73	(ξ)	(94)
$(CH_3)_4Si$	SVFF		3,17			(50)
	WIFF		3,38 f			(368)
	MVFF		2,93	f' SiC 0,16		(321)
	UBFF		2,72 b			(316)
$(CH_3)_3Si-CH_2-Si(CH_3)_3$	MVFF		2,77		SiCSi 120°	(183)
$(CH_3)_3SiSi(CH_3)_3$	SVFF		2,39	SiSi 1,30		(50)
	UBFF		2,35—2,60 b	SiSi 0,68—0,75		(250)

		f Si-Halogen	f SiC			
CH$_3$SiCl$_3$	MVFF	2,67				(321)
	FADINI	3,54 g	3,28			(56)
(CH$_3$)$_2$SiF$_2$	MVFF	3,60	3,09			(276)
	MVFF	5,86				(184)
(CH$_3$)$_2$SiCl$_2$	MVFF	2,30	3,25			(276)
	MVFF	2,94	2,96			(184)
(CH$_3$)$_2$SiBr$_2$	MVFF	2,23				(184)
	MVFF	1,60	3,19			(276)
(CH$_3$)$_3$SiF	SVFF	6,43				(182)
(C$_2$H$_5$)$_3$SiF	UBFF	4,10 b	2,70 b			(347)
(CH$_3$)$_3$SiCl	SVFF	2,53				(192)
	MVFF	2,46				(321)
(C$_6$H$_5$)$_3$SiCl	SVFF	3,76				(192)
(CH$_3$)$_3$SiJ	MVFF	2,10				(178)
CH$_2$=CHSiCl$_3$	FADINI	3,60 g	3,79	CC 9,18		(56)
(CH$_3$)$_3$SiNNN	FADINI	3,19	3,02 h		SiNN 180°	(54)
(CH$_3$)$_3$SiNCO	FADINI	2,93	3,11 h		SiNC 180°	(54)
(CH$_3$)$_3$SiNCNSi(CH$_3$)$_3$	FADINI	3,36	3,40 h		„	(54)

		f Si-Halogen	f SiO			
Cl$_3$SiOAlkyl	SVFF	4,9				(337)
Si(OCH$_3$)$_4$	MVFF	3,7	CO 5,7			(160, 161)
	MVFF	4,17				(194)
Si(OC$_2$H$_5$)$_4$	SVFF	5				(93)
Si(OR)$_4$	SVFF	4,61—4,90				(194)
(R = C$_2$H$_5$, C$_3$H$_7$, C$_4$H$_9$)						
H$_3$SiOSiH$_3$	MVFF	5,82 i			SiOSi 140°	(233)
	MVFF	4,90—5,03	f′ SiO 0,07—0,27		SiOSi 145—150°	(231)
(CH$_3$)$_3$SiOSi(CH$_3$)$_3$	MVFF	4,65			SiOSi 150°	(183)
(CH$_3$)$_3$SiOH	SVFF	4,43				(182)
18 Disiloxane	SVFF	4,42—5,21				(108)
(CH$_3$)$_n$Si(OCH$_3$)$_{4-n}$ (n=1,2)	UBFF	3,25 b	SiC 3,03 b			(344, 346)
XOSi(CH$_3$)$_3$ (X = R, Si)	UBFF	2,59 b	SiC 2,71 b			(357)

Tabelle 15 (Fortsetzung)

Verbindung	Feld	f Si-Halogen	f SiN	andere		Bemerkungen	Lit.
HNSi	MVFF		8,72				(255)
$SiF_4 \cdot 2NH_3$	FADINI	3,31 trans	1,51				(60)
		2,60 cis					
$Cl_3SiNHSiCl_3$	FADINI	3,17	3,49	f' SiN—	0,19	SiNSi 130°	(129)
			3,67	f' SiN	0,19	SiNSi 140°	(129)
$Cl_3SiN(CH_3)_2$	FADINI	3,20	3,75				(59)
$Cl_2Si[N(CH_3)_2]_2$	FADINI	3,07	3,73				(59)
$ClSi[N(CH_3)_2]_3$	FADINI	3,00	3,63				(59)
$Si[N(CH_3)_2]_4$	FADINI		3,62				(59a)
$(H_3Si)_3N$	MVFF		4,1	f' SiN	0,2		(101)
	MVFF		4,10	f' SiN	0,47		(191)
	MVFF		3,92—4,45	f' SiN	0,02—0,27		(231)

Verbindung	Feld	f SiC	f SiN	andere		Bemerkungen	Lit.
$CH_3Si[N(CH_3)_2]_3$	FADINI	3,11	3,17				(59)
$(CH_3)_2Si[N(CH_3)_2]_2$	FADINI	3,04	3,16				(59)
$(CH_3)_3SiN(CH_3)_2$	FADINI	3,05 h	2,65				(59)
$(C_2H_5)_3SiNH_2$	FADINI	2,78 h	3,90				(55)
$(CH_3)_3SiNHSi(CH_3)_3$	MVFF		3,84			SiNSi 131°	(183)
	MVFF		3,46			SiNSi 140°	(55)
	FADINI	2,57	3,35	f' SiN	0,15	SiNSi 140°	(55)
$[(CH_3)_3Si]_2NK$	FADINI	2,35	4,28			SiNSi 160°	(59)
$([(CH_3)_3Si]_2N)_2Me$ Me=Be	FADINI		3,40				(57)
Zn	FADINI		3,68				(61)

			f SiS	f SiP			
Cd		FADINI		3,73			(61)
Hg		FADINI		3,67			(61)
[(CH$_3$)$_3$Si]$_2$NHAlCl$_3$		FADINI	2,64	2,51			(377)
[(CH$_3$)$_3$Si]$_2$NHGaCl$_3$		FADINI	2,66	2,50			(377)
[(CH$_3$)$_3$Si]$_2$NCH$_3$		FADINI		3,21			(55)
[Cl(CH$_3$)$_2$Si]$_2$NCH$_3$		MVFF		3,34		SiNSi 140°	(55)
[X(CH$_3$)$_2$Si]$_2$NH	X=H	SVFF		3,7			(190)
	F	MVFF		3,77	f′ SiN 0,20	SiNSi 140°	(55)
	Cl	MVFF		3,86	f′ SiN 0,38	SiNSi 140°	(55)
		SVFF		4,3			(190)
	Br	SVFF		4,2			(190)
	C$_6$H$_5$	SVFF		3,9			(190)
(CH$_3$)$_3$SiSSi(CH$_3$)$_3$		MVFF	2,20			SiSSi 104°	(183)
(CH$_3$)$_3$SiSH		SVFF	2,28				(160,161)
		SVFF	2,20				(182)
(H$_3$Si)$_3$P		MVFF		2,0	f′ SiP 0,56		(85)

(a) für Anharmonizität korrigiert; (b) K im UBFF; (c) f SiH + 2 f′ SiH; (d) mit Lennard-Jones-Wechselwirkung; (e) angenommener Wert; (f) f SiC + 3 f′ SiC; (g) f SiCl + 2 f′ SiCl; (h) f SiC + 2 f′ SiC; (i) f SiO + f′ SiO.

H. Bürger

Tabelle 16. *Bindungsenergien von Silicium-Verbindungen*

Verbindung	Bindung	D [Kcal/Mol]	Verfahren	Lit.
SiH	SiH	70,6	VS	(*364*)
SiH allgemein		77,4		(*323*)
SiH_4		92	theoretisch	(*294*)
		80,5	thermodynamisch	(*107*)
		76,5	thermodynamisch	(*131*)
		79,9	thermodynamisch	(*322*)
		72,6	E.I.	(*291*)
		94 ± 3	E.I.	(*333*)
$HSiCl_3$		93 ± 4	E.I.	(*333*)
$(CH_3)_3SiH$		[64—74] ± 5	E.I.	(*68*)
		83 ± 10	E.I.	(*148*)
		88	E.I.	(*149*)
$(CH_3)_4Si$	SiC	79	thermodynamisch	(*145*)
		[59—69] ± 5	E.I.	(*68*)
		79 ± 10	E.I.	(*148*)
		85	E.I.	(*149*)
$(C_2H_5)_4Si$		50,5	thermodynamisch	(*367*)
$(C_3H_7)_4Si$		46,0	thermodynamisch	(*367*)
$(CH_3)_nSiH_{4-n}$ (n=2—4)		73—75	thermodynamisch	(*348*)
$(C_2H_5)_nSiH_{4-n}$ (n=1—4)		62	thermodynamisch	(*348*)
CH_3SiH_3		86 ± 4	E.I.	(*333*)
$C_2H_5SiH_3$		89 ± 3	E.I.	(*333*)
$i-C_3H_7SiH_3$		79 ± 3	E.I.	(*333*)
$t-C_4H_9SiH_3$		65 ± 3	E.I.	(*333*)
$i-C_4H_9SiH_3$		52—56	thermodynamisch	(*348*)
$n-C_4H_9SiH_3$		52—56	thermodynamisch	(*348*)
$CH_2=CHSiH_3$		71/63	thermodynamisch	(*348*)
		81	thermodynamisch	(*345*)
$(CH_3)_2Si(n-C_3H_7)_2$		60—61 [$\overline{D}$]	thermodynamisch	(*348*)
Alkylsilane		58—76	thermodynamisch	(*345*)
$(CH_3)_3Si—C_2H_5$		[55—65] ± 5	E.I.	(*68*)
		77 ± 10	E.I.	(*148*)
		89	E.I.	(*149*)
$(CH_3)_3Si-(i-C_3H_7)$		77 ± 10	E.I.	(*148*)
		84	E.I.	(*149*)
$(CH_3)_3Si-(t-C_4H_9)$		77 ± 10	E.I.	(*148*)
		83	E.I.	(*149*)
$(CH_3)_3Si—CH_2C_6H_5$		[48—58] ± 5	E.I.	(*68*)
$(CH_3)_3SiCl$	SiC	73,2	thermodynamisch	(*27*)
CH_3SiCl_3		93 ± 4	E.I.	(*333*)
$C_2H_5SiCl_3$		95 ± 4	E.I.	(*333*)
$i-C_3H_7SiCl_3$		80 ± 3	E.I.	(*333*)
$t-C_4H_9SiCl_3$		76 ± 3	E.I.	(*333*)
$CH_3O[Si(CH_3)_2O]_nCH_3$		71	thermodynamisch	(*343*)
$[Si(CH_3)_2O]_n$		64	thermodynamisch	(*353*)

Tabelle 16 (Fortsetzung)

Verbindung	Bindung	D [Kcal/Mol]	Verfahren	Lit.
$C_4H_8Si_2F_4$		75 ± 10	E.I.	(352)
$(CH_3)_3Si$—CH_2—$Si(CH_3)_3$		74	VS [nach (215)]	(183)
SiSi allgemein	SiSi	47,9		(323)
Si_2H_6		51,3	thermodynamisch	(107, 322)
		81,3	E.I.	(333, 334)
		46,4	thermodynamisch	(131)
		39,7	E.I.	(292)
Si_2Cl_6		85 ± 6	E.I.	(334)
$(CH_3)_3SiSi(CH_3)_3$		81 ± 10	E.I.	(148)
		86	E.I.	(149)
$[(CH_3)_3Si]_2NH$	SiN	76,4	thermodynamisch	(27)
		77	VS [nach (215)]	(183)
$(CH_3)_3SiN(C_2H_5)_2$		83,3	thermodynamisch	(67)
		131	E.I.	(149)
$[(CH_3)_2XSi]_2NH$ (a)		77—88	VS [nach (215)]	(190)
H_3SiPH_2	SiP	88,2	E.I.	(293)
$(CH_3)_3SiOCH_3$	SiO	127	E.I.	(149)
$(CH_3O)[Si(CH_3)_2O]_nCH_3$		103	thermodynamisch	(343)
$[Si(CH_3)_2O]_n$		117	thermodynamisch	(353)
$[(CH_3)_3Si]_2O$		93	VS [nach (215)]	(183)
$[(CH_3)_2XSi]_2O$ (a)		93—98	VS [nach (215)]	(190)
SiS $[D^1\Pi—X^1\Sigma^+]$	SiS	100	VS [aus ν_e]	(199)
$[(CH_3)_3Si]_2S$		63	VS [nach (215)]	(183)
SiF	SiF	126	thermodynamisch	(166)
SiF $[A^2\Sigma^+]$		148,5	thermodynamisch	(226)
SiF		109	VS (b)	(166)
SiF_2		147,4	thermodynamisch	(322)
SiF_4		142		(323)
		120	theoretisch	(294)
$SiCl_4$	SiCl	90,3	thermodynamisch	(322)
		106 ± 4	E.I.	(333)
		90,8	thermodynamisch	(107)
		$97,2 \pm 0,7$	thermodynamisch	(26)
		91	theoretisch	(294)
$(CH_3)_3SiCl$	SiCl	$[82—92] \pm 10$	E.I.	(68)
		120 ± 10	E.I.	(148)
		126	E.I.	(149)
$SiBr_4$	SiBr	78	theoretisch	(294)
		86	E.I.	(149)
SiJ_4	SiJ	48,4	thermodynamisch	(107)

(a) X = H, Cl, Br, CH_3, C_6H_5; (b) Birge-Sponer-Extrapolation

knüpft (*175, 194a*). Weiterhin wurde eine lineare Beziehung zwischen der Lage von $\delta_s SiH_3$ und der Elektronegativität des vierten Substituenten beobachtet (*167*). Mittlere Schwingungsamplituden berechneten (*65, 220, 361, 362*).

e) Bindungsenergien

Neben einer vergleichsweise geringen Anzahl aus thermodynamischen Daten berechneter Bindungsenergien treten in jüngster Zeit über appearence- bzw. Ionisationspotentiale aus massenspektroskopischen Untersuchungen berechnete Werte in den Vordergrund. Die Diskrepanzen bei gleichen Molekülen sind zwischen diesen Werten [in Tab. 16 mit E.I. bezeichnet] und thermodynamisch ermittelten verhältnismäßig groß, so daß man geneigt ist, kleinen Änderungen der Bindungsenergie kein zu großes Gewicht beizumessen.

Bindungsenergien zweiatomiger Spezies sind bei *Herzberg* (*146*) tabelliert; Ergänzungen s. 3e). Die Berechnung von Bindungsenergien aus Valenzkraftkonstanten schlagen *Lippincott* und *Schroeder* (*215*) vor. Zur Ergänzung sind in Tab. 16 einige von *Sanderson* (*294*) theoretisch berechnete Werte einbezogen.

Die Abnahme der SiC-Bindungsenergie mit länger werdender Alkylkette scheint, wie *O'Neal* und *Ring* (*258*) aus Abweichungen vom additiven Verhalten thermodynamischer Funktionen schließen, wegen unzuverlässiger Verbrennungswärmen nicht real zu sein. Neuere Daten über Bindungsenthalpien von Siliciumverbindungen finden sich bei (*39, 109, 121, 130, 282, 383–385*); Angaben über appearence- bzw. Ionisierungspotentiale s. (*89, 154, 251, 366*). Inkremente zur Berechnung von Bildungsenthalpien sind bei (*323*) tabelliert.

Literatur

1. *Abel, E. W., D. A. Armitage*, and *G. R. Willey:* Relative Base Strengths of Some Organosilicon Amines. Trans. Faraday Soc. *60*, 1257—62 (1964).
2. *Aggarwal, E. H.*, and *S. H. Bauer:* The Structure of Hexamethylcyclotrisiloxane as Determined by the Diffraction of Electrons on the Vapour. J. chem. Physics *18*, 42—50 (1950).
3. *Allred, A. L.*, and *E. G. Rochow:* Electronegativities of Carbon, Silicon, Germanium, Tin and Lead. J. inorg. nucl. Chem. *5*, 269—88 (1958).
4. *Almenningen, A., O. Bastiansen, V. Ewing, K. Hedberg*, and *M. Traetteberg:* The Molecular Structure of Disiloxane, $(SiH_3)_2O$. Acta chem. scand. *17*, 2455—60 (1963).
5. —, *K. Hedberg*, and *R. Seip:* The Molecular Structure of Gaseous Disilyl Sulfide, $(SiH_3)_2S$. Acta chem. scand. *17*, 2264—70 (1963).

6. *Altshuller, A. P.*, and *L. Rosenblum:* Dielectric Properties of Some Alkylsilanes. J. Amer. chem. Soc. *77*, 272—74 (1955).

7. *Amberger, E.*, u. *R. Römer:* Reaktionen des Silylanions $SiH_3^{\ominus}$ mit substituierten Boranen. Z. anorg. allg. Chem. *345*, 1—8 (1966).

8. *Andersen, F. A.*, and *B. Bak:* Infra-Red Absorption Spectra of SiD_3Cl, SiH_3F, and SiD_3F. Acta chem. scand. *8*, 738—43 (1954).

9. *Aronson, J. R., R. C. Lord,* and *D. W. Robinson:* Far Infrared Spectrum and Structure of Disiloxane. J. chem. Physics *33*, 1004—07 (1960).

10. *Atoji, M.*, and *W. N. Lipscomb:* The structure of SiF_4. Acta crystallogr. [Copenhagen] *7*, 597 (1954).

11. *Aylett, B. J.:* The Silyl Group as an Electron Acceptor. J. inorg. nucl. Chem. *2*, 325—29 (1956).

12. — The Silyl Group as an Electron Acceptor II. The Reaction of Silyl Iodide with Tetramethylhydrazine. J. inorg. nucl. Chem. *5*, 292—94 (1958).

13. — The Silyl Group as an Electron Acceptor. III. The Relative Stabilities of Some Complexes of Silyl Iodide with Ethers and Thioethers. J. inorg. nucl. Chem. *15*, 87—94 (1960).

14. —, *J. R. Hall, D. C. McKean, R. Taylor,* and *L. A. Woodward:* Vibrational spectra and structure of tetrasilylhydrazine and tetrasilylhydrazine- d_{12}. Spectrochim Acta *16*, 747—58 (1960).

15. —, and *L. K. Peterson:* The Relative Stabilities of some Complexes of Dimethylaminosilanes and -methanes with Lewis Acids. J. chem. Soc. *1965*, 4043—48.

16. *Bak, B., J. Bruhn,* and *J. Rastrup-Anderson:* Microwave Spectrum and Structure of SiD_3F. J. chem. Physics *21*, 752—53 (1953).

17. — — — Stereochemistry of Silicon. Acta chem. scand. *8*, 367—73 (1954).

18. *Ball, D. F.*, and *D. C. McKean:* Infrared intensities in SiH_4 and SiD_4. Spectrochim. Acta *18*, 1019—28 (1962).

19. *Baney, R. H., K. J. Lake, R. West,* and *L. S. Whatley:* Nature of π-Bonding from Oxygen to Silicon in Organosilicon Compounds. Chem. and Ind. *1959*, 1129—30.

20. *Bastiansen, O., V. C. Ewing,* and *M. Traetteberg:* Zit. in *L. E. Sutton:* Interatomic distances. Suppl. M 19s (338).

21. *Bažant, V., V. Chvaloský,* and *J. Rathouský:* Organosilicon Compounds. Prague 1965.

22. *Beattie, I. R.:* The Acceptor Properties of Quadripositive Silicon, Germanium, Tin, and Lead. Quart. Rev. *17*, 382—405 (1963).

23. —, *T. Gilson, M. Webster,* and *G. P. McQuillan:* The Stereochemistry of Addition Compounds of Silicon Tetrahalides, Studied by Their Spectra in the Caesium Bromide Region. J. chem. Soc. *1964*, 238—44.

24. —, *M. Webster,* and *G. W. Chantry:* A Normal Co-ordinate Analysis of the Octahedral Species cis- and trans-$[L_2MX_4]$. J. chem. Soc. *1964*, 6172—6180.

25. *Bedford, J. A., J. R. Bolton, A. Carrington,* and *R. H. Prince:* The Electron spin Resonance Spectra of the Phenyltrimethylsilane and — germane Anions: π-bonding between Silicon and Germanium and the Aromatic Ring. Trans. Faraday Soc. *59*, 53—58 (1963).

26. *Beezer, A. E.*, and *C. T. Mortimer:* Heats of Formation and Bond Energies. Part XII. Silicon Tetrachloride. J. chem. Soc. *1964*, 2727—30.

27. — — Heats of Formation and Bond Energies. Part XV. Chlorotrimethylsilane and Hexamethyldisilazane. J. chem. Soc. A *1966*, 514—16.

H. Bürger

28. *Bergmann, E.,* u. *L. Engel:* Dipolmoment und räumlicher Bau einiger anorganischer Halogenide. Z. physik. Chem. B *13,* 232—246 (1931).
29. — — Bestimmung von Molekülstrukturen aus optischen und elektrischen Daten. Z. Elektrochem. *37,* 563—569 (1931).
30. *Birkofer, L., A. Ritter,* u. *P. Richter:* Über siliciumorganische Verbindungen. 13. N.N'-Bis-trimethylsilyl-carbodiimid. Tetrahedron Letters *5,* 195—198 (1962).
31. — —, u. *H. Uhlenbrauck:* Über siliciumorganische Verbindungen. 21. Mitt. Substitutions- und Additionsreaktionen an silylierten Acetylenen. Chem. Ber. *96,* 3280—3288 (1963).
32. *Biryukov, I. P., M. G. Voronkov,* and *I. A. Safin:* Teoret. eksper. Chim. *1,* 373—380 (1965). NQR Study of Substituent Induction in organochlorosilanes. Theoretical and Experimental Chemistry *1,* 241—246 (1965).
33. *Bonamico, M.:* The Crystal Structure of an Aluminosiloxane containing Five-co-ordinated Aluminium. Chem. Commun. *1966,* 135—136.
34. —, *G. Dessy,* and *C. Ercolani:* The Molecular Structure of Dibromotrimethylsiloxyaluminium. Chem. Commun. *1966,* 24—25.
35. *Bond, A. C.,* and *L. O. Brockway:* The Molecular Structures of Mono-, Di- and Trimethylsilane. J. Amer. chem. Soc. *76,* 3312—3316 (1954).
36. *Borgen, O.,* u. *H. M. Seip:* Die Kristallstruktur von β-Si_3N_4. Acta chem. scand. *15,* 1789 (1961).
37. *Boyd, D. R. J.:* Infrared Spectrum of Trideuterosilane and the structure of the Silane Molecule. J. chem. Physics *23,* 922—926 (1955).
38. *Braune, H.,* u. *P. Pinnow:* Die Molekularstruktur einiger anorganischer Fluoride nach Elektronenbeugungsversuchen. Z. physik. Chem. B *35,* 239—255 (1937).
39. *Brimm, E. O.,* and *H. M. Humphreys:* The Heat of Formation of Silane. J. phys. Chem. *61,* 829—830 (1957).
40. *Brockway, L. O.:* Electron Diffraction by Gas Molecules. Rev. Mod. Physics *8,* 231—266 (1936).
41. —, and *J. Y. Beach:* The Electron Diffraction Investigation of the Molecular Structures of (1) Phosphorus Oxytrichloride, Oxydichlorofluoride, Oxychlorodifluoride, Oxytrifluoride, Fluorodichloride, Pentafluoride, and Trifluorodichloride, and of (2) Disilane, Trichlorosilane, and Hexachlorodisilane. J. Amer. chem. Soc. *60,* 1836—1846 (1938).
42. —, and *I. E. Coop:* An Investigation of the chlorosilanes and of Chloro- and Bromo-Acetylene by Electron Diffraction and Electric Dipole Moment Measurements on the Vapours. Trans. Faraday Soc. *34,* 1429 to 1439 (1938).
43. —, and *N. R. Davidson:* The Molecular Structures of the Dimers of Aluminium Dimethyl Chloride, Aluminium Dimethyl Bromide, and Aluminium Trimethyl and of Hexamethyldisilane. J. Amer. chem. Soc. *63,* 3287—3297 (1941).
44. —, and *H. O. Jenkins:* The Molecular Structures of the Methyl Derivatives of Silicon, Germanium, Tin, Lead, Nitrogen, Mercury and Sulfur and the Covalent Radii of the Non-Metallic Elements. J. Amer. chem. Soc. *58,* 2036—2044 (1936).
45. —, and *F. T. Wall:* The Electron Diffraction Investigation of Some Non-metallic Halides. J. Amer. chem. Soc. *56,* 2373—2379 (1934).
46. *Brook, A. G., R. Kivisikk,* and *G. E. Le Grow:* Spectral Properties of p-Substituded Benzoyltriphenylsilanes. Canad. J. chem. *43,* 1175—1183 (1965).

47. —, and *J. B. Pierce:* Spectral and Chemical Properties of β- and γ-Functional Silanes. Canad. J. chem. *42*, 298—304 (1964).
48. —, *M. A. Quigley, G. J. D. Peddle, N. V. Schwartz,* and *C. M. Warner:* The Spectral and Chemical Properties of α-Silyl Ketones. J. Amer. chem. Soc. *82*, 5102 (1960).
49. *Brosset, C.,* and *I. Idrestedt:* Crystal Structure of Silicon Oxynitride, Si_2N_2O. Nature *201*, 1211 (1964). Structure of Si_2N_2O. Acta chem. scand. *18*, 1879—1886 (1964).
50. *Brown, M. P., E. Cartmell,* and *G. W. A. Fowles:* Raman Spectra of the Hexamethyl Compounds of Silicon, Germanium, and Tin. J. chem. Soc. *1960*, 506—511.
51. *Brune, H. A.:* Protonenresonanz-spektroskopische Untersuchungen an Organosilicium-Verbindungen. I. Elektronegativität des Sauerstoffs in den Verbindungen $Cl_n(CH_3)_{3-n}Si—O—R$. Chem. Ber. *97*, 2829—2847 (1964).
52. — Protonenresonanz-spektroskopische Untersuchungen an Organosilicium-Verbindungen. II. Spin-Spin-Kopplungen der Protonen mit den Isotopen ^{13}C und ^{29}Si in den Verbindungen $Cl_n(CH_3)_{3-n}Si—O—R$. Chem. Ber. *97*, 2848—2856 (1964).
53. — Protonenresonanz-spektroskopische Untersuchungen an Organosilicium-Verbindungen. III. Zur Kenntnis des Bindungszustandes in der Silicium-Sauerstoff-Bindung in Alkoxysilanen. Chem. Ber. *98*, 1998 bis 2008 (1965).
54. *Bürger, H.:* Schwingungsspektren und Kraftkonstanten des Trimethyl-silylazids. Mh. Chem. *96*, 1710—1715 (1965).
55. — Schwingungsspektren einiger halogenhaltiger Di- und Trisilylamine. Mh. Chem. *97*, 869—878 (1966).
56. — (unveröffentlicht).
57. —, *C. Forker,* u. *J. Goubeau:* Beryllium-tetrakis-trimethylsilyl-diamid — eine Verbindung mit zweibindigem Beryllium. Mh. Chem. *96*, 597—601 (1965).
58. —, u. *U. Goetze:* (unveröffentlicht).
59. —, u. *W. Sawodny:* Schwingungsspektren und Kraftkonstanten von Methylsilyl- und Chlorsilyl-dialkylaminen. Spectrochim. Acta (im Druck).
59a. — — Schwingungsspektren und Kraftkonstanten von Methylsilyl- und Chlorsilyl-dialkylaminen. Spectrochim. Acta (im Druck).
60. — —, u. *F. Höfler:* Spektroskopische Untersuchungen zur Struktur von $SiF_4 \cdot 2$ Amin-Addukten. Mh. Chem. *96*, 1437—1445 (1965).
61. — —, u. *U. Wannagat·* Darstellung und Schwingungsspektren von Silyl-amiden der Elemente Zink, Cadmium und Quecksilber. J. organometallic Chem. *3*, 113—120 (1965).
62. *Bunker, P. R.:* The vibrational selection rules and torsional barrier of methylsilylacetylene. Molecular Physics *9*, 257—264 (1965).
63. *Campbell-Ferguson, H. J.,* and *E. A. V. Ebsworth:* Structures of Adducts of Halosilanes. Chem. and Ind. *1965*, 301.
64. *Carlson, G. L.:* The vibrational spectrum of $Si(NCS)_4$. Spectrochim. Acta *18*, 1529—1535 (1962).
65. *Chantry, G. W.,* and *L. A. Woodward:* Raman intensities: Vibrational Amplitudes and Force Fields of Tetrahalides of Group 4 B. Trans. Faraday Soc. *56*, 1110—1116 (1960).
66. *Chatt, J.,* and *A. A. Williams:* The Nature of the Co-ordinate Link. Part IX. The Dissociation Constants of the Acids p-$R_3M \cdot C_6H_4 \cdot CO_2H$ M=(C, Si, Ge, and Sn and R=Me and Et) and the Relative Strengths of d_π-p_π Bonding in the M—C_{ar} Bond. J. chem. Soc. *1954*, 4403—4411.

67. *Claydon, A. P.,* and *C. T. Mortimer:* Heats of Formation and Bond Energies. VIII. Diethylaminotrimethylsilane, N.N'-Dithiodiethylamine, N.N'-Thionylbisdiethylamine, and N.N'-Sulphurylbisdiethylamine. J. chem. Soc. *1962,* 3212—3216.
68. *Connor, J. A., G. Finney, G. J. Leigh, R. N. Haszeldine, P. J. Robinson, R. D. Sedgwick,* and *R. F. Simmons:* Bond Dissociation Energies in Organosilicon Compounds. Chem. Commun. *1966,* 178—179.
69. *Cook, D. I., R. Fields, M. Green, R. N. Haszeldine, B. R. Iles, A. Jones,* and *M. J. Newlands:* Organosilicon Chemistry. Part I. A Pentacoordinate Complex of Silicon. J. chem. Soc. A *1966,* 887—889.
70. *Corey, J. Y.,* and *R. West:* Triphenyl(bipyridyl)siliconium Ion. J. Amer. chem. Soc. *85,* 4034—4035 (1963).
71. *Cottrell, T. L.:* The Strength of Chemical Bonds. London: Butterworth Scientific Publications 1958.
72. *Cowell, R. D., G. Urry,* and *S. I. Weissman:* Electron Delocalization Involving Silicon in Ions Derived from Bis(2,2'-Biphenylene)Silane. J. Amer. chem. Soc. *85,* 822 (1963).
73. *Craig, D. P., A. Maccoll, R. S. Nyholm, L. E. Orgel,* and *L. E. Sutton:* Chemical Bonds involving d-Orbitals. Part I. J. chem. Soc. *1954,* 332 — 353.
74. —, and *D. W. Magnusson:* d-Orbital Contraction in Chemical Bonding. J. chem. Soc. *1956,* 4895—4909
75. *Cruickshank, D. W. J.:* The Role of 3 d-Orbitals in π-Bonds between (a) Silicon, Phosphorus, Sulphur, or Chlorine and (b) Oxygen or Nitrogen. J. chem. Soc. *1961,* 5486—5504.
76. *Cumper, C. W. N., A. Melnikoff,* and *A. I. Vogel:* Physical Properties and Chemical Constitution. Part XLVII. The Ultraviolet Spectra of Some Compounds with Bonds between Oxygen or Sulphur Atoms and the Group IV Elements C, Si, Ge, and Sn. J. chem. Soc. A *1966,* 242—245.
77. — — — Physical Properties and Chemical Constitution. Part XLVIII. The Electric Dipole Moments of R_3XOMe, $(R_3X)_2O$, R_3XSMe, and $(R_3X)_2S$ where X is C, Si, Ge, or Sn. J. chem. Soc. A *1966,* 246—249.
78. — — — Physical Properties and Chemical Constitution. Part L. The Electric Dipole Moments of Alkoxy-, Alkylthio-, and Related Compounds of Carbon, Silicon, and Germanium. J. chem. Soc. A *1966,* 323—329.
79. *Curl, R. F. jr.,* and *K. S. Pitzer:* The Spectrum and Structure of Disiloxane. J. Amer. chem. Soc. *80,* 2371—2373 (1958).
80. *Curtis, M. D.,* and *A. L. Allred:* Electron Spin Resonance Spectra of Some Group IV-B Substituted Biphenyl Anion Radicals. Dative π-Bonding. J. Amer. chem. Soc. *87,* 2554—2563 (1965).
81. *Cyvin, S. J., J. Brunvoll, B. N. Cyvin, L. A. Kristiansen,* and *E. Meisingseth:* Influence of Atomic Masses on the Coriolis Coupling Coefficients in Some Symmetrical Molecules. I. Tetrahedral XY_4-Type Molecules. J. chem. Physics *40,* 96—104 (1964).
82. *Dailey, B. P.:* The Chemical Significance of Quadrupole Spectra. J. physic. Chem. *57,* 490—496 (1953).
83. —, *J. M. Mays,* and *C. H. Townes:* Microwave Rotational Spectra and Structures of GeH_3Cl, SiH_3Cl, and CH_3Cl. Physic. Rev. *76,* 136—137 (1949).
84. — — — The Molecular Structure and Dipole Moment of Chlorosilane. Physic. Rev. *76,* 472 (1949).
85. *Davidson, G., E. A. V. Ebsworth, G. M. Sheldrick,* and *L. A. Woodward:* Vibrational spectra and structure of trisilylphosphine and trisilylphosphine — d_9. Spectrochim. Acta *22,* 67—76 (1966).

86. *De Hemptinne, M.*, and *J. Wouters:* Geometrical Constitution of Silicichloroform. Nature *138*, 884 (1936).
87. — — Structure of $BrSiCl_3$ studied by means of Electron Diffraction. Nature *139*, 928 (1937).
88. *Dehmelt, M. G.:* Nuclear Quadrupole Resonance in Some Metal Chlorides and Oxychlorides. J. chem. Physics *21*, 380 (1953).
89. *Dibeler, V. H.*, and *F. L. Mohler:* Dissociation of SF_6, CF_4, and SiF_4 by Electron Impact. J. Res. nat. Ber. Standards *40*, 25—29 (1948).
90. *Dixon, R. N.*, and *N. Sheppard:* The Vibration-Rotation Spectrum of Silyl Iodide. J. chem. Physics *23*, 215—216 (1955).
91. *Douglas, A. E.:* The Spectrum of the Si_2 Molecule. Canad. J. Physics *33*, 801—810 (1955).
92. — The Spectrum of Silicon Hydride. Canad. J. Physics *35*, 71—77 (1957).
93. *Duchesne, J.:* Raman Spectrum of Tetraethyl Orthosilicate. J. chem. Physics *16*, 1009—1010 (1948).
94. *Duncan, J. L.:* The Calculation of force constants and normal coordinates. VI. Force constants of the Silyl group. Spectrochim. Acta *20*, 1807—1814 (1964).
95. —, and *I. M. Mills:* Force Fields for CF_4 and SiF_4. Spectrochim. Acta *20*, 1089—1095 (1964).
96. *Eaborn, C.:* Organosilicon Compounds. London 1960.
97. *Ebsworth, E. A. V.:* Volatile Silicon Compounds. Oxford 1963.
98. — Bond Angles in Silyl Compounds and $(p \rightarrow d)\pi$ Bonding. Chem. Commun. *1966*, 530—531.
99. —, and *H. J. Emeléus:* The Preparation and Donor Properties of Some Silylamines. J. chem. Soc. *1958*, 2150—2156.
100. —, and *S. G. Frankiss:* Nuclear Magnetic Resonance Spectroscopy and $(p \rightarrow d)\pi$ Bonding in Silicon Compounds. J. Amer. chem. Soc. *85*, 3516—3517 (1963).
101. —, *J. R. Hall, M. J. Mackillop, D. C. McKean, N. Sheppard*, and *L. A. Woodward:* Vibrational spectra and structure of trisilylamine and tri-silylamine — d_9. Spectrochim. Acta *13*, 212 (1958).
102. —, *D. R. Jenkins, M. J. Mays*, and *T. M. Sugden:* The preparation and structure of silyl azide. Proc. chem. Soc. *1963*, 21.
103. —, and *M. J. Mays:* The preparation and properties of Silyl Isocyanate. J. chem. Soc. *1962*, 4844—4847.
104. — — The Preparation and Properties of Silyl Azide. J. chem. Soc. *1964*, 3450—3454.
105. —, *R. Mould, R. Taylor, G. R. Wilkinson*, and *L. A. Woodward:* Vibrational Spectra of Silyl Isothiocyanate (SiH_3NCS) and Silyl Isothiocyanate -d_3. Trans. Faraday Soc. *58*, 1069—1076 (1962).
106. *Egorov, Yu. P.*, and *R. A. Loktionova:* Teoret. eksper. Chim. *1*, 160—170. (1965). A Spectroscopic study of Atomic Interactions in Aryl Derivatives of Group IV Elements. Theoret. exp. Chem. *1*, 100—106 (1965).
107. *Emeléus, H. J., A. G. Maddock*, and *C. Reid:* Derivatives of Monosilane. Part II. The Iodo-Compounds. J. chem. Soc. *1941*, 357—358.
108. *Engelhardt, G.*, u. *H. Kriegsmann:* Spektroskopische Untersuchungen an Siliciumverbindungen. XXVII. Spektroskopische Untersuchungen zur Struktur der Silicium-Sauerstoff-Bindung in einigen substituierten Disiloxanen. Z. anorg. allg. Chem. *336*, 286—294 (1965).
109. *Fehér, F.*, u. *H. Rohmer:* Verbrennungswärmen und Bildungsenthalpien von SiH_4, Si_2H_6, Si_3H_8 und n-Si_4H_{10}. Angew. Chem. *75*, 859 (1963).

110. *Fink, W.:* Silicium-Stickstoff-Heterocyclen. Angew. Chem. *78*, 803—819 (1966).

111. *Förster, W.,* u. *H. Kriegsmann:* Spektroskopische Untersuchungen an Silicium-Verbindungen. 19. Mitt. Bestimmung von Substituentenelektronegativitäten aus der symmetrischen SiC-Valenzschwingungsfrequenz von Alkylsilan-Derivaten. Z. anorg. allg. Chem. *326*, 186 (1963).

112. *Freeman, D. E.,* and *M. K. Wilson:* Transferable force fields for chlorinated germanes and silanes. Spectrochim. Acta *21*, 1825—1833 (1965).

113. *Freiser, H., M. V. Eagle,* and *J. Speier:* Electric Moments and Structures of Organosilicon Compounds. III. The Oxygen-Silicon Bond. J. Amer. chem. Soc. *75*, 2824—2827 (1953).

114. *Frevel, L. K.,* and *M. J. Hunter:* The Structure of Hexadecamethylcyclooctasiloxane. J. Amer. chem. Soc. *67*, 2275 (1945).

115. *Fritz, G., J. Grobe,* and *D. Kummer:* Carbosilanes. Advances in Inorganic Chemistry and Radiochemistry 7, 349—418 (1965).

116. *Frye, C. L., G. E. Vogel,* and *J. A. Hall:* Triptych-siloxazolidines: Pentacoordinate Bridgehead Silanes resulting from transannular interaction of Nitrogen and Silicon. J. Amer. chem. Soc. *83*, 996—997 (1961).

117. *Gerry, M. C. L.,* and *T. M. Sugden:* Microwave Spectrum and Structure of Silyl Acetylene. Trans. Faraday Soc. *61*, 2091—2096 (1965).

118. *Ghosh, S. N., R. Trambarulo,* and *W. Gordy:* Dipole Moments of Several Molecules from Their Microwave Spectra. Physic. Rev. *87*, 172 (1952).

119. — — — Electric Dipole Moments of Several Molecules from the Stark Effect. J. chem. Physics *21*, 308—310 (1953).

119a. *Gillespie, R. J.,* and *E. A. Robinson:* Characteristic vibrational frequencies of compounds containing Si—O—Si, P—O—P, S—O—S, and Cl—O—Cl bridging groups. Force constants and bond orders for the bridge bonds. Canad. J. Chem. *42*, 2496—2503 (1964).

120. *Gilman, H.,* and *G. E. Dunn:* The Ultraviolet Absorption Spectra of Some Organosilicon Compounds. J. Amer. chem. Soc. *72*, 2178—2180 (1950).

121. *Good, W. D., J. L. Lancina, B. L. De Prater,* and *J. P. McCullough:* A New Approach to the Combustion Calorimetry of Silicon and Organosilicon Compounds. Heats of Formation of Quartz, Fluorosilicic Acid, and Hexamethyldisiloxane. J. physic. Chem. *68*, 579—586 (1964).

122. *Gordy, W.:* A Relation between Bond Force Constants, Bond Orders, Bond Lengths, and the Electronegativities of the Bonded Atoms. J. chem. Physics *14*, 305—320 (1946).

123. — Quadrupole Couplings, Dipole Moments and the Chemical Bond. Discuss. Faraday Soc. *19*, 14—29 (1955).

124. *Goubeau, J.:* Mehrfachbindungen in der anorganischen Chemie. Angew. Chem. *69*, 77—82 (1957).

125. — Kraftkonstanten und Bindungsgrade von Stickstoffverbindungen. Angew. Chem. *78*, 565—576 (1966).

126. —, *E. Heubach, D. Paulin,* u. *I. Widmaier:* Die Schwingungsspektren von verschiedenen Cyanaten des Siliciums. Z. anorg. allg. Chem. *300*, 194—204 (1959).

127. —, u. *J. Reyhing:* Schwingungsspektren und Struktur einiger Thiocyanate des Siliciums. Z. anorg. allg. Chem. *294*, 96—106 (1958).

128. —, u. *H. Sommer:* Das Raman-Spektrum und Dipolmoment von Trimethyljodsilan. Z. anorg. allg. Chem. *289*, 1—4 (1957).

129. *Gudmundsson, G. O.:* Untersuchungen an Chlorsilylaminen. Dissertation TH Stuttgart 1964.

130. *Gunn, S. R.:* The Heats of Formation of Trisilane and Trigermane. J. physic. Chem. *68*, 946—949 (1964).
131. —, and *L. G. Green:* The Heats of Formation of Some Unstable Gaseous Hydrides. J. physic. Chem. *65*, 779—783 (1961).
132. *Gunton, R. C., F. J. Ollom,* and *H. N. Rexroad:* The Microwave Spectrum and Molecular Structure of $(CH_3)_3$ SiF. J. chem. Physics *22*, 1942 (1954).
133. *Haas, A.:* Chemie der Silicium-Schwefel-Verbindungen. Angew. Chem. *77*, 1066—1075 (1965).
134. *Hague, D. N.,* and *R. H. Prince:* Electronic Spectra of Organometallic Compounds. Part I. Phenyl Compounds of Group IV containing a Chromophoric Metal-Metal Linkage. J. chem. Soc. *1965*, 4690—4696.
135. *Haiduc, I.,* u. *H. Mantsch:* Das Infrarotspektrum einiger neuer Methyl-silazoxanringe. Spectrochim. Acta *21*, 981—985 (1965).
136. *Hardie, D.,* and *K. H. Jack:* Crystal Structures of Silicon Nitride. Nature *180*, 332—333 (1957).
137. *Harnish, D. F.,* and *R. West:* The Electronic Spectra of α-Silyl Ketones. Inorg. Chem. *2*, 1082—1084 (1963).
138. *Hassel, O.,* u. *H. Kringstad:* Bemerkungen über den Kristallbau der Tetrahalogenide leichterer Elemente. Bestimmung der Struktur des Siliciumtetrajodids SiJ_4. Z. physic. Chem. *13*, 1—12 (1931).
139. *Hastings, J. M.,* and *S. H. Bauer:* An Electron Diffraction Investigation of the Structure of Neopentyl Chloride and Silico-Neopentyl Chloride. The Determination of Intensities through the use of a Rotating Sector. J. chem. Physics *18*, 13—26 (1950).
140. *Heath, D. F.,* and *J. W. Linnett:* Molecular Force Fields. II. The Force Field of the Tetrahalides of the Group IV Elements. Trans. Faraday Soc. *44*, 561—568 (1948).
141. ——, and *P. J. Wheatley:* Molecular Force Fields Part XII. Force Constant Relationships in the non-Metallic Hydrides. Trans. Faraday Soc. *46*, 137—146 (1950).
142. *Heath, G. A., L. F. Thomas,* and *J. Sheridan:* The Structure of Trifluorosilane from Microwave Spectra. Trans Faraday Soc. *50*, 779—783 (1954).
143. *Hedberg, K.:* The Molecular Structure of Trisilylamine $(SiH_3)_3N$. J. Amer. chem. Soc. *77*, 6491—6492 (1955).
144. *Heicklen, J.,* and *V. Knight:* The infrared spectrum of SiF_4. Spectrochim. Acta *20*, 295—298 (1964).
145. *Helm, D. F.,* and *E. Mack:* The Thermal Decomposition of Gaseous Silicon Tetramethyl. J. Amer. chem. Soc. *59*, 60—62 (1937).
146. *Herzberg, G.:* Molecular Spectra and Molecular Structure. I. Spectra of Diatomic Molecules. Princeton 1950.
147. —, and *R. D. Verma:* Spectra and Structures of the HSiCl and HSiBr Radicals. Canad. J. Physics *42*, 395—432 (1964).
148. *Hess, G. G., F. W. Lampe,* and *L. H. Sommer:* Bond Dissociation Energies and Ion Energetics in Organosilicon Compounds by Electron Impact. J. Amer. chem. Soc. *86*, 3174—3175 (1964).
149. ——— An Electron Impact Study of Ionization and Dissociation of Trimethylsilanes. J. Amer. chem. Soc. *87*, 5327—5333 (1965).
150. *Hetflejš, J., F. Mareš,* and *V. Chvalovský:* Organosilicon Compounds. XXXIX. Effect of $(p \rightarrow d)\pi$ dative bonds on solvolysis of organosilicon hydrides. Collect. czechoslov. chem. Commun. *30*, 1643—1653 (1965).
151. *Higuchi, T.,* and *A. Shimada:* The Crystal and Molecular Structure of the Dehydrated Tetramer of 1,2-Dimethyldisilantetraol, $(CH_3)_8Si_8O_8$. Bull. chem. Soc. Japan *39*, 1316—1322 (1966).

152. *Hoard, J. L.*, and *W. B. Vincent:* Structures of Complex Fluorides. Barium Fluosilicate and Barium Fluogermanate. J. Amer. chem. Soc. *62*, 3126—3129 (1940).

153. —, and *M. B. Williams:* Structures of Complex Fluorides. Ammonium Hexafluosilicate-Ammonium Fluoride, $(NH_4)_2SiF_6 \cdot NH_4F$. J. Amer. chem. Soc. *64*, 633—637 (1942).

154. *Hobrock, B. G.*, and *R. W. Kiser:* Electron Impact Spectroscopy of Tetramethylsilicon, -Tin and -Lead. J. physic. Chem. *65*, 2186—2189 (1961).

155. *Hoeft, J.:* Das Mikrowellenrotationsspektrum des SiSe. Z. Naturforsch. *20a*, 1122—1124 (1965).

156. *Holzman, G. R., P. C. Lauterbur, J. H. Anderson,* and *W. Koth:* Nuclear Magnetic Resonance Field Shifts of ^{29}Si in Various Materials. J. chem. Physics *25*, 172—173 (1956).

157. *Hooper, H. O.*, and *P. J. Bray:* Induction Studies in Several Groups of Halogen-Containing Organic Compounds by Their ^{35}Cl, ^{79}Br, or ^{81}Br Pure Quadrupole Resonance Spectra. J. chem. Physics *33*, 334—361 (1960).

158. *Hulme, R., G. J. Leigh,* and *I. R. Beattie:* The Crystal Structure of trans-Dipyridinetetrachlorogermanium(IV) and of its Silicon and Titanium Analogues. J. chem. Soc. *1960*, 366—371.

159. *Husk, G. R.*, and *R. West:* The radical anion of Dodecamethylcyclohexasilane. J. Amer. chem. Soc. *87*, 3993—3994 (1965).

160. *Iguchi, K.* Vibration Force Constants of $SiO_4(CH_3)_4$. J. chem. Physics *22*, 1937—1938 (1954).

161. — Les Constantes de Force de la Vibration Moléculaire de $SiO_4(CH_3)_4$. J. Physique Radium *16*, 401—404 (1955).

162. *Jaffé, H. H.:* Studies in Molecular Orbital Theory of Valence. III. Multiple Bonds Involving d-Orbitals. J. physic. Chem. *58*, 185—190 (1954).

163. — Conjugation of Several Phenyl Radicals Bonded to a Single Central Atom. J. chem. Physics *22*, 1430—1433 (1954).

164. *Jarvie, S. W.*, and *D. Lewis:* A Comparative Study of the Basicity of Some Silylamines. J. chem. Soc. *1963*, 1073—1076.

165. *Jenkins, D. R., R. Kewley,* and *T. M. Sugden:* Microwave Spectrum and Structure of Silylisothiocyanate. Trans. Faraday Soc. *58*, 1284—1290 (1962).

166. *Johns, J. W. C.*, and *R. F. Barrow:* The Band Spectrum of Silicon Monofluoride, SiF. Proc. physic. Soc. *71*, 476—484 (1958).

167. *Jolly, W. L.:* The Symmetrical Deformation Frequencies of Methyl, Silyl, and Germyl Groups. J. Amer. chem. Soc. *85*, 3083—3085 (1963).

168. *Kakiuchi, Y.* The normal vibrations of some silicon tetrahalides as calculated by the Urey-Bradley field. Bull. chem. Soc. Japan *26*, 260—261 (1953).

169. *Kakudo, M.*, and *T. Watase:* Crystal Structure of Diethylsilanediol and Its Hydroxyl Groups. J. chem. Physics *21*, 167—168 (1953).

170. *Kasai, N.*, and *M. Kakudo:* Crystal structure of Diallylsilandiol. Bull. chem. Soc. Japan *27*, 605—608 (1954).

171. *Kartsev, G. N., I. Yu. Kokoreva, Ya. K., Syrkin, V. F. Mironov,* and *E. A. Chernyshev:* Z. strukturnoj. Chim. *6*, 309—310 (1965). Dipole moments of organic compounds with Si—Si bond. J. Strukturchem. (UdSSR).

172. *Kawai, K.*, and *K. Shimizu:* Fundamental vibrational frequencies for chlorosilanes. Science and Industry (Japan) *30*, 175—182 (1956).

173. *Keidel, F. A.:* zitiert in Ann. Rev. physic. Chem. *4*, 236 (1953).

174. *Kennard, M. S.*, and *P. A. McCusker:* Some Systems of Silicon Halides with Dioxane. J. Amer. chem. Soc. *70*, 1039—1043 (1948).

175. *Kessler, G.*, u. *H. Kriegsmann:* Spektroskopische Untersuchungen an Siliciumverbindungen. XXVIII. Spektroskopische Untersuchungen zu den Eigenschaften der SiH-Bindung in trisubstituierten Silanen. Z. anorg. allg. Chem. *342*, 53—62 (1966).

176. *Ketelaar, J. A. A.:* Die Kristallstruktur von K-, Rb-, Cs- und Tl-Silico-fluorid und von $LiMnO_4 \cdot 3 H_2O$. Z. Kristallogr. *92*, 155—156 (1935).

177. *Kilb, R. W.*, and *L. Pierce:* Microwave Spectrum, Structure and Internal Barrier of Methylsilane. J. chem. Physics *27*, 108—112 (1957).

178. *Kimura, K.*, *K. Katada*, and *S. H. Bauer:* An Electron Diffraction Study of Trimethylsilyl Isothiocyanate and Trimethylsilyl Isocyanate. J. Amer. chem. Soc. *88*, 416—420 (1966).

179. *Kirchhoff, W.*, and *D. R. Lide Jr.:* Microwave Spectrum and Barrier to internal Rotation in Methylsilylacetylene. J. chem. Physics *43*, 2203 to 2212 (1965).

180. *Kirtman, B.:* Interactions between Ordinary Vibrations and Hindered Internal Rotation. I. Rotational Energies. J. chem. Physics *37*, 2516 to 2539 (1962).

181. *Kivelson, D.:* Theory of the Interactions of Hindered Internal Rotation with Over-All Rotations. I. Symmetric Rotors: Methyl Silane. J. chem. Physics *22*, 1733—1739 (1954).

182. *Kriegsmann, H.:* Spektroskopische Untersuchungen an Siliciumverbin-dungen. I. Die Schwingungsspektren des $(CH_3)_3SiOH$, $(CH_3)_3SiF$ und $(CH_3)_3SiSH$. Z. anorg. allg. Chem. *294*, 113—119 (1958).

183. — Spektroskopische Untersuchungen an Siliciumverbindungen. II. Spektroskopische Untersuchungen zur SiXSi-Brückenbindung im Hexamethyldisiloxan und seinem NH-, CH_2 und S-Analogen. Z. Elektro-chem. *61*, 1088—1094 (1957).

184. — Spektroskopische Untersuchungen an Siliciumverbindungen. III. Die Schwingungsspektren der Derivate $(CH_3)_2SiX_2$. Z. Elektrochem. *62*, 1033—1037 (1958).

185. — Spektroskopische Untersuchungen an Siliciumverbindungen. VI. Schwingungsspektren und Struktur des Hexamethylcyclotrisiloxans und Hexamethylcyclotrisilazans. Z. anorg. allg. Chem. *298*, 223—231 (1959).

186. — Spektroskopische Untersuchungen an Siliciumverbindungen. VII. Die Schwingungsspektren der höheren Dimethylpolysiloxan-Ringe und die Struktur des Oktamethyl-cyclo-tetrasiloxans. Z. anorg. allg. Chem. *298*, 232—240 (1959).

187. — Spektroskopische Untersuchungen an Siliciumverbindungen. VIII. Die Schwingungsspektren einiger Tetramethyldisiloxane. Z. anorg. allg. Chem. *299*, 78—86 (1959).

188. — Spektroskopische Untersuchungen an Siliciumverbindungen. IX. Über die Bindungsverhältnisse in der Siliciumchemie. Z. anorg. allg. Chem. *299*, 138—150 (1959).

189. —, *H. Clauss:* Spektroskopische Untersuchungen an Siliciumverbin-dungen. X. Schwingungsspektren und Struktur des Tetramethyl-cyclo-disilthians und des Hexamethyl-cyclo-trisilthians. Z. anorg. allg. Chem. *300*, 210—220 (1959).

190. —, u. *G. Engelhardt:* Spektroskopische Untersuchungen an Siliciumverbindungen. XIII. Schwingungsspektren und Bindungsverhältnisse einiger Disilazane und verwandter Verbindungen. Z. anorg. allg. Chem. *310*, 320—326 (1961).

191. —, u. *W. Förster:* Spektroskopische Untersuchungen an Siliciumverbindungen. V. Das Schwingungsspektrum des Trisilylamins. Z. anorg. allg. Chem. *298*, 212—222 (1959).

192. —, u. *H. Geissler:* Untersuchungen an Zinnverbindungen. VI. Infrarot- und ramanspektroskopische Untersuchungen an Phenylzinnverbindungen. Z. anorg. allg. Chem. *323*, 170—189 (1963).

193. —, *G. Kessler,* u. *P. Reich:* IR-Intensitäten trisubstituierter Silane. Z. Chem. *1*, 346—347 (1961).

194. —, u. *K. Licht:* Spektroskopische Untersuchungen an Titan- und Kieselsäure-Estern. Z. Elektrochem. *62*, 1163—1174 (1958).

194a. —, *P. Reich, G. Schott,* u. *H. Werner:* Die Schwingungsspektren und das Reaktionsverhalten einiger halogensubstituierter Trimethylsilane. Z. anorg. allg. Chem. *343*, 101—108 (1966).

195. *Krisher, L. C.,* and *L. Pierce:* Second Differences of Moments of Inertia in Structural Calculations: Application to Methyl-Fluorosilane Molecules. J. chem. Physics *32*, 1619—1625 (1960).

196. *Krishnamurthy, V. N.,* and *S. Soundararajan:* Charge distribution, dipole moment and molecular structure of Silyl Compounds. J. inorg. nuclear Chem. *27*, 2341—2344 (1965).

197. *Kroenke, W. J., L. E. Sutton, R. D. Joyner,* and *M. E. Kenney:* Octahedral Silicon-Oxygen, Germanium-Oxygen, and Tin-Oxygen Bond Lengths from Interplanar Spacings in the Phthalocyanino Polymers $(PcSiO)_x$, $(PcGeO)_x$, and $(PcSnO)_x$. Inorg. Chem. *2*, 1064—1065 (1963).

198. *Krüger, C.,* and *E. G. Rochow:* Mixed Cyclic and Linear Compounds with Siloxane and Silazane Linkages. Inorg. Chem. *2*, 1295—1298 (1963).

199. *Lagerquist, A., G. Nilheden,* and *R. F. Barrow:* The Near Ultra-Violet Band-System (D—X) of Silicon Monosulphide. Proc. physic. Soc. A *65*, 419—433 (1952).

200. —, and *U. Uhler:* The ultra-violet band system of silicon monoxide. Ark. Fysik *6*, 95—111 (1953).

201. *Lane, T. J., P. A. McCusker,* and *B. C. Curran:* Electric Moments of Inorganic Halides in Dioxane. II. Chlorides of Boron, Aluminium, Silicon, Germanium and Tin. J. Amer. chem. Soc. *64*, 2076—2078 (1942).

202. *La Paglia, S. R.:* The Electronic Spectra of the Group IV Tetraphenyls. J. molecular Spectroscopy *7*, 427—434 (1961).

203. *Larrson, K.:* The crystal structure of Octa-(methylsilsesquioxane). $(CH_3SiO_{1,5})_8$. Ark. Kemi *16*, 203—208 (1960).

204. *Larson, E., S. F. Mason,* and *G. H. Searle:* The Adsorption and the Circular Dichroism spectra and the Absolute Configuration of the Tris-Acetylacetonato Silicon (IV) Ion. Acta chem. Scand. *20*, 191—196 (1966).

205. *Laurie, V. W.:* Microwave Spectrum, Dipole Moment, and Structure of Difluorosilane. J. chem. Physics *26*, 1359—1362 (1957).

206. *Le Fevre, R. J. W.,* and *D. A. A. S. N. Rao:* The calculation of Atomic Polarizations for Benzene and Certain other Polyatomic Molecules. Austral. J. Chem. *8*, 39—50 (1954).

207. *Leites, L. A., I. D. Pavlova,* and *Yu. P. Egorov:* Teoret. eksper. Chim. *1*, 311—323 (1965). Theoretical Analysis of vibrational Spectra for Vinyl Derivatives of Group IVb Elements and $p\pi—d\pi$ Conjugation. Theoretical and Experimental Chemistry *1*, 199—207 (1965).

208. *Levin, I. W.*, and *W. T. King:* Infrared Intensities of Silane. J. chem. Physics *37*, 1375—1381 (1962).
209. *Lewis, G. L.*, and *C. P. Smyth:* The Dipole Moments and Structures of Ozone, Silicobromoform and Dichlorogermane. J. Amer. chem. Soc. *61*, 3063—3066 (1939).
210. *Lide, D. R.*, and *D. K. Coles:* Microwave Spectroscopic Evidence for Internal Rotation in Methyl Silane. Physic. Rev. *80*, 911 (1950).
211. *Lin, C. C.*, and *J. D. Swalen:* Internal Rotation and Microwave Spectroscopy. Rev. mod. Physics *31*, 841—892 (1959).
212. *Linnett, J. W.:* Structure of Silyl and Methyl Azides and Isocyanates. Nature [London] *199*, 168—169 (1963).
213. *Linton, H. R.*, and *E. R. Nixon:* Vibrational Spectrum of Disilyl Sulfide. J. chem. Physics *29*, 921—924 (1958).
214. — — Infrared spectrum and force constants of silyl-d_3 iodide. Spectrochim. Acta *12*, 41—46 (1958).
215. *Lippincott, E. R.*, and *R. Schroeder:* General Relation between Potential Energy and Internuclear Distance. II. Polyatomic Molecules. J. Amer. chem. Soc. *78*, 5171—5178 (1956).
216. *Lister, M. W.*, and *L. E. Sutton:* The Investigation by Electron Diffraction of the Structures of Some Tetrahalides. Trans. Faraday Soc. *37*, 393—406 (1941).
217. *Livingston, R.:* Pure Quadrupole Spectra: the Substituted Methanes. J. chem. Physics *19*, 1434 (1951).
218. *Livingston, R. L.*, and *L. O. Brockway:* The Molecular Structures of Dimethyl Silicon Dichloride, Methyl Silicon Trichloride and Trifluoro Silicon chloride. J. Amer. chem. Soc. *66*, 94—98 (1944).
219. — — The Molecular Structure of Trimethyl Silicon Chloride. J. Amer. chem. Soc. *68*, 719—721 (1946).
220. *Long, D. A.*, and *E. A. Seibold:* Root-Mean-Square Amplitudes of Vibration in Some Group 4 Tetrahalides. Trans. Faraday Soc. *56*, 1105—1109 (1960).
221. *Lord, R. C., D. W. Mayo, H. E. Opitz*, and *J. S. Peake:* The preparation and vibrational spectra of Disilylacetylene. Spectrochim. Acta *12*, 147—153 (1958).
222. —, *D. W. Robinson*, and *W. C. Schumb:* Vibrational Spectra and Structure of Disiloxane and Disiloxane-d_6. J. Amer. chem. Soc. *78*, 1327—1332 (1956).
223. *Lucht, C. M.:* zitiert in Ann. Rev. physic. Chem. *2*, 224 (1951).
224. *Mairinger, F.* Die Anwendung der Kernquadrupolresonanz auf chemische Probleme. Österr. Chemiker-Ztg. *67*, 279—283 (1966).
225. *Marchand, A., M. T. Forel*, et *J. Valade:* Étude par spectroscopie infrarouge des vibrations de valence ν (NH$_2$) du triéthylaminosilane (C$_2$H$_5$)$_3$SiNH$_2$ en solution dans divers solvants accepteurs ou donneurs de protons. C. R. hebd. Séances Acad. Sci. *257*, 3870—3873 (1963).
226. *Margrave, J. L., A. S. Kanaan*, and *D. C. Pease:* The Heat of Formation of Difluorosilylene. J. Physic. Chem. *66*, 1200—1201 (1962).
227. *Matsumura, K.:* Dipole Moments of Organosilicon Compounds. Bull. chem. Soc. Japan, *35*, 801—808 (1962).
228. *Mays, J. M.*, and *B. P. Dailey:* Microwave Spectra and Structures of XYH$_3$ Molecules. J. chem. Physics, *20*, 1695—1703 (1952).
229. *McClellan, A. L.:* Tables of Experimental Dipole Moments. San Francisco 1963.

230. *McKean, D. C.:* The Si—F Bond Moment. J. Amer. chem. Soc. *77*, 2660—2661 (1955).
231. — Force constants, interbond angle and solid state spectrum of disiloxane. Spectrochim. Acta *13*, 38—42 (1958).
232. — Accurate force constants from heavy isotopic substitution-II. BF_3, SiF_4 and NO_2. Spectrochim. Acta *22*, 269—279 (1966).
233. —, *R. Taylor*, and *L. A. Woodward:* The Raman Spectrum and Structure of Disilyl[^{18}O]Ether. Proc. chem. Soc. *1959*, 321—322.
234. *Meal, J. H.*, and *M. K. Wilson:* Infrared Spectra of Some Deuterated Silanes. J. Chem. Physics *24*, 385—390 (1956).
235. *Miller, F. A.*, and *G. L. Carlson:* The vibrational spectra and structure of $Si(NCO)_4$ and $Ge(NCO)_4$. Spectrochim. Acta *17*, 977—989 (1961).
236. *Miller, S. I.:* Rotational and Pseudorotational Barriers in simple Molecules. J. chem. Educat. *41*, 421—424 (1964).
237. *Minden, H. T.*, and *B. P. Dailey:* Hindered Rotation in CH_3CF_3 and CH_3SiF_3. Phys. Rev. *82*, 338 (1951).
238. *Mockler, R. C., J. H. Bailey*, and *W. Gordy:* Microwave Spectra and Molecular Structures of $HSiCl_3$, CH_3SiCl_3, and $(CH_3)_3SiCl$. J. chem. Physics *21*, 1710—1713 (1953).
239. *Monfils, A.:* Le spectre infrarouge et la structure de la molécule SiH_3Cl. C. R. hebd. Séances Acad. Sci. *236*, 795 (1953).
240. *Morino, Y.*, and *E. Hirota:* Molecular Structure and Internal Rotation of Hexachloroethane, Hexachlorodisilane, and Trichloromethyl-Trichlorosilane. J. chem. Physics *28*, 185—197 (1958).
241. *Müller, R.*, u. *C. Dathe:* Über Silikone. C. Darstellung von Organopentafluorosilicaten aus wäßrigen Lösungen. Z. anorg. allg. Chem. *341*, 41—48 (1965).
242. —— Über Silikone. CI. Eigenschaften und Reaktionen von Organopentafluorosilicaten. Z. anorg. allg. Chem. *341*, 49—60 (1965).
243. —— Über Silikone. CIII. Organotetrafluorosilicate. Z. anorg. allg. Chem. *343*, 150—153 (1966).
244. *Muenter, J. S.*, and *V. W. Laurie:* Microwave Spectrum, Structure, and Dipole Moment of Silyl Acetylene. J. chem. Physics *39*, 1181—1182 (1963).
245. *Muetterties, E. L.:* Stereochemistry of Complexes Based on Metal Tetrafluorides. J. Amer. chem. Soc. *82*, 1082—1087 (1960).
246. —, and *R. A. Schunn:* Pentaco-ordination. Quart. Rev. *20*, 245—299 (1966).
247. *Muller, N.*, and *R. C. Bracken:* Microwave Spectra and Structure of H_3SiCN and D_3SiCN. J. chem. Physics *32*, 1577—1578 (1960).
248. *Mulliken, R. S.:* Overlap Integrals and Chemical Binding. J. Amer. chem. Soc. *72*, 4493—4503 (1950).
249. *Murata, H.*, and *K. Kawai:* Calculated Fundamental Vibrational Frequencies for Bromosilanes. J. chem. Physics *23*, 2451—2452 (1955).
250. —, and *K. Shimizu:* Structure of Hexamethyldisilane. J. chem. Physics *23*, 1968—1969 (1955).
251. *Neuert, H.*, u. *H. Clasen:* Massenspektrometrische Untersuchung von SH_2, SeH_2, PH_3, SiH_4 und GeH_4. Z. Naturforsch. *7a*, 410—416 (1952).
252. *Newman, C., J. K. O'Loane, S. R. Polo*, and *M. K. Wilson:* Infrared Spectra and Molecular Structures of SiH_3F, SiH_3Cl, and SiH_3Br. J. chem. Physics *25*, 855—859 (1956).
253. *Noll, W.:* Chemie und Technologie der Silicone. Weinheim 1960.

254. — Die silicatische Bindung vom Standpunkt der Elektronentheorie. Angew. Chem. *75*, 123—130 (1963).

255. *Ogilvie, J. F.*, and *S. Cradock:* Spectroscopic Studies of the Photodecomposition of Silyl Azides in Argon Matrices near 4 K: Detection of Iminosilicon, HNSi. Chem. Commun. *1966*, 364—365.

256. *Okaya, Y.*, and *T. Ashida:* The Structures of α-Naphthylphenylmethylsilanes, Optically Active Silicon Compounds, and their Absolute Configurations. Acta cristallogr. [Copenhagen] *20*, 461—471 (1966).

257. *Ollom, J. F., A. A. Sinisgalli, H. N. Rexroad,* and *R. C. Gunton:* Microwave Spectrum and Molecular Structure of $(CH_3)_3SiBr$. J. chem. Physics *24*, 487—488 (1956).

258. *O'Neal, H. E.*, and *M. A. Ring:* Bond Additivity Properties of Silicon Compounds. Inorg. Chem. *5*, 435—438 (1966).

259. *O'Reilly, J. M.*, and *L. Pierce:* Microwave Spectrum, Structure, Dipole Moment, and internal Barrier of Vinyl Silane. J. chem. Physics *34*, 1176—1181 (1961).

260. *Orville-Thomas, W. J.:* Nuclear Quadrupole Coupling and Chemical Bonding. Quart. Rev. *11*, 162—188 (1957).

261. *Overend, J.*, and *J. R. Scherer:* Transferability of Urey-Bradley Force Constants. VI. The Silyl Halides. J. chem. Physics *34*, 574—577 (1961).

262. *Pauling, L.*, and *L. O. Brockway:* The Radial Distribution Method of Interpretation of Electron Diffraction Photographs of Gas Molecules. J. Amer. chem. Soc. *57*, 2684—2692 (1935).

262a. *Perkins, P. G.:* The $(p \rightarrow d)\pi$-Bond in Trisilylamine. Chem. Commun. *1967*, 268—270.

263. *Peyronel, G.:* Struttura cristallina dell' esametilciclotrisilossano. Atti Acad. naz. Lincei Rend., Cl. Sci. fisich. mat. natur. *15*, 231—236 (1954).

264. *Pfeiffer, M.*, u. *H. J. Spangenberg:* Normalschwingungen, Kraftkonstanten und thermodynamische Eigenschaften des Disilans. Z. physik. Chem. [Leipzig] *232*, 47—58 (1966).

265. *Pierce, L.:* Microwave Spectrum, Internal Barrier, Structure, Equilibrium Configuration, and Dipole Moment of Methyl Monofluorosilane. J. chem. Physics *29*, 383—388 (1958).

266. — Energy Levels for Internal and Over-All Rotation of Two-Top Molecules. I. Microwave Spectrum of Dimethyl Silane. J. chem. Physics *34*, 498—506 (1961).

267. — Internal Rotation in Double Internal Rotor Molecules: the Microwave Spectrum of Dimethyl Silane. J. chem. Physics *31*, 547—548 (1959).

268. —, and *D. H. Petersen:* Microwave Spectrum, Structure, Dipole Moment, and Internal Rotation of Trimethyl Silane. J. chem. Physics *33*, 907—913 (1960).

269. *Pillai, M. G. K.*, et *A. Ramaswamy:* Constantes de force, constantes de distortion centrifuge et propriétés thermodynamiques des molécules SiH_3CN et SiD_3CN. J. Chim. Phys. *61*, 1082—1085 (1964).

270. —, —, and *S. G. Gnanadesikan:* Molecular constants of $SiH_3C \equiv CH$ and $SiD_3C \equiv CH$. Czechoslov. J. Physics, Sect. B *16*, 150—156 (1966).

271. *Pirenne, M. H.:* Untersuchung des Moleküls $SiHCl_3$ mit Röntgeninterferenzen. Physikalische Zeitschrift *40*, 145—158 (1939).

272. *Plazanet, J., A. Marchand,* et *J. Valade:* Comportement des molécules à groupements aminosiliciés vis-à-vis des solvants donneurs ou accepteurs de proton. Bull Soc. chim. France *1964*, 1723.

273. *Polo, S. R.*, and *M. K. Wilson:* Rotational Constants of SiH_3D. J. chem. Physics *22*, 1559—1561 (1954).

274. *Prewitt, C. T.*, and *H. S. Young:* Germanium and silicon disulphides: structure and synthesis. Science [Washington] *149*, 535—537 (1965).
275. *Pulay, P.*, and *F. Török:* On the parameter form of matrix F. II. Investigation of the assignment with the aid of the parameter form. Acta chim. Acad. Sci. hung. *47*, 273—279 (1966).
276. *Radhakrishnan, M.:* Potential Constants of some XY_2Z_2 Type Silane Compounds. Z. physik. Chem. [Leipzig] *222*, 211—216 (1963).
277. *Randall, E. W., J. J. Ellner,* and *J. J. Zuckerman:* (p→d)-π Interactions in the Silicon-Nitrogen Bond. An Experimental Test. J. Amer. chem. Soc. *88*, 622 (1966).
278. *Randić, M.:* High resolution infrared spectra of methyl silane. Spectrochim. Acta *18*, 115—122 (1962).
279. *Rao, D. R.*, and *Venkateswarlu:* Emission Spectrum of SiF_2. Part I. The Band System in the Region 2755—2179 Å. J. molecular Spectroscopy *7*, 287—303 (1961).
280. *Rao, V. M., R. F. Curl, jr., P. L. Timms,* and *J. L. Margrave:* Microwave spectrum of SiF_2. J. chem. Physics *43*, 2557—2558 (1965).
281. *Rexroad, H. N., D. W. Howgate, R. C. Gunton,* and *J. F. Ollom:* Microwave Spectrum and Molecular Structure of $(CH_3)_3SiJ$. J. chem. Physics *24*, 625 (1956).
282. *Ring, H. A., H. E. O'Neal, A. H. Kadhim,* and *F. Jappe:* Heats of Formation of Silicon Tetrachloride, Dimethyldichlorsilane and Diphenyldichlorsilane. J. Organometallic Chem. [Amsterdam] *5*, 124—129 (1966).
283. —, and *D. M. Ritter:* Preparation and Reactions of Potassium Silyl. J. Amer. chem. Soc. *83*, 802 (1961).
284. *Robinson, E. A.*, and *M. W. Lister:* A linear relationship between bond orders and stretching force constants. Canad. J. Chem. *41*, 2988—3005 (1963).
285. *Robinson, H., H. G. Dehmelt,* and *W. Gordy:* Nuclear Quadrupole Couplings in Solid Bromides and Iodides. J. chem. Physics *22*, 511—515 (1954).
286. *Rochow, E. G.:* U.S.-Pat. 2380995 v. 26. 9. 1941 (General Electric).
287. *Roper, W. R.*, and *C. J. Wilkins:* Electron Diffraction Investigation of the Molecular Structure of N-Methylaminotrimethylsilane. Trans. Faraday Soc. *58*, 1686—1689 (1962).
288. *Roth, W. L.:* The Possibility of Free Rotation in the Silicones. J. Amer. chem. Soc. *69*, 474—475 (1947).
289. —, and *D. Harker:* The Crystal Structure of Octamethylspiro(5.5)-Pentasiloxane: Rotation about the Ionic Silicon-Oxygen Bond. Acta crystallogr. [Copenhagen] *1*, 34—42 (1948).
290. *Russel, G. A.:* Catalysis by Metal Halides. III. The Question of the Existence of Siliconium Ions. J. Amer. chem. Soc. *81*, 4831—4833 (1959).
291. *Saalfeld, F. E.*, and *H. J. Svec:* The Mass Spectra of Volatile Hydrides. I. The Monoelemental Hydrides of the Group IVB and VB Elements. Inorg. Chem. *2*, 46—50 (1963).
292. — — The Mass Spectra of Volatile Hydrides. II. Some Higher Hydrides of the Group IVB and VB Elements. Inorg. Chem. *2*, 50—53 (1963).
293. — — Mass Spectra of Volatile Hydrides. III. Silylphosphine. Inorg. Chem. *3*, 1442 (1964).
294. *Sanderson, R. T.:* Bond Energies. J. inorg. nuclear Chem. *28*, 1553—1565 (1966).

295. *Sathianandan, K.*, and *J. L. Margrave:* Molecular Constants of SiH₃NCS and SiD₃NCS. J. Molecular Spectroscopy *10*, 442—447 (1963).
296. *Sawodny, W., A. Fadini*, u. *K. Ballein:* Verwendung einer neuen Methode zur Berechnung von Kraftkonstanten. Spectrochim. Acta *21*, 995—1006 (1965).
297. *Schaarschmidt, K.:* Untersuchungen über die SiN-Bindung. II. Dipolmomente einiger Dimethylaminosilanderivate. Z. anorg. allg. Chem. *310*, 78—85 (1961).
298. *Schatz, P. N.*, and *D. F. Hornig:* Bond Moments and Derivatives in CF₄, SiF₄, and SF₆ from Infrared Intensities. J. chem. Physics *21*, 1516—1530 (1953).
299. *Schawlow, A. L.:* Nuclear Quadrupole Resonances in Solid Bromine and Iodine Compounds. J. chem. Physics *22*, 1211—1214 (1954).
300. *Schmidbaur, H.*, and *M. Schmidt:* Weakening of dπpπ-Bonds by Coordination. J. Amer. chem. Soc. *84*, 1069—1070 (1962).
301. —, u. *S. Waldmann:* Heteroisooctane, metallorganische Modellverbindungen für spektroskopische Untersuchungen. Chem. Ber. *97*, 3381 bis 3391 (1964).
302. *Schwendemann, R. M.*, and *G. D. Jacobs:* Microwave Spectrum, Quadrupole Coupling Constants, and Barrier to Internal Rotation of Chloromethylsilane. J. chem. Physics *36*, 1251—1257 (1962).
303. *Scott, D. W., J. F. Messerly, S. S. Todd, G. B. Guthrie, I. A. Hossenlopp, R. T. Moore, A. Osborn, W. T. Berg*, and *J. P. McCullough:* Hexamethyldisiloxane: Chemical Thermodynamic Properties and Internal Rotation about the Siloxane Linkage. J. physic. Chem. *65*, 1320—1326 (1961).
304. *Sharbaugh, A. H.:* Microwave Determination of the Molecular Structure of Chlorosilane. Physic. Rev. *74*, 1870 (1948).
305. —, *J. K. Bragg, T. C. Madison*, and *V. G. Thomas:* The Determination of the Molecular Structure of Bromosilane by Microwave Measurements. Physic. Rev. *76*, 1419 (1949).
306. —, *G. S. Heath, L. F. Thomas*, and *J. Sheridan:* Microwave Spectrum and Structure of Iodosilane. Nature *171*, 87 (1953).
307. —, *B. S. Pritchard, V. G. Thomas, J. M. Mays*, and *B. P. Dailey·* The Microwave Rotational Spectrum and Structure of Bromogermane. Physic. Rev. *79*, 189 (1950).
308. —, *V. G. Thomas*, and *B. S. Pritchard:* A Determination of the Dipole Moment and Molecular Structure of Fluorosilane. Physic. Rev. *78*, 64 (1950).
309. *Sheehan, W. F.*, and *V. Schomaker:* The SiC Bond Distance in Si(CH₃)₄. J. Amer. chem. Soc. *74*, 3956 (1952).
310. *Sheridan, J.*, and *W. Gordy:* Microwave Spectra and Molecular Constants of Trifluorosilane Derivatives. SiF₃H, SiF₃CH₃, SiF₃Cl, and SiF₃Br. Physic. Rev. *77*, 719 (1950).
311. —— The Microwave Spectra and Molecular Structures of Trifluorosilane Derivatives. J. chem. Physics *19*, 965—970 (1951).
312. —, and *A. C. Turner:* Microwave Spectrum of Silylcyanide. Proc. chem. Soc. *1960*, 21.
313. *Shimanouchi, T.:* The Normal Vibrations of Polyatomic Molecules as Calculated by Urey-Bradley Field. III. A Table of Force Constants. J. chem. Physics *17*, 848—851 (1949).
314. — Force constants of small molecules. Pure appl. Chem. *7*, 131—145 (1963).

315. —, *I. Nakagawa, J. Hiraishi*, and *M. Ishii:* Force Constants of CF_4, SiF_4, BF_3, CH_4, SiH_4, NH_3 and PH_3. J. molecular Spectroscopy *19*, 78—107 (1966).

316. *Shimizu, K.*, and *H. Murata:* Normal Vibrations and Calculated Thermodynamic Properties of Tetramethylsilane. J. molecular Spectroscopy *5*, 44—51 (1960).

317. *Siebert, H.:* Anwendungen der Schwingungsspektroskopie in der anorganischen Chemie. Berlin 1966.

318. — Die Kraftkonstanten der Tetramethylverbindungen. Z. anorg. allg. Chem. *268*, 177—190 (1952).

319. — Kraftkonstante und Strukturchemie. I. Über die Verwendung der molekularen Kraftkonstanten zu strukturchemischen Aussagen. Z. anorg. allg. Chem. *273*, 170—182 (1953).

320. — Kraftkonstante und Strukturchemie. II. Bindungsgrade und Bindungszustände in den Hydriden. Z. anorg. allg. Chem. *274*, 24—33 (1953).

321. — Kraftkonstante und Strukturchemie. III. Über die Bindungszustände in den flüchtigen Halogeniden. Z. anorg. allg. Chem. *274*, 34—46 (1953).

322. *Skinner, H. A.:* A Revision of Some Bond-Energy Values and the Variation of Bond-Energy with Bond-Length. Trans. Faraday Soc. *41*, 645—662 (1945).

323. —, and *G. Pilcher:* Bond-Energy Term Values in Hydrocarbons and Related Compounds. Quart. Rev. *17*, 264—288 (1963).

324. *Smith, A. L.:* Infrared Spectra of organosilicon compounds in the CsBr region. Spectrochim. Acta *19*, 849—862 (1963).

325. —, and *N. C. Angelotti:* Correlation of the SiH stretching frequency with molecular structure. Spectrochim. Acta *15*, 412—420 (1959).

326. *Smith, G. S.*, and *L. E. Alexander:* Octamethylcyclotetrasilazane, an ordered crystal containing two geometrical isomers. Acta crystallogr. [Copenhagen] *16*, 1015—1022 (1963).

327. *Smith, J. V.:* A Review of the Al—O and Si—O Distances. Acta crystallogr. [Copenhagen] *7*, 479—481 (1954).

328. *Sommer, L. H., D. L. Bailey, G. M. Goldberg, C. E. Buck, T. S. Bye, F. J. Evans*, and *F. C. Whitmore:* Vinylsilanes, Chlorovinylsilanes and β-Styryltrimethylsilane. Further Studies on the α-Silicon Effect and β-Eliminations involving Silicon. J. Amer. chem. Soc. *76*, 1013—1018 (1954).

329. —, and *G. A. Baughman:* Siliconium Ions and Carbonium Ions as Reaction Intermediates. J. Amer. chem. Soc. *83*, 3346—3347 (1961).

330. *Spanier, E. J.*, and *A. G. MacDiarmid:* The Synthesis of Germylsilane from Silane and Germane in a Silent Electric Discharge. Inorg. Chem. *2*, 215—216 (1963).

331. *Spauschus, H. O., A. P. Mills, J. M. Scott*, and *C. A. MacKenzie:* The Dipole Moments of Some Derivatives of Trichlorosilane. J. Amer. chem. Soc. *72*, 1377—1379 (1950).

332. *Spitzer, R., W. J. Howell*, and *V. Schomaker:* An Electron Diffraction Investigation of the Molecular Structures of Silicon Tetrabromide, Tribromosilane, and Dibromofluorosilane. J. Amer. chem. Soc. *64*, 62—67 (1942).

333. *Steele, W. C., L. D. Nichols*, and *F. G. A. Stone:* The Determination of Silicon-Carbon and Silicon-Hydrogen Bond Dissociation Energies by Electron Impact. J. Amer. chem. Soc. *84*, 4441—4445 (1962).

334. —, and *F. G. A. Stone:* Silicon-Silicon Bond Dissociation Energies in Disilane and Hexachlorodisilane. J. Amer. chem. Soc. *84,* 3599—3603 (1962).

335. *Steinfink, H., B. Post,* and *I. Fankuchen:* The Crystal Structure of Octamethyl Cyclotetrasiloxane. Acta crystallogr. [Copenhagen] *8,* 420—424 (1955).

336. *Stone, F. G. A.,* and *D. Seyferth:* The Chemistry of Silicon involving probable use of d-Type orbitals. J. inorg. nuclear Chem. *1,* 112—118 (1955).

337. *Stuart, A. A. V., C. La Lau,* and *H. Breederveld:* The infrared Spectra of Some Alkoxytrichlorosilanes. Recueil Trav. chim. Pays-Bas *74,* 747 (1956).

338. *Sutton, L. E. (ed.):* Tables of Interatomic Distances and Configuration in Molecules and Ions. London: The Chemical Society 1958; Supplement 1956—1959, London 1965.

339. *Svirbely, W. J.,* and *J. J. Lander:* The Dipole Moments of Diethyl Sulfite, Triethyl Phosphate and Tetramethyl Silicate. J. Amer. chem. Soc. *70,* 412—423 (1948).

340. *Swalen, J. D.,* and *B. P. Stoicheff:* Microwave Spectrum of Methyl Difluorosilane. J. chem. Physics *28,* 671—674 (1958).

341. *Swick, D. A.,* and *I. L. Karle:* Structure and Internal Motion of C_2F_6 and Si_2Cl_6 Vapors. J. chem. Physics *23,* 1499—1504 (1955).

342. *Takano, T., N. Kasai,* and *M. Kakudo:* The Crystal Structure of Bis-tetramethyldisilanilenedioxide $[(CH_3)_4Si_2O]_2$. Bull. chem. Soc. Japan *36,* 585—590 (1963).

343. *Tanaka, T.:* Heats of combustion and formation of lower members of methoxy end-blocked dimethylpolysiloxanes. J. inorg. nuclear Chem. *13,* 225—230 (1960).

344. — Vibrational Spectra of Methyltrimethoxysilane. Bull. chem. Soc. Japan *33,* 446—449 (1960).

345. — Silicon-Carbon Bond Energy in Polydimethylsiloxanes and Alkylsilanes. Technol. Rep. Osaka Univ. *10,* 825—831 (1960); C. A. *55,* 13959a (1961).

346. — Normal Vibrations of Dimethyldimethoxysilane. Bull. chem. Soc. Japan *34,* 1752—1756 (1961).

347. —, and *S. Murakami:* Vibrational spectra of triethylfluorosilane. Bull. chem. Soc. Japan *38,* 1465—1468 (1965).

348. *Tannenbaum, S.:* The Si—C Bond Energy in Alkylsilanes. J. Amer. chem. Soc. *76,* 1027 (1954).

349. *Tansjö, L.:* On the Reaction of Alkylsilicon Fluorides with Primary Amines. Acta chem. scand. *18,* 456—464 (1964).

350. — On the Reaction of Phenylsilicon Fluorides with Primary Amines. Acta chem. scand. *18,* 465—478 (1964).

351. *Thompson, H. W.:* Si—H vibration frequency and inductive effects. Spectrochim. Acta *16,* 238—241 (1960).

352. *Thompson, J. C., J. L. Margrave,* and *P. L. Timms:* Reaction of Silicon Difluoride with Ethylene and with Fluorinated Ethylene Derivatives. Chem. Commun. *1966,* 566—567.

353. *Thompson, R.:* Heats of Combustion and Formation of Some Linear Polydimethylsiloxanes; the SiC and SiO Bond-energy Terms. J. chem. Soc. *1953,* 1908—1914.

354. *Timms, P. L., T. C. Ehlert, J. L. Margrave, F. E. Brinckman, T. C. Farrar,* and *T. D. Coyle:* Silicon-Fluorine Chemistry. Part 2. Silicon-Boron Fluorides. J. Amer. chem. Soc. *87,* 3819—3823 (1965).

355. —, *R. A. Kent*, *T. C. Ehlert*, and *J. L. Margrave:* Silicon-Fluorine Chemistry. I. Silicon Difluoride and the Perfluorosilanes. J. Amer. chem. Soc. *87*, 2824—2828 (1965).

356. *Tindal, C. H.*, *J. W. Straley*, and *H. H. Nielsen:* The Vibration-Rotation Spectrum of SiH_4. Physic. Rev. *62*, 151—160 (1942).

357. *Török, F.*, and *G. B. Hun:* On the vibrational spectrum of the Trimethylsilyl group. Acta chim. Acad. Sci. hung. *47*, 329—342 (1966).

358. *Townsend, M. G.:* Electron-spin Resonance Investigations of the Negative Ions of Four Organosilicon Compounds. J. chem. Soc. *1962*, 51—55.

359. *Varma, R.*, *A. G. Mac Diarmid*, and *J. G. Miller:* Electric Dipole Moment of Trisilylamine. J. chem. Physics *39*, 3157—3158 (1963).

360. — — — The Dipole Moments and Structures of Disiloxane and Methoxysilane. Inorg. Chem. *3*, 1754—1757 (1964).

361. *Venkateswarlu, K.*, and *V. Malathy Devi* · Mean Amplitudes of Vibration: XY_3Z Type of Silicon Compounds. Current Sci. [Bangalore] *1965*, 373—374.

362. — — Mean Amplitudes of Vibration: Molecules of the XY_2Z_2 Type. Indian J. pure appl. Physics *3*, 195—197 (1965).

363. —, et *S. Sundaram:* Évaluation des Constantes de Force d'après les Données de l'effect Raman: Molécules de Type XY_3Z. J. Physique Radium *47*, 905—906 (1956).

364. *Verma, R. D.:* Spectrum of SiH and SiD. Canad. J. Physics *43*, 2136 to 2141 (1965).

365. *Voelz, F. L.*, *A. G. Meister*, and *F. F. Cleveland:* Force Constants and Calculated Thermodynamic Properties for SiF_4. J. chem. Physics *19*, 1084—1085 (1951).

366. *Vought, R. H.* Molecular Dissociation by Electron Bombardment: A Study of $SiCl_4$. Physic. Rev. *71*, 93—101 (1947).

367. *Waring, C. E.:* The Kinetics of the Thermal Decomposition of Gaseous Silicon Tetraethyl and Silicon Tetrapropyl. Trans. Faraday Soc. *36*, 1142—1153 (1940).

368. *Waters, D. N.*, and *L. A. Woodward:* Relative Raman intensities of the totally symmetrical vibrations of the tetramethyls of carbon, silicon, germanium, tin and lead in the vapour state. Proc. Roy. Soc. [London] A *246*, 119—132 (1958).

369. *Wegener, R. A.*, and *B. Post:* Amer. crystallogr. Assoc. Program and Abstracts, Paper A-2. Milwaukee, Wis.

370. *Wells, A. F.* · Structural Inorganic Chemistry. Oxford 1962.

371. *West, R.*, and *R. H. Baney:* Hydrogen Bonding Studies. II. The Acidity and Basicity of Silanols Compared to Alcohols. J. Amer. chem. Soc. *81*, 6145—6148 (1959).

372. —, —, and *D. L. Powell:* Hydrogen Bonding Studies. IV. Acidity and Basicity of Triphenylhydroxy Compounds of the Group IVB Elements and the Question of Pi-bonding from Oxygen to Metals. J. Amer. chem. Soc. *82*, 6269 (1960).

373. —, *L. S. Whatley*, and *K. J. Lake:* Hydrogen Bonding Studies. V. The Relative Basicities of Ethers, Alkoxysilanes and Siloxanes and the Nature of the Silicon-Oxygen Bond. J. Amer. chem. Soc. *83*, 761—764 (1961).

374. *Wheatley, P. J.* · An X-Ray Diffraction Determination of the Crystal and Molecular Structure of Tetramethyl-NN'-bistrimethylsilylcyclodisilazane. J. chem. Soc. *1962*, 1721—1724.

375. — The Structure of Tetramethyl-OO'-bistrimethylsilyl-cyclodialum-oxane. J. chem. Soc. *1963*, 2562—2563.

376. — An X-Ray Diffraction Determination of the Crystal and Molecular Structure of Tetramethylstibonium Tetrakistrimethylsiloxyaluminate. J. chem. Soc. *1963*, 3200—3203.

377. *Wiberg, E., O. Stecher, H. J. Andrascheck, L. Kreuzbichler,* u. *E. Stauáe:* Neues aus der Chemie der Metallsilyle M(SiR$_3$)$_n$. Angew. Chem. *75*, 516—524 (1963).

378. *Wiberg, N.,* u. *K. H. Schmid:* Über Verbindungen des Siliciums. II. Trimethylsilylammonium-Verbindungen. Z. anorg. allg. Chem. *345*, 93—105 (1966).

379. *Wierl, R.:* Elektronenbeugung und Molekülbau. Ann. Physik *8*, 521 bis 564 (1931).

380. *Wilkins, C. J.,* and *L. E. Sutton:* An Electron Diffraction Investigation of the Molecular Structures of Some Silicon Compounds. Trans. Faraday Soc. *50*, 783—796 (1954).

381. *Wilkow, L. W., W. Ss. Masstrjukow,* u. *P. A. Akischin:* Z. Strukturnoj. Chim. *5* (2), 183 (1964); C. A. *61*, 2563b (1964); C *1964*, 46/689; J. Strukturchem. (UdSSR).

382. *Williams, Q.,* and *T. L. Weatherly:* Nuclear Quadrupole Resonances in Some Chlorine Compounds. J. chem. Physics *22*, 572 (1954).

383. *Wilmshurst, J. K.:* Empirical Expression for Ionic Character and the Determination of s Hybridization from Nuclear Quadrupol Coupling Constants. J. chem. Physics *30*, 561—565 (1959).

384. *Wise, S. S., J. L. Margrave, H. M. Feder,* and *W. N. Hubbard:* Fluorine Bomb Calorimetry. V. The Heats of Formation of Silicon Tetrafluoride and Silica. J. physic. Chem. *67*, 815—821 (1963).

385. *Wolf, E.:* Zur Thermochemie der Halogensilane. Die Bildungsenthalpien von SiCl$_4$ und SiHCl$_3$. Z. anorg. allg. Chem. *313*, 228—233 (1961).

386. —, *W. Stahn,* u. *M. Schönherr:* Zur Thermochemie der Halogensilane. II. Die Bildungsenthalpien von SiBr$_4$ und SiHBr$_3$. Z. anorg. allg. Chem. *319*, 168—174 (1962).

387. *Yamazaki, K., A. Kotera, A. Tatematsu,* and *M. Iwasaki:* Organosilicon compounds. I. Molecular structure of Hexachlorodisilane. J. chem. Soc. Japan *69*, 104—107 (1948).

388. *Yokoi, M.:* Electron Diffraction Investigation on the Molecular Structures of Some Organosilicon Compounds. I. Bull. chem. Soc. Japan *30*, 100—106 (1957).

389. — Electron Diffraction Investigation on the Molecular Structures of Some Organosilicon Compounds. II. Bull. chem. Soc. Japan *30*, 106—109 (1957).

390. *Zintl, E.,* u. *K. Loosen:* Siliciumdisulfid, ein anorganischer Faserstoff mit Kettenmolekülen. Z. physik. Chem. A *174*, 301—311 (1935).

Oligo- und Polysilane und ihre Derivate

Prof. Dr. G. Schott

Institut für Anorganische Chemie der Universität Rostock

Inhalt

I. Einleitung

Es liegt nahe, die Oligo- und Polysilane als Analoga der entsprechenden
Kohlenstoff-Verbindungen aufzufassen und Vergleiche anzustreben. Eine
solche Betrachtungsweise ist so alt wie das Periodensystem der Elemente
bzw. seine Vorläufer, denn schon *Pettenkofer* hat im Jahre 1850 „Kohle"
und „Kiesel" in eine Triade ähnlicher Elemente eingeordnet — fälsch-
licherweise allerdings zusammen mit dem „Boron", was durch die da-

malige Unsicherheit bezüglich der Atommassen verständlich ist. Seither hat es nicht an Versuchen gefehlt, eine der organischen Chemie analoge Chemie von Silicium-Verbindungen aufzubauen. Dieses Bestreben geht hervor aus den Veröffentlichungen der *Friedel*schen Schule (1870–80)[1], wo bei Verbindungen des Typs Si_2L_6[2] von der „Äthanreihe des Siliciums" gesprochen wird (*1*), sie gipfelt bei *Reynolds* (*2*) noch zu Beginn dieses Jahrhunderts in der Prognose eines „Hochtemperatur-Protoplasmas", einer organischen Materie besonderer Art, bei der C durch Si, O durch S und N durch P ersetzt sind. Dies ist um so bemerkenswerter, als damals doch schon eine Reihe von Si-Verbindungen bekannt war, die sich sehr markant von ihren C-Analogen unterscheiden. Es bedurfte umfangreicher Untersuchungen vor allem der Schulen von *Stock* (1916 bis 1925)[1], *Kipping* (1921–28)[1] und *Schwarz* (1923–53)[1], um die elementaren Besonderheiten der Si-Chemie an verschiedenen Stoffklassen systematisch darzulegen. Den Arbeiten dieser Schulen sind einige sehr wesentliche Erkenntnisse zu verdanken, die für die Beurteilung der Si-Chemie im allgemeinen und für ihren Vergleich mit der C-Chemie im besonderen bedeutungsvoll geworden sind, so z.B. die Tatsache, daß Si nicht wie C in der Lage ist, Doppelbindungen (vom (p–p)π-Typ) auszubilden, sondern daß es in entsprechenden Fällen polymerisiert, um die 4-Bindigkeit zu erreichen. Das grundsätzlich unterschiedliche Verhalten formal-analoger C- und Si-Verbindungen sei durch folgende Gegenüberstellung gekennzeichnet:

a) $\displaystyle \begin{array}{c} R \\ \diagdown \\ \quad C=O \\ \diagup \\ R \end{array}$ Keton $\qquad \left(\begin{array}{c} R \\ | \\ -Si-O- \\ | \\ R \end{array} \right)_n$ Silikon (heute Polysiloxan)

b) $\displaystyle \begin{array}{c} H \\ \diagdown \\ \quad C=C \\ \diagup \quad \diagdown \\ H \qquad\quad H \end{array}$ Äthen $\qquad \left(\begin{array}{cc} H & H \\ | & | \\ -Si- & Si- \\ | & | \\ H & H \end{array} \right)_n$ Polysilen (heute Polysilan(II))

c) $H-C\equiv C-H$ Äthin $\qquad \left(\begin{array}{cc} H & H \\ | & | \\ -Si- & Si- \\ | & | \end{array} \right)_n$ Polysilin (heute Polysilan(I))

Mit beiden letzten Typen sind bereits wichtige Merkmale aus der Chemie der Silicium-sub-Verbindungen (heute Oligo- oder Polysilane), denen dieser Artikel gewidmet ist, angedeutet. Sie sind noch heute voll gültig, wenn sie auch manche Ergänzung und Präzisierung erfahren haben. Die Bezeichnung „Silen" oder „Silin" wird heute allerdings bewußt nur noch für instabilen Radikale

---

[1] Die Zeitangaben beziehen sich nur auf die Periode, in der über Oligo- oder Polysilane gearbeitet wurde.

[2] L ist ein beliebiger Ligand (H, F, Cl, Br, J, OH, OR, NH_2, NR_2, R, Ph usw.)

$$-SiH_2- \text{ und } -SiH=$$

verwendet, während man die Polymerisate „Polysilane" nennt, um ihre Strukturverwandtschaft mit den gesättigten Kohlenwasserstoffen zum Ausdruck zu bringen. Dabei ist es zweckmäßig, der Benennung noch die dem Si zuzuordnende Oxydationsstufe beizufügen, zumal hierdurch gleichzeitig der Grad der Vernetzung durch Si—Si-Bindungen ($z = 4-ox$) gekennzeichnet ist. Für jede der 5 möglichen Oxydationsstufen ist somit eine bestimmte Baugruppe charakteristisch:

Baugruppe:	Si(IV)	Si(III)	Si(II)	Si(I)	Si(0)
	$\begin{array}{c}L\\|\\L-Si-L\\|\\L\end{array}$	$\begin{array}{c}L\\|\\Si=L\\|\\L\end{array}$	$\begin{array}{c}L\\|\\Si\\|\\L\end{array}$	$\begin{array}{c}L\\|\\Si\end{array}$	Si
Oxydations-Stufe:	IV	III	II	I	0
Vernetzg. durch Si—Si-Bindg.:	0	1	2	3	4

Als Verbindungen einheitlichen Strukturtyps entsprechen diesen Bauelementen bzw. Oxydationsstufen:

			ox	z
a)	Silan	SiH_4	IV	0
b)	Disilan	Si_2H_6	III	1
c)	Polysilan(II)	$(SiH_2)_n$	II	2
d)	Polysilan(I)	$(SiH)_n$	I	3
e)	Silicium(0)	$(Si)_n$	0	4

Selbstverständlich können solche Baugruppen (außer Si(IV)) auch in vielfältiger Mischung zu Molekeln oder Polymeren zusammengefügt sein. Dann können Oxydationsstufe und Vernetzungsgrad nur als Durchschnittswerte angegeben werden, sie geben aber doch Aufschuß darüber, welche der genannten Baugruppen vorwiegend beteiligt sind und damit die Struktur und Eigenschaften im wesentlichen bestimmen.

Aufgabe dieses Beitrages soll es sein, an Hand eines Überblickes über die bisher bekannt gewordenen Oligo- und Poly-Silicium-Verbindungen Schlüsse auf die Eigenschaften der Si—Si-Bindung zu ziehen.

II. Systematische Orientierung

Die Verbindungen werden im folgenden in der Reihenfolge sinkender Oxydationsstufe (also steigender Si—Si-Vernetzung) aufgeführt. Dabei werden nicht nur die reinen Silane Si_xH_y, sondern auch deren einfache Derivate Si_xL_y behandelt, soweit sie bekannt sind. Die Vielzahl von gemischtsubstituierten Verbindungen kann im Interesse der Übersichtlichkeit im allgemeinen nicht berücksichtigt werden, zumal sich ihre Eigenschaften in den meisten Fällen aus denen der reinen Verbindungstypen kombinieren lassen.

A. Disilane(III) Si_2L_6

Vor allen Oligo- und Polysilanen sind die Disilane nicht nur strukturell die einfachsten Grundkörper, sondern sie stellen auch im allgemeinen die stabilsten Substanzen mit Si—Si-Bindung dar. Sie sind deshalb auch schon relativ lange bekannt. Als erste wurden 1869—70 bemerkenswerterweise erkannt und dargestellt die Halogenverbindungen Si_2Cl_6 (*3, 4, 5*), Si_2Br_6 (*4, 5*) und Si_2J_6 (*1, 5*). Daß die Darstellung des Si_2F_6 erst sehr viel später im Jahre 1931 gelang (*6*), liegt sicher nicht an der Instabilität dieser Verbindung, sondern an der erst später entwickelten Erfahrung im präparativen Umgang mit Fluor.

Nach Entdeckung der wichtigsten Hexahalogen-disilane lag es auf der Hand, nach dem Grundkörper Si_2H_6 zu forschen. Er wurde im Jahre 1902 durch *Moissan* (*7*) nachgewiesen. Allerdings mußte später *Lebeau* (*8*) auf den Gemischcharakter dieses Produktes hinweisen, worauf *Stock* (*9*) im Jahre 1916 die Trennung von den höheren Homologen durchführen konnte.

Inzwischen waren aber auch bereits aus dem Si_2Cl_6 die einfachsten Organo- und Alkoxy-Derivate des Disilans dargestellt worden: Si_2R_6 (*1, 5, 10*), Si_2Ph_6 (*11*) und $Si_2(OR)_6$ (*12*). Für jede dieser Substanzklassen sind in den vergangenen Jahrzehnten die Darstellungsmöglichkeiten erweitert und verbessert worden. Hier sollen die wesentlichsten Verfahren genannt und in ihrer Wirksamkeit verglichen werden[3]:

1. Disilan Si_2H_6

a) *Zersetzung von Siliciden mit Säure:* Dieses klassische, schon von *Wöhler* (*13*) zur Darstellung von SiH_4 verwandte Verfahren der Umsetzung von Mg_2Si mit HCl liefert bei 25 % Gesamtausbeute an Silangemisch nur wenige Prozente an Si_2H_6. Eine Erhöhung der Gesamt-Silanausbeute wurde erzielt durch verschiedene Variatonen in den Versuchsbedingungen, z. B. Erhöhung der Säurekonzentration (*14*), NH_3 oder N_2H_4 als Lösungsmittel (*15, 16*). Spezielle Ausbeute-Erhöhung an Si_2H_6 läßt sich bei Verwendung von Li_6Si_2 (*17*) oder $CaSi$ (*18*) erreichen.

---

[3]) Die Bezeichnungen a)—f) werden im folgenden so verwendet, daß sie für einen bestimmten Reaktionstyp charakteristisch sind und Vergleiche zwischen den Darstellungsverfahren der Disilan-Derivate gestatten.

G. Schott

b) *Thermische Zersetzung* höherer (instabiler) Silane führt neben anderen Spaltprodukten auch zu Si_2H_6. Dies könnte durch langsamen Selbstzerfall von Si_6H_{14} *(19)* sowie durch Vakuum-Behandlung von $(SiH_2)_n$ *(18)* gezeigt werden.

c) *Stille elektrische Entladungen*, die nach *Schwarz (18)* zur Bildung von Polysilanen der etwaigen Zusammensetzung $(SiH_{1,5})_n$ führen, können nach neueren Untersuchungen *(20)* auch zur Darstellung von Si_2H_6 und niederen Oligosilanen verwendet werden.

d) *Reduktion mit Wasserstoff.* Behandlung höherer Silane mit nascierendem H (aus B_2H_6) *(21)* liefert zwar Si_2H_6 als Zwischenprodukt, reduziert aber weiter zum SiH_4.

e) *Reduktion mit Metallen.* Eine Reduktion von SiH_3Cl mit Alkalimetallen im Sinne einer *Wurtz*schen Synthese hatte *Stock (22)* schon 1921 versucht, dabei aber die spaltende Wirkung von Na auf die Si—Si-Bindung festgestellt. Kürzlich konnte jedoch *Craig (23)* zeigen, daß in der Gasphase im Kontakt mit Na-Amalgam die gewünschte Reaktion zu realisieren ist, während im flüssigen Zustand vermutlich über die Reaktion

$$Hg(SiH_3)_2 \longrightarrow SiH_4 + \tfrac{1}{n}\,(SiH_2)_n + Hg$$

eine Dismutation katalysiert wird.

Eine ähnliche Interpretation gibt *Emeléus (24)* der Beobachtung, daß SiH_3J im Kontakt mit Hg langsam neben H_2, SiH_4 auch Si_2H_6 bildet, wobei vor allem ein fördernder Einfluß von Lichtenergie festzustellen ist.

f) *Substitutionen:* Die Hydrierung von Si_2Cl_6 mit $LiAlH_4$ *(25)* stellt das eleganteste Verfahren dar, nach dem Si_2H_6 mit etwa 90-proz. Ausbeute und nur mit wenig SiH_4 vermischt dargestellt werden kann. Es ist aber demzufolge keine echte Disilan-Synthese.

2. Hexafluor-disilan Si_2F_6

f) *Substitutionen:* Das indirekte Verfahren der Umsetzung von Si_2Cl_6 mit ZnF_2 *(6)* war das erste und ist bis heute praktisch das einzige erfolgreiche geblieben. Nur diese besonders milde Fluorierungsmethode läßt auch die Si—Si-Bindung bestehen.

3. Hexachlor-disilan Si_2Cl_6

b) *Die thermische Zersetzung* von Silicium (oder Siliciden) mit Cl_2 ist das am längsten bekannte Verfahren zur Darstellung von $SiCl_4$, daß dabei auch Si_2Cl_6 entsteht, ist mindestens seit Ende des vorigen Jahrhunderts bekannt *(5)*. *Gattermann (26)* stellte schon frühzeitig fest, daß die Ausbeute an Oligosilanen gesteigert werden kann, wenn das Si von der Herstellung her mit Mg verunreinigt ist, und schrieb diesen Einfluß dem Mg_2Si zu. Weitere Ausbeute-Steigerungen wurden später durch Einsatz anderer Silicide oder Si-Legierungen erzielt, die ein Arbeiten bei niedrigeren Temperaturen gestatten (*6, 27, 28*). Als Nebenprodukt wird Si_2Cl_6 auch erwähnt bei der Einwirkung von HCl auf Cu-silicid (*29—31*). Zu den typisch thermischen Verfahren gehört selbstverständlich auch die Umsetzung von Si mit $SiCl_4$ (*3*) sowie die Zersetzung von $SiCl_4$ im Lichtbogen (*32*). Chlor-oligosilane dismutieren in Si-Verbindungen höherer und niederer Oxydationsstufe und bilden dabei u. a. merkliche Mengen Si_2Cl_6 (*33*).

c) *Stille elektrische Entladungen* erzeugen aus $SiHCl_3$ (*34*) oder aus $SiCl_4$ (*35*) Chlor-oligosilane, die erhebliche Mengen an Si_2Cl_6 enthalten.

f) *Substitutionen:* Hier sei aus historischen Gründen die Umsetzung von Si_2J_6 mit $HgCl_2$ (*4, 5*) erwähnt, die das Bestreben des Si zeigt, sich mit möglichst elektronegativen Liganden abzusättigen.

4. Hexabrom-disilan Si_2Br_6

Praktisch alle unter 3. für $SiCl_6$ angeführten Verfahren sind auch für die Darstellung von Si_2Br_6 möglich. Sie werden deshalb ohne Kommentar unter Zitierung der betreffenden Literaturstelle angeführt:

b) *Thermische Zersetzungen:* Si (Silicide) + Br_2: (*37*); Si (Silicide) + HBr: (*37*); Si (Silicide) + $SiBr_4$: (*38*); Thermische Zersetzung von Brom-oligosilanen: (*39*).

c) *Stille elektrische Entladungen* auf $SiHBr_3$ (*40*).

f) *Substitutionen:* Aus Si_2J_6 und Br_2 (*4*). Hier kann im Gegensatz zum Cl-Analogon sogar mit elementarem Halogen gearbeitet werden.

Während bei den Darstellungsverfahren für Si_2Cl_6 wegen der Elektronegativität des Cl keine Methode zu finden war, die sich eines Metalls als Reduktionsmittel bedient, kann bei Si_2Br_6 ein solches genannt werden:

e) *Reduktion mit Metallen:* $SiBr_4$ kann in ätherischer Lösung mit Mg reduziert werden. Während *Schmeisser* (*39*) dieses Verfahren zur Darstellung von $(SiBr)_n$ verwandte, konnte neuerdings diese Methode durch Verwendung einer geeigneten Umlauf-Apparatur auch zur Darstellung des Primärproduktes Si_2Br_6 umgestaltet werden (*41*).

5. Hexajod-disilan Si_2J_6

e) *Reduktion mit Metallen:* Die Umsetzung von SiJ_4 mit Ag wurde schon von *Friedel* (*1, 42*) eingeführt und ist noch heute nach genauerer Bear-

G. Schott

beitung von *Schwarz* (*43*) das einzige Verfahren. Auch ein kürzlich unter-
suchtes Reaktionssystem AgJ + Si (*44*) dürfte nur eine Variante hiervon
sein, da es bei den Reaktionstemperaturen mit dem obigen System im
Gleichgewicht steht: $Si + 4 AgJ \rightleftharpoons SiJ_4 + 4 Ag$.

6. Hexaalkyl-disilan Si_2R_6

d) *Reduktion mit Wasserstoff*: Beim Erhitzen von Trimethyl-alkyl- oder
Trimethyl-aryl-silanen in H_2-Atmosphäre werden die schweren Organo-
Reste abgespalten und es entsteht nach

$$2 (CH_3)_3 SiR + H_2 \rightarrow (CH_3)_6 Si_2 + 2 RH$$

ein Hexaorgano-disilan (*45*).

e) *Reduktion mit Metallen:* Wegen der chemischen Resistenz der Si—R-
Bindung können Alkalimetalle zur Reduktion von Halogen-silanen mit
relativ gutem Ausbeute-Erfolg dienen. Zur Verwendung gelangen Na, K,
beide im Gemisch oder als Amalgame. Als halogen-haltige Komponente
kommen Chlor- (*46*), Brom- (*47*) oder Jod-silane (*48*) in Betracht. Eine
Arbeit von *Sundermeyer* (*49*) beschäftigt sich mit der Erhöhung der Ausbeute durch Ultraschall.

Die Reduktion von Brom-silanen mit Mg (*38*) erwies sich gerade für die
Umsetzung von Trialkyl-brom-silanen als ungeeignet (*50*).

f) *Substitutionen:* Das älteste Verfahren dieser Kategorie, die Umsetzung
von Si_2Cl_6 mit ZnR_2 (*1, 5*) verdient durchaus heute noch Beachtung, es
kann in bestimmten Fällen mit sehr guten Ausbeuten durchgeführt werden (51). Häufiger wird das von *Bygden* (*10*) eingeführte *Grignard*-Ver-
fahren angewandt, das wenigstens für größere Alkyl-Reste befriedigende
Ergebnisse liefert (*52*).

7. Hexaphenyl-disilan Si_2Ph_6

e) *Reduktion mit Metallen:* Die Umsetzung von Triphenyl-halogen-silan
mit Na ist schon seit langem bekannt (*11*), hat aber in jüngerer Zeit noch
viele Verbesserungen erfahren (*53—55*), so daß es heute eines der meist
verwendeten Verfahren ist. Es ist auch Ph_3SiBr mit Li (*56*) und Ph_3SiCl
mit Mg (in THF-Lösung) (*57*) mit Erfolg umgesetzt worden, die Reaktion mit Mg in Äther verläuft dagegen nur mit minimaler Ausbeute (*50*).
Es ist neben Ph_3SiX auch Ph_3SiH mit ähnlichem Erfolg mit Alkalimetallen umgesetzt worden (*53, 58*).

Als besondere Variante der genannten Verfahren hat sich in den letzten
Jahren immer mehr die Umsetzung von Ph_3SiX oder Ph_3SiH mit Tri-
phenyl-sily-Metall-Verbindungen Ph_3SiM durchgesetzt (*59, 60*). Letztere

sind ohnehin als Zwischenprodukte bei den oben beschriebenen Verfahren anzunehmen. Li-, K-, Rb- und Cs-silyl-Verbindungen konnten isoliert werden, aber auch die Verbindungen mit Na und Mg sind als Zwischenprodukte wahrscheinlich (61).

Triphenyl-silyl-Li konnte auch mit einer Reihe anderer anorganischer Halogen-Verbindungen unter Bildung von Si_2Ph_6 umgesetzt werden (62, 63).

f) *Substitutionen:* Eine direkte *Wurtz*-Synthese aus Si_2Cl_6, C_6H_5Cl und Na erwies sich als unmöglich, da hierbei die Si–Si-Bindung gespalten wird (64). Sie gelang jedoch auf 2-stufigem Wege, indem zuerst C_6H_5Na isoliert und dieses dann mit Si_2Cl_6 umgesetzt wurde (65). Auch die Phenylierung der Cl-Verbindung nach dem *Grignard*-Verfahren ist nur nach einem besonders modifizierten Verfahren möglich (52).

8. Hexaalkoxy-disilan

d) *Reduktion mit Wasserstoff* ermöglicht nach einem schon früher beschriebenen Verfahren (45) die Umwandlung von $Si(OR)_4$ in $Si_2(OR)_6$.

e) *Reduktion* mit *Metallen:* $SiBr(OR)_3$ kann nach *Schmeisser* (38) mit Mg in Äther-Lösung zu $Si_2(OR)_6$ reduziert werden.

f) *Substitutionen:* Die Umsetzung von Si_2Cl_6 mit Alkoholen ist seit 1915 (12) das gängigste Verfahren und noch heute vorwiegend in Gebrauch (66–68), obwohl die Ausbeuten durch Si–Si-Spaltung reduziert sind.

9. Disilanole und Kondensationsprodukte

Disilanole – an sich leicht durch Hydrolyse der entsprechenden Halogen- oder Alkoxy-Verbindungen zu erhalten – sind sehr unbeständig und neigen zur Kondensation. So sind an einfachen Silanolen nur die Organo-Derivate $(CH_3)_5Si_2(OH)$ (69) und $Ph_5Si_2(OH)$ (70) bekannt, an Kondensationsprodukten die Verbindungen $Si_2H_5–O–Si_2H_5$ (71, 72), $Si_2Cl_5–O–Si_2Cl_5$ (73) und $Si_2(CH_3)_5–O–Si_2(CH_3)_5$ (74).
Von Disilandiolen ist nur ein Vertreter bekannt, das
$Ph_2Si(OH)–Si(OH)Ph_2$ (75).
Disilandiole kondensieren gewöhnlich zu hochmolekularen Produkten der Formel $(Si_2H_4–O–)_n$ (76), die entsprechenden Organo-Derivate neigen dagegen zur dimeren Cyclisierung, was durch die Substanzen

$$\begin{array}{ccc} & O & \\ (CH_3)_2Si & \diagup \diagdown & Si(CH_3)_2 \\ | & & | \\ (CH_3)_2Si & \diagdown \diagup & Si(CH_3)_2 \\ & O & \end{array} \quad und \quad \begin{array}{ccc} & O & \\ Ph_2Si & \diagup \diagdown & SiPh_2 \\ | & & | \\ Ph_2Si & \diagdown \diagup & SiPh_2 \\ & O & \end{array}$$

belegt ist (77, 78).

G. Schott

Bei der Hycrolyse von Hexahalogen- und Hexaalkoxy-disilanen wäre primär das Disilanhexol $Si_2(OH)_6$ zu erwarten, es entstehen in allen Fällen Kondensationsprodukte, die der Formel $(Si_2H_2O_4)_n$ entsprechen oder ihr wenigstens sehr nahe kommen (*1, 5, 79, 80, 6*). Selbst bei der Totalhydrolyse des hochmolekularen $(Si_2(NH)_3)_n$ entstehen die obigen Produkte (*81*). Sie bestehen vorwiegend aus der Baueinheit

$$\begin{array}{ccc} -O & & O- \\ & \diagdown \quad \diagup & \\ HO-Si-Si-OH \\ & \diagup \quad \diagdown & \\ -O & & O- \end{array}$$

Eine weitere Kondensation der verbliebenen OH-Gruppen ist offenbar durch die Vernetzung sterisch erschwert.

Ein völlig silanol-freies Oxid der Formel $(Si_2O_3)_n$ kann durch thermische Dehydrierung von $(SiHO_{1,5})_n$, dem Hydrolyseprodukt des $SiHCl_3$, erhalten werden (*82, 83*). Hier liegt im Gegensatz zu den oben erwähnten Beispielen eine echte Disilan-Synthese im Sinne der Umsetzung

$$\begin{array}{ccccc} -O & & O- & & -O & & O- \\ & \diagdown \quad & \diagup & & & \diagdown \quad & \diagup \\ -O-Si-H \quad H-Si-O- & \rightarrow & -O-Si-Si-O- & + \; H_2 \\ & \diagup \quad & \diagdown & & & \diagup \quad & \diagdown \\ -O & & O- & & -O & & O- \end{array}$$

vor.

10. Disilanthiole und Kondensationsprodukte

Aus dem Bereich der Disilanyl-S-Derivate ist kein einfaches Thiol, sondern nur die dem oben besprochenen O-Analogon entsprechende dimere 6-Ring-Verbindung bekannt,

$$\begin{array}{ccc} & S & \\ & \diagup \diagdown & \\ (CH_3)_2Si & & Si(CH_3)_2 \\ \mid & & \mid \\ (CH_3)_2Si & & Si(CH_3)_2 \\ & \diagdown \diagup & \\ & S & \end{array}$$

die durch Einwirkung von H_2S auf $(CH_3)_2SiCl-SiCl(CH_3)_2$ dargestellt werden konnte (*84*).

11. Disilamine und Kondensationsprodukte

Durch Umsetzung von mono- bzw. dihalogenierten Disilanen mit sekundären Aminen konnten monomere Disilylamine erhalten werden: $Si_2H_5(NR_2)$ und $Si_2H_4(NR_2)_2$ (*85*). Die Einwirkung von NH_3 dagegen führte ausschließlich zu Kondensationsprodukten: $(Si_2H_5)_3N$ *(85)*, $(Si_2(CH_3)_5)_2NH$ *(86)* und dem cyclischen

$$
\begin{array}{ccc}
 & NH & \\
(CH_3)_2Si & & Si(CH_3)_2 \\
(CH_3)_2Si & & Si(CH_3)_2 \\
 & NH & \\
\end{array}
$$

Bei der Ammonolyse von Hexahalogen-disilanen müssen dagegen wieder hochkondensierte Produkte entstehen und zwar nach *Schwarz* *(88)* zunächst $(Si_2(NH)_2(NH_2)_2)_n$, das aber sehr leicht NH_3 abgibt und zu $(Si_2(NH)_3)_n$ wird.

$$
\begin{array}{ccc}
-NH \quad NH- & & -NH \quad NH- \\
H_2N-Si-Si-NH_2 & \xrightarrow{-NH_3} & -NH-Si-Si-NH- \\
-NH \quad NH- & & -NH \quad NH- \\
\end{array}
$$

12. Disilmethylene

Durch Umsetzung von $(CH_3)_2SiCl-CH_2-SiCl(CH_3)_2$ mit Na nach *Wurtz* konnte neben hochmolekularen Disilmethylenen auch ein ringförmiges dimeres Produkt der nebenstehenden Konfiguration isoliert werden *(89)*.

$$
\begin{array}{ccc}
 & CH_2 & \\
(CH_3)_2Si & & Si(CH_3)_2 \\
(CH_3)_2Si & & Si(CH_3)_2 \\
 & CH_2 & \\
\end{array}
$$

13. Disilanyl-Metall-Verbindungen

Abgesehen von einigen Verbindungen mit Si—Ge-Bindung *(90,91,262)* und Si—Hg-Bindung *(92)* soll hier besonders auf das K-Salz des Disians hingewiesen werden, das nach folgender Reaktion entsteht:

$$KSiH_3 + Si_2H_6 = KSi_2H_5 + SiH_4 \quad (93).$$

B. Oligosilane (III ·· II) Si_nL_{2n+2}

Bei einem großen Teil der unter A) aufgeführten Verfahren zur Darstellung von Disilan-Derivaten entstehen zugleich in unterschiedlichen Anteilen auch Oligosilane der Zusammensetzung Si_nL_{2n+2}. Es trifft dies naturgemäß vor allem für die Methoden zu, bei denen Silicium, Silicide oder sonstige Verbindungen mit bereits bestehenden Si-Ketten oder -Netzen abgebaut werden (Methoden a, b) oder bei denjenigen, wo durch intensive Energieeinwirkung radikalische Zwischenprodukte entstehen, die sich auch zu längeren Si-Ketten zusammenfügen können (c). Die Reaktionen (d–f) sind dagegen im allgemeinen für eine kontrollierte und gelenkte Silan-Synthese geeigneter. Aber auch bei letzteren ist in keinem Falle die Entstehung von Nebenprodukten größerer oder geringerer Kettenlänge gänzlich ausgeschlossen, zumal wenn sehr reaktive Partner (Alkali-Metalle) beteiligt sind, denn auch diese bewirken eine Spaltung in radikalische Zwischenprodukte und schaffen damit die Voraussetzung für Ketten-Abbau oder -Verlängerung. Nur mit Hilfe der gelenkten und stufenweise kontrollierten Methode e) ist im übrigen bisher eine eindeutige Synthese verzweigter Silan-Gerüste der Strukturen

$$\begin{array}{ccc} & | & \\ & -\mathrm{Si}- & \\ & | \quad | & \\ -\mathrm{Si}-&\mathrm{Si}- & \\ & | \quad | & \\ & -\mathrm{Si}- & \\ & | & \end{array} \quad \text{oder} \quad \begin{array}{ccccc} & & | & & \\ & & -\mathrm{Si}- & & \\ & & | \quad | \quad | & & \\ -\mathrm{Si}-&\mathrm{Si}-&\mathrm{Si}- & & \\ & & | \quad | \quad | & & \\ & & -\mathrm{Si}- & & \\ & & | & & \end{array}$$

gelungen (*94–97*).

Bei den Verfahren a), b) und c) scheint eindeutig die Tendenz zur Kettenbildung vorzuherrschen. Angaben über die Existenz verzweigter Isomerer sind selten und zum Teil unsicher (*19, 98, 99*).

In der Tabelle 1 sind die wichtigsten Verfahren zusammengestellt, die zur Darstellung von Oligosilanen (III··II) gedient haben (In Spalte 3 sind die höchsten Glieder genannt, die dabei identifiziert wurden). Abb. 1 gibt einen Überblick über die Gesamtheit der erzielten Produkte.

Tabelle 1.

Stoffklasse	Methode	Höchste Produkte	Lit.
Si_2H_{2n+2}	(a) $Mg_2Si + HCl$	Si_4H_{10} (Si_6H_{14})	(*9, 19, 100*)
	(a) $CaSi \; + HCl$	Si_4H_{10} (Si_6H_{14})	(*101*)
	(c) $SiH_4 \xrightarrow{\;\;}$	Si_4H_{10}	(*20*)
Si_nF_{2n+2}	(b) $(SiF_2)_n \xrightarrow{t}$	$Si_{14}F_{30}$	(*233*)
	(f) $Si_{10}Cl_{22} + ZnF_2$	$Si_{10}F_{22}$	(*38*)
Si_nCl_{2n+2}	(b) $Si + Cl_2$	Si_3Cl_8	(*79*)
	(b) $FeSi + Cl_2$	Si_3Cl_8	(*27*)
	(b) $CaSi + Cl_2$	Si_6Cl_{14}	(*102*)
	(b) $Si + HCl$	Si_3Cl_8	(*29, 30*)
	(b) $SiCl_4 \xrightarrow{t}$	$Si_{10}Cl_{22},\ Si_{25}Cl_{52}$	(*103, 104*)
	(c) $SiHCl_3 \xrightarrow{\;\;}$	Si_6Cl_{14}	(*34*)
Si_nBr_{2n+2}	(c) $SiHBr_3 \xrightarrow{\;\;}$	Si_4Br_{10}	(*40*)
Si_nR_{2n+2}	(e) $\equiv SiCl + Na$	Si_7R_{16}	(*105–107*)
	(e) $\equiv Si{-}Si\equiv + Na$	Si_7R_{16}	(*108*)
$(SiR_2)_n$	(e) $\equiv SiCl + Na$	$(SiR_2)_{5,6,7}$	(*108–112*)
Si_nPh_{2n+2}	(e) $\equiv SiCl + KSi\equiv$	Si_3Ph_8	(*113*)
	(e) $\equiv SiCl + LiSi\equiv$	Si_4Ph_{10}	(*114*)
$(SiPh_2)_n$	(e) $\equiv SiCl + Na(Li)$	$(SiPh_2)_{4,5,6}$	(*95, 114, 115, 118–122*)

Si_2H_6 Si_3H_8 Si_4H_{10} Si_5H_{12} Si_6H_{14}

Si_2F_6 Si_3F_8 Si_4F_{10} $\longrightarrow$ $Si_{10}F_{22}$ $\rightsquigarrow$ $Si_{14}F_{30}$ $\rightsquigarrow$

Si_2Cl_6 Si_3Cl_8 Si_4Cl_{10} Si_5Cl_{12} Si_6Cl_{14} $\rightsquigarrow$ $Si_{10}Cl_{22}$ $\rightsquigarrow$ $Si_{25}Cl_{52}$ $\rightsquigarrow$

Si_2Br_6 Si_3Br_8 Si_4Br_{10}

Si_2J_6

Si_2R_6 Si_3R_8 Si_4R_{10} Si_5R_{12} Si_6R_{14} Si_7R_{16}

Si_2Ph_6 Si_3Ph_8 Si_4Ph_{10} $\longrightarrow$ $(Si_9Ph_{16}R_4)$

Abb. 1. Oligosilan(III $\cdot\cdot$ II)-Derivate

Daß bei den reinen Phenyl-oligosilanen bisher gewöhnlich nur Ketten bis zur Molekel Si_4Ph_{10} gewonnen wurden, mag an der besonders großen Tendenz längerer Ketten zu Ringbildung liegen. Die grundsätzliche Darstellungsmöglichkeit auch längerer Ketten wird durch die gemischten Organo-oligosilane

$$Si_6R_2Ph_{12} \qquad\qquad (115, 116)$$
$$Si_9R_4Ph_{16} \qquad\qquad (117)$$

bewiesen.

Durch Ringspaltung des $(SiPh_2)_4$ wurden folgende Heterocyclosilane gewonnen:

$$(Ph_2Si)_4O \qquad\qquad (78)$$
$$(Ph_2Si)_4N-Ph \qquad\qquad (123)$$

Polykondensierte Oligosilanole entstehen als Hydrolyseprodukte der Oligosilane Si_nL_{2n+2}. In keinem Falle hat das reine Oligosilanol $Si_n(OH)_{2n+2}$ isoliert werden können, wie dies zunächst gelegentlich angenommen worden ist (103). Es tritt spontan mindestens so weit Kondensation auf, bis das entstandene Produkt so vollständig vernetzt ist, daß die restlichen OH-Gruppen sterisch geschützt sind. Dies sei an einigen Beispielen belegt, wobei die Frage durchaus offenbleiben muß, ob die genannten Produkte in jedem Falle formelrein erhalten werden:

$$Si_3Cl_8 + H_2O \longrightarrow (Si_3H_4O_6)_n \qquad \begin{array}{c} -O\ OH\ O- \\ |\quad|\quad| \\ -O-Si-Si-Si-O- \\ |\quad|\quad| \\ OH\,OH\,OH \end{array} \qquad (26, 124)$$

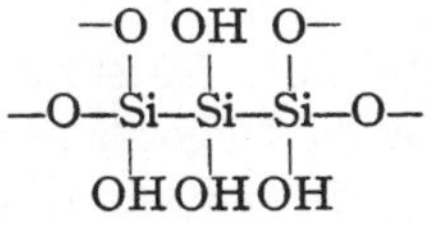

$$Si_3Cl_8 + NH_3 \longrightarrow (Si_3H_4N_4)_n \qquad \begin{array}{c} -NH\quad NH\quad NH- \\ -NH-Si-Si-Si-NH- \\ -NH\quad NH\quad NH- \end{array} \qquad (125)$$

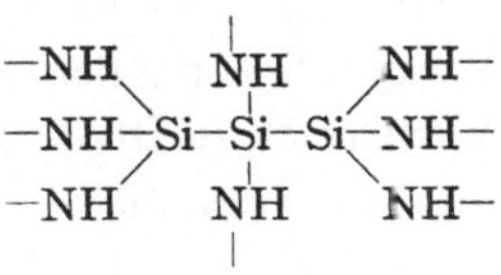

$$Si_{10}Cl_{22} + H_2O \longrightarrow (Si_{10}H_{10}O_{16})_n \quad \overset{\displaystyle O}{\underset{\displaystyle OH}{O-Si}} \left(\overset{\displaystyle O \quad O}{\underset{\displaystyle OH\,OH}{-Si-Si-}} \right)_4 \overset{\displaystyle O}{\underset{\displaystyle OH}{Si-O-}} \qquad (126)$$

Eine besondere Rolle nimmt zweifellos das in regelmäßigen Schichtstrukturen kondensierte Cyclohexasilan, das sogenannte Siloxen $(Si_6H_6O_3)_n$ ein, das von *Wöhler* (127) entdeckt, von *Kautsky* (128–130) aufgeklärt und mit vielen Derivaten erschlossen worden ist, aber noch heute ein reges theoretisches Interesse beansprucht (131–134).

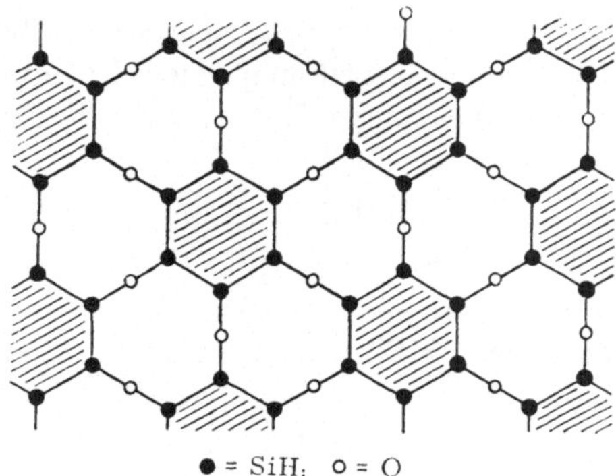

Abb. 2. Schichtstruktur des Siloxens $(Si_6O_3)H_6$

C. Polysilane(II) $(SiL_2)_n$

Die Verbindungen dieser Klasse stellen das konsequente Endglied der Oligosilane Si_nL_{2n+2} dar. Da bei letzteren die Kettenstruktur dominierte, dürfte sie auch bei $(SiL_2)_n$ vorliegen, obwohl prinzipiell auch kompaktere Molekeln bei bestimmter Molekelgröße diese Zusammensetzung haben könnten. Auch Konsistenz und sonstige Eigenschaften bestätigen die Kettenstruktur. Die Darstellungsverfahren gleichen im Prinzip den in Abschn. B für die Oligosilane (III··II) genannten. Bevorzugt sind relativ robuste Verfahren, die eine hohe Konzentration an SiL_2-Radikalen erzeugen und nach Abschreckung Ketten von $(SiL_2)_n$ entstehen lassen. Damit ist zugleich der scheinbare Widerspruch geklärt, daß bei einigen Verbindungen (z.B. Si_4Br_{10}) nur begrenzte Kettenlängen nach B erzielt werden konnten, während sie unter etwas veränderten Bedingungen mit unendlicher Kettenlänge (z.B. als $(SiBr_2)_n$) entstehen können. Die langkettigen Polysilane(II) sind selbstverständlich auch thermodynamisch instabil und neigen zu Dismutationen, die aber wegen der Molekelgröße sehr gehemmt sind und erst beim Erhitzen vonstatten gehen.

Tabelle 2.

Substanz	Methode		Lit.
$(SiH_2)_n$	(a)	$CaSi + HCl$	(18)
$(SiF_2)_n$	(b)	$Si_2F_6 \xrightarrow{t}$	(135)
	(e)	$SiF_2Br_2 + Mg$	(38)
$(SiCl_2)_n$	(b)	$Si + SiCl_4$	(136—138)
	(c)	$SiCl_4 \xrightarrow{}$	(139, 140)
$(SiBr_2)_n$	(b)	$Si + SiBr_4$	(39)
	(e)	$SiBr_4 + Mg$	(41)
$(SiJ_2)_n$	(b)	$Si + SiJ_4$	(141)
$(Si(OR)_2)_n$	(e)	$\equiv SiBr + Mg$	(38)
	(f)	$\equiv SiCl + ROH$	(139)
$(SiR_2)_n$	(e)	$\equiv SiCl + Na$	(109)
	(f)	$\equiv SiBr + R-MgX$	(39)
$(SiPh_2)_n$	?		?

Die Existenz eines langkettigen $(SiPh_2)_n$ ist ungewiß. Das kürzlich beschriebene Produkt unbekannter Molekelgröße ist sicher ein cyclisches Oligomeres (142).

Kondensierte Polysilane(II) liegen vermutlich vor bei Produkten der Zusammensetzung $(Si_2H_2O_3)_n$ die von *Schwarz* (43) bei thermischer Dehydrierung von $(Si_2H_4O_3)_n$ erhalten wurden.

$$\left(\begin{array}{c} O \quad O \\ | \quad\; | \\ -Si-Si- \\ | \quad\; | \\ OH\,OH \end{array} \right)_n$$

Desgleichen ist das von *Winkler* (143) entdeckte, von *Bonhoeffer* (144) in Gasphase nachgewiesene und heute immer mehr in den Blickpunkt praktischen Interesses gerückte Si-monoxid $(SiO)_n$ (145—148) als hochkondensiertes Polysilan(II)-Derivat aufzufassen, wenn auch die Formel

$$\left(\begin{array}{c} O \; O \; O \\ | \; | \; | \\ -Si-Si-Si- \\ | \; | \; | \\ O \; O \; O \\ | \; | \; | \end{array} \right)_n$$

sicher nur als modellmäßiges Schema aufgefaßt werden darf.

D. Oligo- und Polysilane(II ·· I)

Oligosilane im Oxydationsstufenbereich I—II entstehen, wenn mehrfacher Ringschluß innerhalb einer Molekel erfolgt, so daß neben den Kettengliedern Si(II) auch Verzweigungen Si(I) enthalten sind. Beispiele hierfür sind

$$Si_{10}L_{18} \qquad Si_{10}L_{16}$$

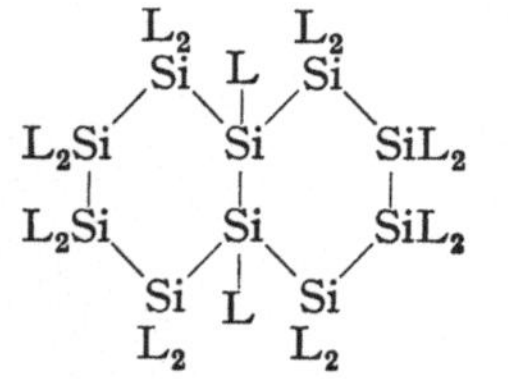

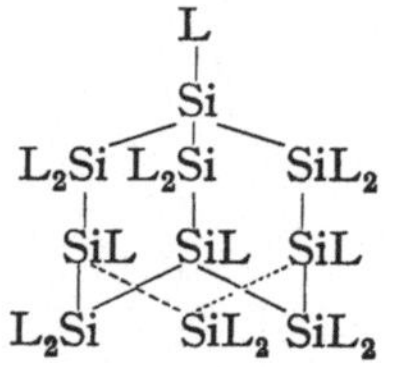

sowie einige Derivate entsprechender Struktur *(38, 50, 149, 150)*.

Selbstverständlich können auch hochpolymere Polysilan(II··I)-Derivate vorkommen, wenn Polysilan(II)-Ketten untereinander unvollständig vernetzen. Ein solcher Zustand ist bei Verbindungen $(SiL_{1-2})_n$ anzunehmen, die als Produkte thermischer Behandlung des öfteren beschrieben werden. Da sie aber nicht mehr als einheitliche und definierte Verbindungen aufzufassen sind und in ihren Eigenschaften keine spezifischen Merkmale aufweisen, sollen sie hier nicht besonders behandelt werden.

E. Polysilane(I) $(SiL)_n$

Die Polysilane(I) sind gewöhnlich gelbe, thermochrome Festkörper von amorphem Gefüge. Wenn auch das Bauelement Si(I) bestimmend für die Struktur ist, so können doch durchaus Baulemente Si(0) und Si(II), ja sogar Si(III) in das amorphe Netzwerk eingebaut sein, so daß oft stöchiometrisch nicht streng definierte Substanzen vorkommen.

Die wichtigsten Darstellungsverfahren (siehe Tab. 3, S. 75).

Lepidoide Polysilane(I) sind Substanzen definierter Zusammensetzung $(SiL)_n$, in denen 3-bindige SiL-Gruppen in regelmäßiger Schichtstruktur vorliegen. Solche Produkte sind bisher ausschließlich aus $CaSi_2$ dargestellt worden, in dem bereits entsprechende Si-Schichten im Kristallgitter vorgebildet sind. Diese Substanzen sind tiefer farbig als die amorphen Analogen und zeigen oft einen metallähnlichen Glanz. Es sei hier nur kurz auf einige Arbeiten hingewiesen *(156—161)*, zumal dieses Gebiet von *Hengge* in diesem Heft ausführlich behandelt wird.

Tabelle 3.

Substanz	Methode	Lit.
$(SiH)_n$	(b) $Si_6H_{14} \xrightarrow{t}$	(19)
	(c) $SiH_4 \longrightarrow$	(18)
	(e) $SiHBr_3 + Mg$	(152—154)
$(SiF)_n$	(e) $SiFBr_3 + Mg$	(38)
$(SiCl)_n$	(b) $Si_{10}Cl_{22} \xrightarrow{t}$	(33)
	(c) $SiCl_4 \longrightarrow$	(140)
$(SiBr)_n$	(b) $Si + SiBr_4$	(38)
	(b) $Si_2Br_6 \xrightarrow{t}$	(151)
	(e) $SiBr_4 + Mg$	(38)
$(SiJ)_n$	(b) $Si_2J_6 \xrightarrow{t}$	(43)
$(SiOH)_n$	(f) $\equiv SiX + H_2O$	(33, 38)
$(SiOR)_n$	(e) $SiBr_3(OR) + Mg$	(38)
	(f) $\equiv SiX + ROH$	(38)
$(SiR)_n$	(e) $RSiBr_3 + Mg$	(38)
	(f) $\equiv SiBr + R{-}MgX$	(38)
	(b) $SiH_4 + C_2H_4 \xrightarrow{t}$	(155)
$(SiPh)_n$	? (unbekannt)	

$$
\begin{array}{c}
\text{SiL} \\
| \\
\text{SiL} \qquad \text{SiL} \\
\diagdown \quad \diagdown \quad \diagup \\
\text{SiL} \qquad \text{SiL} \\
\text{SiL} \qquad \text{SiL} \\
\diagup \quad \diagdown \quad \diagdown \\
\text{SiL} \qquad \text{SiL} \\
| \qquad\quad | \\
\text{SiL} \qquad \text{SiL}
\end{array}
$$

F. Polysilane(I ·· 0)

Produkte der Zusammensetzung $(SiL_{0-1})_n$ können bei thermischer Behandlung oder unter dem Einfluß von Glimmentladungen (140) entstehen. Sie bestehen im wesentlichen aus den Gruppen Si(I) und Si(0), wobei aus sterischen Gründen radikalische Stellen auftreten können (157, 160).

G. Silicium(0)

Neben der normalen Si-Modifikation, die ausschließlich aus Si(0)-Baugruppen besteht, sind in jüngerer Zeit Produkte aus $CaSi_2$ dargestellt worden, die die Schichtstruktur des Ausgangsstoffes beibehalten haben und bei denen man je Si-Atom eine radikalartige Valenz annehmen muß (158, 160, 162). Die hohe Reaktionsfähigkeit steht im Einklang mit dieser Annahme.

III. Synthese der Si—Si-Bindung

In diesem Abschnitt soll ein zusammenfassender und kritischer Überblick über die echten Si–Si-Synthese-Verfahren gegeben werden. Es bleiben also von den im systematischen Teil erwähnten Darstellungsmethoden außer Betracht die Substitutions-Verfahren und die ausgesprochenen Abbau-Reaktionen, sofern letztere nicht über radikalische Zwischenstufen verlaufen. Dann fallen sie in den Bereich unseres Interesses, da sich die Radikale ja auch im Sinne einer echten Synthese wieder zu Si–Si-Bindungen zusammenfügen können. Dieser Reaktionstyp ist gerade besonders häufig und bedeutungsvoll in der Silan-Chemie.

A. Umsetzung von Siliciden mit Säuren

Während man bei der Darstellung von $(SiH_2)_n$ aus CaSi (*18*) an ein einfaches Substitutionsverfahren denken kann, da hier im Silicid bereits die Si-Ketten vorliegen, muß man bei dem meist verwendeten Silicid, dem Mg_2Si, das isolierte Si-Atome enthält, doch echte Synthese zu Si_2H_{2n+2}, $(SiH_2)_n$ und anderen hochpolymeren Nebenprodukten annehmen. Man hat zwar zeigen können, daß ein vorheriges Tempern des Mg_2Si auf ca. 600 °C die Ausbeute von Oligosilanen günstig beeinflußt (*100*), und nimmt an, daß bei dieser Vorbehandlung die Umwandlung in MgSi vorbereitet und dadurch die Si-Atome gelockert und teilweise in günstigere Positionen zu den Nachbar-Si-Atomen versetzt werden. An der Grundauffassung über den Reaktionsmechanismus kann sich aber hierdurch wenig ändern. Diese ist durch eingehende Untersuchungen aus der *Schwarz*schen Schule (*163–165*) seit langem fundiert und hat zum wesentlichen Inhalt die These der intermediären Bildung von SiH_2-Radikalen, die das gesamte Spektrum der empirischen Sachverhalte gut zu deuten vermag. Einzelheiten über die Art der Radikalbildung mögen dabei durchaus noch problematisch sein.

B. Umsetzungen von Silicium, Siliciden oder Oligosilan-Derivaten bei hohen Temperaturen

Auch diesen in ihren Ausführungsformen z. T. sehr unterschiedlichen Reaktionen ist unabhängig von spezifischen Reaktionsbedingungen gemeinsam die wesentliche Wirksamkeit von SiL_2-Radikalen. In der Gasphase wurden Radikale des 2-wertigen Siliciums schon vielfach nachgewiesen, teils auf spektroskopischem Wege (SiO (*144*), SiF_2 (*166*)), teils aus reaktionskinetischen Erwägungen (SiH_2 (*167, 168*), $SiCl_2$ (*169, 170*), SiR_2 (*171, 265*)).

Die Entstehung von SiL_2-Radikalen kann auf unterschiedlichem Wege erfolgen, z.B. nach den Gleichungen:

$$\text{(a)} \quad SiL_4 = SiL_2 + L_2$$
$$\text{(b)} \quad Si + SiL_4 = 2\,SiL_2$$
$$\text{(c)} \quad Si_2L_6 = SiL_4 + SiL_2$$

(a) Dieses System wurde für SiH_4 (*167*) und für $SiCl_4$ (*172*) untersucht. Es konnte gezeigt werden, daß die obige Spaltung die energiegünstigste ist, die bei monomolekularer Reaktion erfolgen kann, sie erfordert weniger Energieaufwand als die Spaltung $SiL_4 = SiL_3 + L$.

(b) Das chemische Gleichgewicht, das bei den Cl-Verbindungen etwa im Temperaturbereich 1000–1500 °C wirksam wird, ist ausführlich berechnet (*169*) und in präparativer Hinsicht vielfach erprobt.

(c) Diese der Zersetzung von Si_2H_6 zugrunde gelegte Reaktion (*168*) könnte angezweifelt werden mit der Auffassung, daß die relativ schwache Si–Si-Bindung eine Spaltung nach $Si_2L_6 = 2\,SiL_3$ erwarten ließe. Dies mag auch tatsächlich der erste Schritt im Reaktionsverlauf sein, durch eine Drehung einer der beiden SiL_3-Gruppen kann aber die Gegengruppe in die Lage versetzt werden, eine stabile SiL_4-Molekel zu bilden, so daß auch hier das SiL_2-Radikal notgedrungen mitentsteht:

$$
\begin{array}{ccccc}
L \quad L & & L \quad L & & \\
| \quad\; | & & | \quad\; | & & \\
L{-}Si{\cdots}Si{-}L & \longrightarrow & L{-}Si{\cdots}L{-}Si{-}L & \longrightarrow & SiL_4 + SiL_2 \\
| \quad\; | & & | & & \\
L \quad L & & L & &
\end{array}
$$

Am Beispiel des Hexamethyl-disilans konnte ein solcher Mechanismus eindeutig nachgewiesen werden (*173*):

$$
\begin{array}{ccc}
CH_3 \quad CH_3 & & CH_3 \qquad CH_3 \\
| \qquad | & & | \qquad\quad | \\
CH_3{-}Si{-\!-}Si{-}CH_3 & \longrightarrow & CH_3{-}Si{-}CH_2{-}Si{-}H \\
| \qquad | & & | \qquad\quad | \\
CH_3 \quad CH_3 & & CH_3 \qquad CH_3
\end{array}
$$

Die Aktivierungsenergie für die Spaltung der Si_2H_6-Molekel liegt etwa bei 50 kcal/Mol (*168*), die der anderen Disilane dürfte in gleicher Größenordnung liegen. Es bedarf also recht erheblicher Energien, um über Radikalbildung eine Silan-Synthese einzuleiten. Sie ist demzufolge nur dort erfolgreich anzuwenden, wo auch die erstrebten Endprodukte eine gewisse thermische Stabilität aufweisen, also etwa bei den Fluoriden, Oxiden, Chloriden und Bromiden. Grundsätzlich ist ein schnelles Abschrecken nach der Radikalbildung der Ausbeute an längerkettigen Oligosilanen förderlich, wie dies etwa im Abschreckrohr (*103, 104*) oder im Lichtbogen (*32*) gewährleistet ist.

Je länger eine Silan-Kette ist, um so instabiler werden grundsätzlich die Verbindungen. Oligosilane sind deshalb schon bei niedrigeren Temperaturen ähnlichen Zerfallserscheinungen unterworfen, wie sie oben für Disilane beschrieben wurden. Hexasilan zerfällt im Laufe von Monaten auch bei Raumtemperatur in ein ganzes Spektrum von Oligosilanen und Polysilanen (*19, 21*), wobei Lichteinwirkung bereits fördernd wirkt.

C. Stille elektrische Entladungen

Dieses Verfahren erfüllt die soeben genannten Voraussetzungen besonders gut insofern, als hohe Energiezufuhr bei niederen Temperaturen erfolgen kann, sie ist deshalb sehr vielseitig erfolgreich angewandt worden (*18, 34, 40*). Daß auch unter diesen experimentellen Bedingungen ein Radikalkettenmechanismus vorliegt, ist kürzlich nachgewiesen worden (*174*).

D. Reduktion von Monosilan-Derivaten mit Wasserstoff

Ein von *Dolgow* und *Wolnow* (*45*) eingeführtes Verfahren der Hydrierung von Monosilan-Derivaten unter Druck und bei erhöhter Temperatur ist bisher nur in wenigen Fällen angewandt worden. Als Beispiele seien genannt:

$$\text{a)} \quad 2\,Si(OR)_4 + H_2 \longrightarrow Si_2(OR)_6 + 2\,ROH$$

$$\text{b)} \quad 2\,Si(CH_3)_3R + H_2 \longrightarrow Si_2(CH_3)_6 + 2\,RH$$

Bei Reaktion b) werden bevorzugt Aryl- oder größere Alkyl-Reste hydriert abgespalten.

E. Reduktion von Silan-Derivaten mit Metallen oder Metall-Silyl-Verbindungen

Eine erste erfolgreiche Silan-Synthese unter Ausnutzung der reduzierenden Wirkung eines Metalles ist wohl in der von *Friedel* (*1*) durchgeführten Reaktion

$$2\,SiJ_4 + 2\,Ag = Si_2J_6 + 2\,AgJ$$

zu sehen. In späterer Zeit sind allerdings Edelmetalle in diesem Sinne kaum noch verwendet worden, wenn man von einer eventuellen Mitbeteiligung des Hg aus Amalgamen absieht (*23, 263*) (siehe S. 64). Sehr viel wirksamer für Reduktionen von Halogen-silanen mußten von vornherein Alkalimetalle erscheinen, wobei allerdings die Anwendung auf Tetrahalogen-silane wegen der Vielzahl von reaktionsbereiten Si—X-Bindungen nicht zu kontrollierbaren Reaktionen führen dürfte. Man war also in der Anwendung im wesentlichen auf die Reduktion von Organo-halogen-silanen zu Organo-oligosilanen eingeschränkt. In diesem Bereich ist dieses der *Wurtz*-Synthese ähnliche Verfahren allerdings zu recht wirkungsvollen Methoden entwickelt worden. Wie schon in Abschn. II A6 angedeutet — gibt es eine Vielzahl von Variationsmöglichkeiten: Es kamen Chloride (*11, 46, 105*, 175), Bromide (*47*) und Jodide (*48*) zum Einsatz, als Reduktionsmittel dienten meist Na, K, und deren Amalgame, seltener wurde auch Li verwendet (*47*). Die Ausbeute an Organo-oligosilanen ist begrenzt dadurch, daß die Alkalimetalle auch die Si—Si-Bindung spalten(*22*). Aus diesem Grunde entstehen nach der *Wurtz*-Synthese vorwiegend kurzkettige Produkte oder solche, die sich durch einen Ringschluß stabilisiert haben (*108–112, 118–122*). Die kettenspaltende und -synthetisierende Wirkung der Alkali-Metalle läßt auf einen Radikal-Mechanismus schließen.

Da angenommen werden kann, daß die Einwirkung von Alkali-Metallen auf Halogen-silane 2-stufig im Sinne der Gleichungen

$$\text{a)} \quad \equiv\!Si\!-\!X + 2\,Me \longrightarrow \equiv\!Si\!-\!Me + MeX$$

$$\text{b)} \quad \equiv\!Si\!-\!X + Me\!-\!Si\!\equiv \longrightarrow \equiv\!Si\!-\!Si\!\equiv + MeX$$

$$\overline{2 \equiv\!Si\!-\!X + 2\,Me \longrightarrow \equiv\!Si\!-\!Si\!\equiv + 2\,MeX}$$

abläuft, ist versucht worden, die Silyl-Metall-Verbindung zu isolieren und den Prozeß in zwei getrennten Reaktionen besser kontrolliert ablaufen zu lassen. Es gelang auch tatsächlich die Darstellung von Triorgano-verbindungen des Li, K, Rb und Cs (übrigens nicht nur aus Chlor-silanen (*59, 176*), sondern auch aus Alkoxy- und Hydrid-silanen (*58, 90, 177*)), nicht dagegen die des Na und Mg, obwohl außer Zweifel steht, daß letztere während der Reaktion auch entsprechende Intermediär-Verbindungen bilden (*61*). In der Anwendung haben die Silyl-Li-Verbindungen den Silyl-K-Verbindungen gegenüber den Vorteil der Löslichkeit in cyclischen Äthern (THF u.a.), während letztere als Suspensionen eingesetzt werden müssen (*178*). Die Darstellung von Silyl-Li-Verbindungen gelingt gewöhnlich nur dann, wenn mindestens eine Aryl-Gruppe am Silyl-Rest gebunden ist. Trialkyl-silyl-Li konnte nur auf einem Umweg durch Spaltung von unsymmetrischen Disilanen $Ph_3Si\!-\!SiR_3$ gewonnen werden (*46, 179*).

Die 2-stufige Reaktion, das heißt die Isolierung einer Silyl-Metall-Verbindung und ihre Umsetzung mit einem Halogen-silan bietet vor allem dann große Vorteile, wenn beabsichtigt ist, unsymmetrische (*46*) Disilane oder verzweigtkettige Oligosilane (*94–97*) darzustellen, obwohl auch hier unerwünschte Nebenprodukte durch Austauschreaktionen

$$R_3Si-X + Me-SiR_3' \rightleftharpoons R_3'Si-X + Me-SiR_3$$

entstehen können.

Triorgano-alkoxy-silane können in ähnlicher Weise mit Silyl-Metall-Verbindungen reagieren wie die -chlor-silane (*180*)

$$Ph_3Si-OR + K-SiPh_3 = Si_2Ph_6 + ROK$$

Triorgano-hydrid-silane verhalten sich dagegen unterschiedlich, mit Li (*53*) oder Silyl-Li (*90*) ist die Disilan-Synthese zu erreichen, während mit Silyl-K vorwiegend eine Reaktion im Sinne der Gleichung

$$3\,Ph_3Si-H + K-SiPh_3 = 3\,SiPh_4 + K-SiH_3$$

abläuft (*60*).

Nur andeutungsweise kann hier darauf hingewiesen werden, daß Silyl-Li auch mit sehr vielen anderen, auch anorganischen Halogenverbindungen in teilweise recht unübersichtlichen Reaktionen zu Disilan-Derivaten reagieren kann (*62, 63, 181, 182*).

In jüngerer Zeit sind auch eine Reihe von Untersuchungen über die reduzierende Wirkung von Mg bei Silan-Synthesen durchgeführt worden. Hervorzuheben sind Ergebnisse von *Steudel* (*57*), der zeigen konnte, daß Phenyl-chlor-silane in THF-Lösung von Mg zu den entsprechenden Disilan-Derivaten reduziert werden, Alkyl-chlor-silane dagegen rufen eine Ätherspaltung hervor, die zur Bildung verschiedener Hydroxybutyl-Si-Verbindungen führt (*184, 185*).

Ein anderes Verfahren, die reduzierende Wirkung des Mg auszunützen, besteht in der Möglichkeit, Brom-silane in ätherischer Lösung mit Mg zu Oligo- und Polysilanen umzusetzen (*38, 152*). Der Äther ist für die Reaktion notwendig, hat aber keine reaktionsfördernde Funktion durch Adduktbildung, sondern dient praktisch nur als Löser für das Nebenprodukt $MgBr_2$ (*185*). Dieses vor allem von *Schmeisser* (*38*) vielfältig eingesetzte Verfahren ist leider nicht so allgemein zu Oligo- und Polysilan-Synthesen einsetzbar, wie dies auf Grund der milden Reaktionsbedingungen erhofft werden konnte. Das Reaktionsvermögen der Brom-silane ist sehr stark von den übrigen am Si gebundenen Liganden abhängig. Es ergab sich eine sehr erhebliche Abstufung in der Reaktionsgeschwindigkeit der Verbindungen:

$$SiBr_4 > PhSiBr_3 > RSiBr_3 > Ph_2SiBr_2 > R_2SiBr_2$$

Die beiden letzten waren kaum noch zu merklicher Reaktion zu bringen. Auch auf Substitution in den Phenyl-Resten reagieren die Substanzen in ihrer Reaktionsbereitschaft sehr empfindlich in folgendem Sinne (50):

$$Cl-Ph-SiBr_3 > PhSiBr_3 > CH_3-Ph-SiBr_3$$

was im wesentlichen der Reihenfolge der σ°-Konstanten entspricht (186, 187).

F. Substitutionsreaktionen

Zu diesen für die Darstellung spezieller Oligosilan-Derivate angewandten Verfahren rechnen z.B. die Hydrolyse und Alkoholyse von Halogensilanen sowie die Gewinnung von Organo-oligosilanen nach dem *Grignard*-Verfahren oder mit Hilfe anderer Organo-Metall-Verbindungen. Sie sollen trotz ihrer Wichtigkeit hier nicht behandelt werden, da sie keine typische Silan-Synthese im Sinne einer Si—Si-Knüpfung darstellen, im Gegenteil neben der erwünschten Substitution eine Silan-Ketten-Spaltung herbeiführen. Nur auf einen speziellen Fall anomaler *Grignard*ierung soll hingewiesen werden, wo die Einwirkung von t-Butyl-MgBr auf $SiBr_4$ auf Grund sterischer Effekte zur Bildung von teilalkylierten Oligo- und Polysilanen führte, also in einem unbeabsichtigten Sinne zu einer Si—Si-Verknüpfung veranlaßte (188).

IV. Chemische Eigenschaften der Si—Si-Bindung

Die Vielfalt der Reaktionsmöglichkeiten von Oligosilan-Derivaten ist außerordentlich groß. Die Si—Si-Bindung ist angreifbar von nukleophilen, elektrophilen und radikalischen Reagentien und ist sehr stark beeinflußbar durch die Liganden an der Si—Si-Kette. Aus diesem Grund, aber auch weil noch nicht allzu viel systematische Untersuchungen vorliegen, die ein breites Spektrum von Reaktionen mit echten Vergleichsmaßstäben umfassen, kann hier nur ein relativ provisorischer Überblick über markante Merkmale einiger Reaktionstypen gegeben werden.

A. Reaktionen mit Elementen

1) *Halogene* wirken spaltend auf die Si—Si-Bindung — entsprechend ihrem Oxydationsvermögen in sehr unterschiedlichem Ausmaß und mit gestaffelter Heftigkeit. Die Wirkung des Fluors kann — wenn sie nicht sterisch gehemmt wird — explosionsartigen Charakter annehmen, deshalb kommt dieses Element für Substitutionsreaktionen in der Oligosilan-Chemie kaum in Betracht, fluoriert wird nur unter milden Bedingungen mit ZnF_2.

Die Einwirkungen von Chlor *(189)*, Brom *(190)* und Jod *(191–193)* sind ausführlicher untersucht worden und zeigen die erwartete Staffelung. Die Darstellung von Si_2Br_6 aus Si_2J_6 und Br_2 *(4)*. sowie die Bildung von Si_2J_6 aus Si_2H_6 und J_2 *(194)* zeigen den milden Einfluß der schweren Halogene. Andererseits ist der Verlauf der Reaktionen auch stark von den Liganden des Disilans abhängig. So wird zum Beispiel geschildert, daß Si_2Ph_6 von Br_2 nur sehr langsam gespalten wird *(195)* und daß Si_2Cl_6 erst ab 300 °C mit Cl_2 reagiert *(27)*. Gelegentlich haben sich auch Verbindungen wie $SnCl_4$ als Chlorierungsmittel bewährt *(196)*.

2) Daß die Oligosilane von *Sauerstoff* sehr leicht und gelegentlich explosiv oxydiert werden, ist seit langem bekannt *(9, 197)*, vor allem auch, daß diese Oxydierbarkeit mit steigender Kettenlänge zunimmt. Näher untersucht wurde der Mechanismus von *Eméléus (198)*, der auch unter diesen Bedingungen wieder die Wirksamkeit von SiH_2-Radikalen postuliert. Der Primärschritt bei der Oxydation von Hydrid-silanen ist sicher auf die Si–H-Bindung gerichtet und wandelt diese in Si–OH um. An Polysilan(I) konnte aber gezeigt werden, daß dieser Silanol-0 sehr leicht in eine benachbarte Si–Si-Bindung wandert *(199, 200)*:

$$-\overset{|}{\underset{|}{Si}}-\overset{|}{\underset{|}{Si}}-OH \;\longrightarrow\; -\overset{|}{\underset{|}{Si}}-O-\overset{|}{\underset{|}{Si}}-H$$

Bei hochkondensierten Oligosilanolen dürfte dieser Vorgang die Ursache für ihre Explosivität darstellen *(26, 80, 201)*.

Wesentlich resistenter gegenüber O_2 sind Hexaorgano-disilane *(11)*, die selbst gegenüber solchen Oxydationsmitteln wie H_2O_2 (30%) *(195)* oder gegenüber organischen Peroxiden *(202)* praktisch unzersetzt bleiben.

3) Der Si–Si-spaltende Einfluß der *Alkali-Metalle* ist bereits *Stock (22)* bekannt gewesen und von *Schumb (64)* überzeugend bestätigt worden. Die Spaltung von Di- und Oligosilanen mit Li (meist in THF) stellt heute eine der geläufigsten Darstellungsmethoden für Silyl-Li-Verbindungen dar *(90, 94, 114, 179, 183, 203)*. Bemerkenswert ist auch hier wieder die unterschiedliche Anfälligkeit von Hexaalkyl-disilan und Hexaphenyl-disilan gegenüber den verschiedenen Alkalimetallen *(194, 204)*.

B. Reaktionen mit Säuren

Hydrid-silane werden von Halogenwasserstoffen weder in wäßriger Lösung noch in wasserfreiem Zustand in merkbarem Maße angegriffen, in Gegenwart von $AlCl_3$ erfolgt Halogenierung ohne Si–Si-Sprengung *(76, 205)*. Halogen-oligosilane sind dagegen für $AlCl_3$ viel anfälliger und es kann bei erhöhter Temperatur zu Kettensprengung *(206, 207)* und mannigfachen Umlagerungen kommen (*193, 208, 209*). Vollchlorierte Oligosilane unterliegen in Gegenwart von NH_4Cl interessanten Reaktionen, bei denen HCl als spaltendes Agens, NH_3 vermutlich als Katalysator betrachtet werden kann (*98, 211—214*) (vgl. Abschn. C). Organo-oligosilane verhalten sich auch hier wieder sehr unterschiedlich. Während Phenyl-Verbindungen in sauren wäßrigen Lösungen teilweise gespalten werden können (*78, 210*), sind Hexaalkyl-disilane überraschend resistent (*9, 77, 193*), selbst gegen konz. Schwefelsäure.

C. Reaktionen mit Basen

Gegen neutrales Wasser sind Si—Si-Ketten sehr widerstandsfähig, bei alkalischem Milieu bewirken die OH^--Ionen durch kovalente Anlagerung eine Bindungslockerung und Spaltung (*9, 219, 220*). Halogen-oligosilane lassen sich deshalb bei milden Bedingungen ohne Ketten-Spaltung in die entsprechenden Oligosilanole bzw. deren partielle Kondensationsprodukte hydrolysieren (*5, 126*).

Organo-oligosilane erweisen sich gegenüber wäßrigen Alkalilösungen als sehr viel resistenter. Dies kann allerdings auf ihre geringe Löslichkeit zurückgeführt werden, denn in wasserhaltigem Piperidin (*215, 216*) und in Hexanol (*109*) findet Spaltung statt, wenn auch bei Hexaorgano-disilanen immer noch sehr träge (*215, 217*). Analog einer wäßrigen Alkalilösung kann sich eine Lösung von RONa in wasserfreiem Alkohol auswirken (*66, 80, 218*).

Gegenüber wasserfreiem NH_3 ist Si_2H_6 bei Normaltemperatur resistent, Si_2Cl_6 dagegen erleidet in Gegenwart von NH_3 oder NR_3 eine Fülle interessanter Umwandlungen und Dismutationen, die in letzter Zeit Objekt intensiver Untersuchungen waren (*98, 211—214*).

D. Reaktionen mit Organo-Metall-Verbindungen und Metall-hydriden

Wie schon in früheren Abschnitten erwähnt, können Si—Si-Ketten durch *Grignard*-Verbindungen (*221*), Organo-Li-Verbindungen (*95, 222*), Organosilyl-Li-Verbindungen (*94, 95, 179*) gespalten werden, was sich in erheblichen Ausbeute-Verminderungen bei Organo-silan-Synthesen bemerkbar machen kann. Entsprechendes gilt für Umsetzungen mit $LiAlH_4$ (*25, 205, 223*) oder mit B_2H_6 (*21*). Mit $KSiH_3$ dagegen findet die bemerkenswerte Reaktion

$$Si_2H_6 + KSiH_3 = SiH_4 + KSi_2H_5$$

statt, aus der hervorzugehen scheint, daß Si_2H_6 mit Alkali-Metallen sogar salzähnliche Verbindungen bilden kann (*224*).

Bei den meisten Reaktionen ist festzustellen, daß sie um so besser und leichter ablaufen, je länger die reagierende Si-Kette ist. Insbesondere zeichnen sich jeweils die Derivate des Disilans durch eine merklich höhere Resistenz aus als die längerkettigen Analog-Verbindungen. Als Beispiel mögen hier angeführt werden die vielfach bestätigte Resistenz von Hexa-organo-disilanen gegenüber den verschiedensten Reagentien (*195*), das Entstehen von Disilan-Derivaten als erste und relativ stabile Dismuta-tionsprodukte von Oligosilanen (*39*). Diese Erfahrung rechtfertigt es auch, wenn man sie auf andere noch relativ ungeklärte Systeme über-trägt. So kann man z.B. sehr einleuchtend den thermischen Abbau von $Si_{10}(OH)_{10}O_6$ (*126*) zu $Si_{10}O_{16}$ verstehen, wenn man die Spaltung in Disilan-Bruchstücke als Hypothese zugrundelegt. Eine Erläuterung für die bevorzugte Stabilität von Disilan-Derivaten wird in Kapitel VI ge-geben werden.

V. Physikalische Eigenschaften der Si—Si-Bindung

A. Thermisches Verhalten

In der Si_2H_6-Molekel wurde der auf die Si—Si-Bindung entfallende An-teil der Gesamt-Bindungsenergie zu 51 kcal/Mol (*225*, *226*), die nach der Elektronenstoßmethode feststellbare Dissoziationsenergie dagegen zu 81 kcal/Mol (*227*, *228*) bestimmt. Der recht erhebliche Unterschied von ca. 30 kcal/Mol ist ein Maß dafür, daß die Bindungsverhältnisse in einem freien SiH_3-Radikal wesentlich ungünstiger sind als in der gebundenen SiH_3-Gruppe (Hybridisierungsänderung). Daß es bei einer pyrolytischen Zersetzung von Si_2H_6 auch gar nicht in größerem Umfange zu einer SiR_3-Radikal-Bildung kommen kann, geht aus der Aktivierungsenergie von ca. 50 kcal/Mol hervor (*229*). Es ist anzunehmen, daß es nach Lockerung der beiden SiH_3-Gruppen sofort zu einer Spaltung in $SiH_4 + SiH_2$ kommt (siehe Abschn. III B). Die zentrale Stellung, die das SiL_2-Radikal ganz allgemein bei pyrolytischen Reaktionen in der Si-Chemie einnimmt, geht aus Abb. 3 hervor, in der die wichtigsten Reaktionswege der thermischen Synthese und Spaltung markiert sind. Die seitlich angebrachte Tempe-ratur-Darstellung verzichtet bewußt auf quantitative Aussagen, da die Zersetzungs-Temperaturen sich naturgemäß je nach Ligand unterschei-den und da exakte und untereinander vergleichbare Angaben ohnehin nicht vorliegen. Die Zersetzungs-Temperaturen von Disilan-Derivaten liegen etwa zwischen 300—500 °C, wobei sich offensichtlich die F- und Cl-Verbindungen sowie die organo-substituierten durch bevorzugte Stabili-tät auszeichnen. Auch aus der Abb. 1, in der die eindeutig identifizierten Oligosilan-Derivate aufgeführt sind, sieht man dies bestätigt, denn mit der unterschiedlichen Stabilität der Si—Si-Bindung hängt es zusammen,

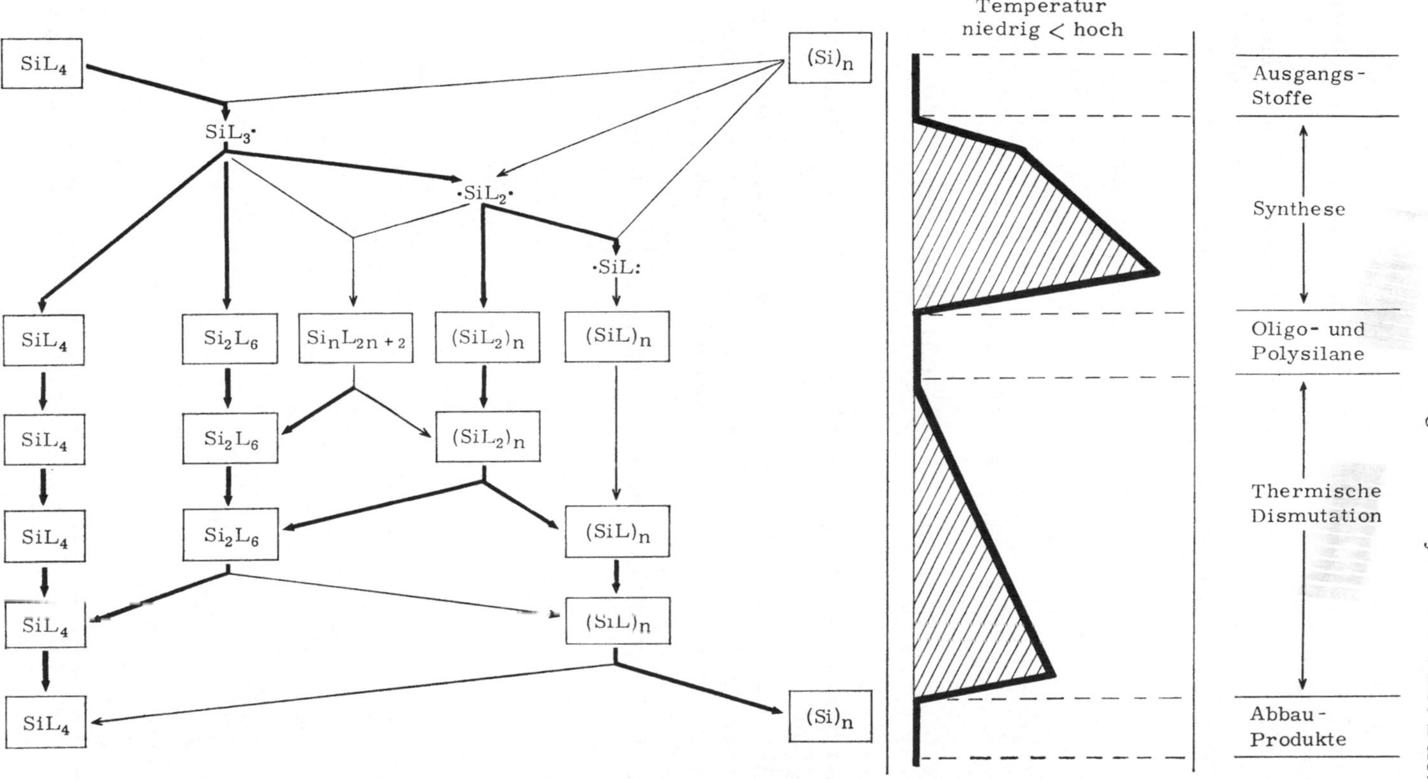

Abb. 3. Synthese und thermischer Abbau von Oligo- und Polysilanen

daß einige Stoffklassen nur bis zu Kettenlänge 2–6 bekannt sind, die Organo-Derivate bis zu 9, während sich bei den F- und Cl-Derivaten keine Ketten-Begrenzung zu erkennen gibt.

Bei mehratomigen Liganden, die durch Abspaltung eines Atoms 2-bindig werden können, ist eine interessante Begleiterscheinung der Pyrolyse in der Si–Si-Spaltung unter Brücken-Bildung zu sehen:

$$-Si-Si-OH \longrightarrow -Si-O-Si-H \quad (199, 200)$$

$$-Si-Si-NH_2 \longrightarrow -Si-NH-Si-H \quad (81)$$

$$-Si-Si-CH_3 \longrightarrow -Si-CH_2-Si-H \quad (173)$$

$$-Si-Si-C_6H_5 \longrightarrow -Si-C_6H_4-Si-H \quad (230)$$

Dieser Reaktionstyp hat gleichen Charakter wie der für die Bildung von SiL_2-Radikalen angenommene (Abschn. III B).

In Abb. 4 sind die Siedetemperaturen einiger Oligosilan-Derivate als Funktion der Molmasse aufgetragen und den punktiert eingetragenen Daten der unverzweigten Kohlenwasserstoffe zum Vergleich gegenübergestellt. Auffällig sind die relativ niedrigen Siedepunkte (geringen zwischenmolekularen Kräfte) der Si-Verbindungen (siehe Abschn. VI).

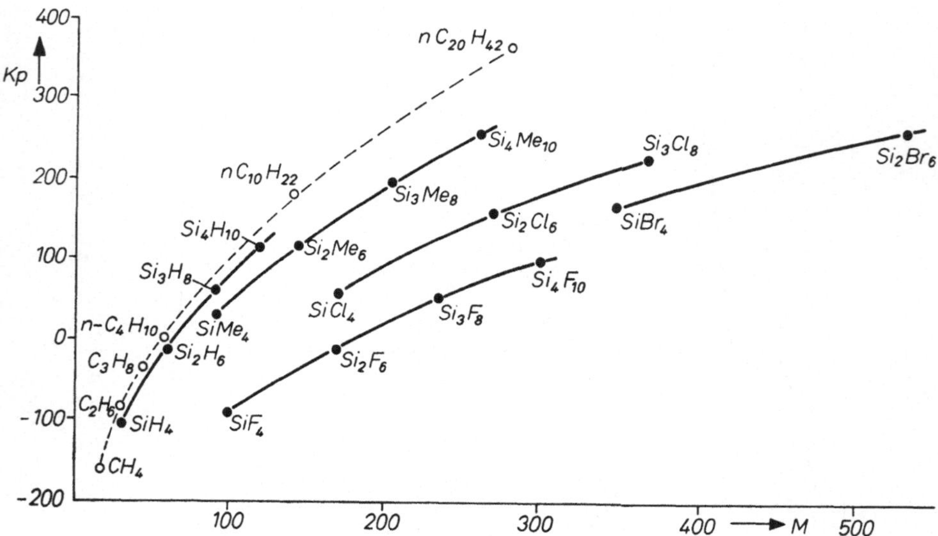

Abb. 4. Siedetemperaturen einiger Oligosilane

B. Optisches Verhalten

Unter den in Abb. 1 aufgeführten Oligosilanen (III···II) befinden sich ausschließlich farblose Substanzen, wenn man von $Si_{25}Cl_{52}$ absieht, das als schwach gelblich beschrieben wird (104), bei dem aber auch die Einheitlichkeit der Substanz sehr in Zweifel gezogen werden kann. Vergleicht man mit diesen farblosen Grundkörpern aber die hochmolekularen Polysilane(II) und Polysilane(I), die in Tab. 4 zusammengestellt sind, so darf man generell aussagen, daß bei Vorliegen unendlich langer Ketten gelbliche bis braune Farben auftreten und daß bei Polymerisaten der dreibindigen Si(I)-Baugruppen die Farben deutlich intensiver sind. Eine folgerichtige Fortsetzung dieser Erscheinung wäre in der 4-bindigen Vernetzung von Si(O)-Gruppen im elementaren Silicium zu sehen, bei dem noch stärkere Lichtabsorption den bekannten matten dunkelgrauen

Tabelle 4. *Polysilan(II)- und Polysilan(I)-Derivate*

$(SiH_2)_n$	hellbraun	(18)	$(SiH)_n$	gelb	(153,154)
$(SiF_2)_n$	farblos (gelblich)	(38,135,233)	$(SiF)_n$	gelb	(38)
$(SiCl_2)_n$	gelb (grünlich)	(137,138)	$(SiCl)_n$	gelb	(33,140)
$(SiBr_2)_n$	gelbbraun	(39,41)	$(SiBr)_n$	gelbbraun	(38,151)
$(SiJ_2)_n$	gelbrot	(141)	$(SiJ)_n$	orangerot	(43,141)
$(SiR_2)_n$	gelb	(39)	$(SiR)_n$	gelbbraun	(38,155)

Metallglanz hervorruft. Der Farbträger ist hier also zweifellos die Si–Si-Bindung, die aber im sichtbaren Spektralbereich erst wirksam wird, wenn sie sich zu langen Ketten oder verzweigten Polymerisaten mit 3- oder 4-bindigen Gliedern fügt. Dieser relativ einheitliche Erfahrungskomplex wird aber ergänzt durch die interessante Erscheinung, daß unter besonderen Umständen auch Disilan-Gruppen schon sehr intensive Farbigkeit hervorrufen können, nämlich dann, wenn sie über O- oder andere resonanzfähige Brückenglieder zu einem kristallin geordneten Festkörper-Gefüge verbunden sind. *Wiberg* (83) lieferte in der in Abb. 5 dargestellten im Zuge einer pyrolytischen Dehydrierung durchlaufenen Substanzreihe ein sehr instruktives Beispiel für eine mit zunehmender Si_2-Bildung gesteigerte Farbigkeit.

Voraussetzung ist aber – wie gesagt – die geometrisch exakte Orientierung der Si–Si-Gruppen und ihre Verknüpfung über Resonanzbrücken wie z. B.

$$Si-\overline{O}-Si \leftrightarrow \overset{\ominus}{Si}=\overset{\oplus}{O}-Si$$

Neuerdings hat *Fritz* (234–236) mit den Cyclocarbosilanen eine Stoffklasse gefunden, in denen sogar Si(II)- und Si(1)-Monosilan-Baueinheiten bei Verknüpfung über CH_2- und CH-Gruppen Farbigkeit hervorrufen (134).

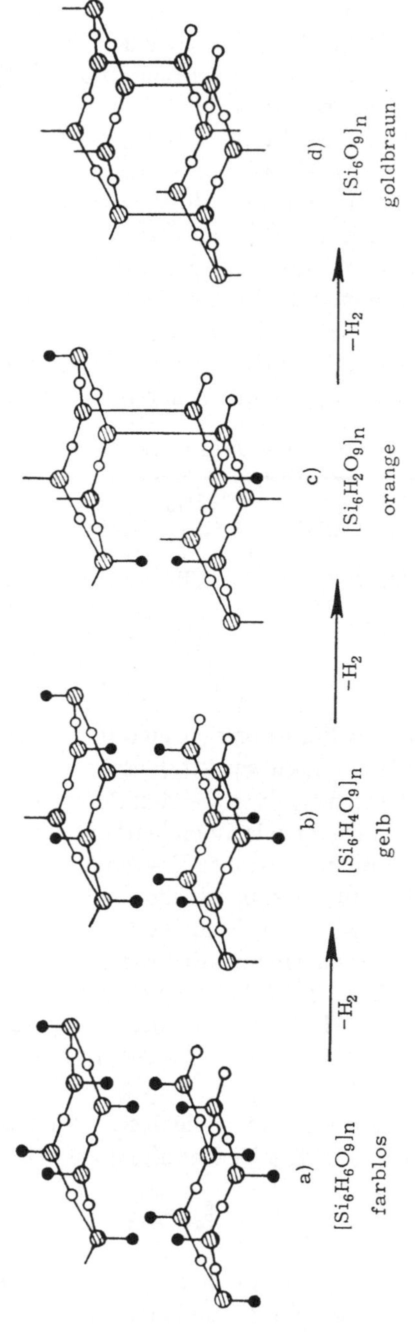

Abb. 5. Bildung kristalliner polykondensierter Disilane

Wenn bei Si—Si-Gruppen oder -Ketten ein chromogener Effekt festzustellen ist, dann sollte dies auch oder sogar in verstärktem Maße bei geschlossenen Si-Ringen der Fall sein. Erste Beispiele für farbige Cyclohexan-Derivate konnte *Hengge (231)* in Verbindungen $Si_6Ph_x(OR)_{12-x}$ liefern, bei denen die Einwirkung der resonanzfähigen Liganden auf den Si_6-Ring allerdings auch von ausschlaggebender Bedeutung ist. Koppelt man solche Si_6-Chromophore über O-Brücken zu regelmäßigen Schichtstrukturen zusammen (siehe Abb. 2), dann erhält man das Siloxen (*128* bis *130*), das zwar als Grundkörper $(Si_6H_6O_3)_n$ noch farblos ist, aber durch Substitution mit resonanzfähigen Liganden in ganz gesetzmäßiger Weise farblich modifiziert werden kann (siehe Tab. 5) (*201, 232*). Von *Hengge* konnten diese Effekte durch Fluoreszenz- und Absorptionsmessungen präzisiert werden (*131—133*).

Tabelle 5. *Farbe von Siloxen-Derivaten* (*130, 201, 232*)

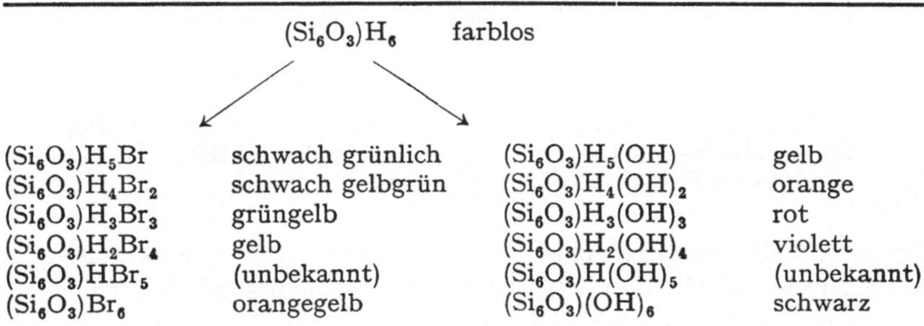

$(Si_6O_3)H_6$	farblos		
$(Si_6O_3)H_5Br$	schwach grünlich	$(Si_6O_3)H_5(OH)$	gelb
$(Si_6O_3)H_4Br_2$	schwach gelbgrün	$(Si_6O_3)H_4(OH)_2$	orange
$(Si_6O_3)H_3Br_3$	grüngelb	$(Si_6O_3)H_3(OH)_3$	rot
$(Si_6O_3)H_2Br_4$	gelb	$(Si_6O_3)H_2(OH)_4$	violett
$(Si_6O_3)HBr_5$	(unbekannt)	$(Si_6O_3)H(OH)_5$	(unbekannt)
$(Si_6O_3)Br_6$	orangegelb	$(Si_6O_3)(OH)_6$	schwarz

Eine noch mehr gesteigerte Farbintensität sollte man erwarten, wenn Polysilan(I)-Derivate sich zu regelmäßigen Schichtstrukturen ordnen. Es sind eine Reihe derartiger Verbindungen aus $CaSi_2$ synthetisiert worden (*156—161*), wenn auch zum größten Teil nicht in stöchiometrisch ganz einheitlicher Zusammensetzung. Trotzdem ist stets deutlich eine Farbvertiefung gegenüber der amorphen Verbindung gleicher oder entsprechender Zusammensetzung festgestellt worden.

Neben den mehrfach erwähnten Untersuchungen von *Hengge* (*131—133, 160*) liegen exakte spektroskopische Untersuchungen naturgemäß vor allem an Disilan-Derivaten vor; die im IR- bzw. *Raman*-Bereich eine sehr starke Abhängigkeit der Si—Si-Valenzfrequenz von den Liganden zeigen (Si_2H_6: ν = 434 cm⁻¹, Si_2D_6: ν = 407 cm⁻¹, Si_2Cl_6: ν = 622 cm⁻¹) (*223, 237—239*).

An Hand von UV-Spektren wurde festgestellt, daß zwar in Phenylmonosilanen keine wesentliche Beeinflussung der bekannten Phenyl-Banden erkennbar ist, aber in Phenyl-di- und -oligosilanen eine Absorptionsbande im 240-nm-Bereich auftritt, die offenbar für die Gruppe Ph—Si—Si cha-

rakteristisch ist (*240–242*). Ihre Intensität steigt mit der Zahl der am
Si_2 gebundenen Phenyl-Gruppen, ihr Frequenzverlauf ist in Abb. 6 dargestellt.

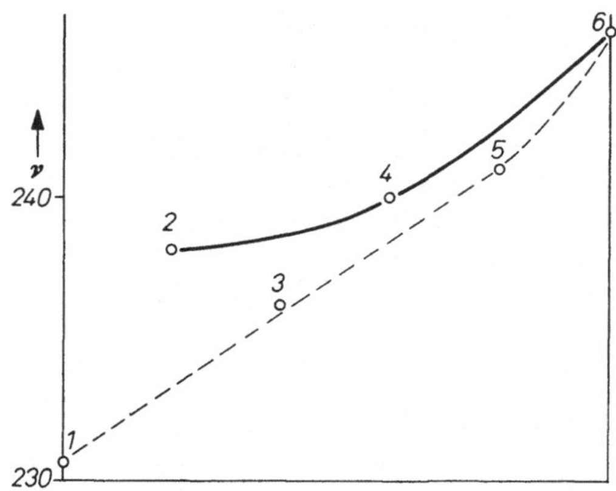

Abb. 6. UV-Spektren von Phenyl-disilanen

1: $Ph(CH_3)_2Si–Si(CH_3)_3$ 4: $Ph_2(CH_3)Si–Si(CH_3)Ph_2$
2: $Ph(CH_3)_2Si–Si(CH_3)_2Ph$ 5: $Ph_3Si–SiClPh_2$
3: $Ph_3Si–Si(CH_3)_3$ 6: $Ph_3Si–SiPh_3$

Daraus scheint hervorzugehen, daß bei symmetrischer Verteilung von
je 2 Phenyl-Gruppen auf die beiden Si-Atome eine besonders kurzwellige,
d.h. energiereiche, Wechselwirkung über die Si–Si-Gruppe hinweg stattfindet. Mit wachsender Si-Kettenlänge erfolgt dagegen eine Verschiebung
der Frequenz in den langwelligen Bereich (*243*).

VI. Struktur- und valenztheoretische Betrachtungen

Die Annahme, daß Si-Atome mit ihren Liganden partielle Mehrfachbindungen eingehen können, sofern letztere hierzu freie Elektronenpaare
beizusteuern vermögen, ist zu einer zwar nicht unwidersprochen gebliebenen, aber doch sehr vielfach bewährten Konzeption in der Si-Chemie
geworden (*244, 245*). Sie ist außerdem in vielfacher Weise durch IR-
oder PMR-spektroskopische Ergebnisse gestützt worden (*246–250*). Man
darf dabei zugrunde legen, daß die Polyrität der σ-Bindung, die sich aus
der Elektronegativitätsdifferenz ergibt, durch die Rückgabe von Elektronen im π-Bereich zum Teil ausgeglichen und dadurch dem Elektroneutralitätsprinzip Rechnung getragen wird.

$$\overset{\delta+\ \ \delta-}{\equiv Si–L=} \ \leftrightarrow \ \overset{(-)\ (+)}{\equiv Si=L-}$$

Erleichtert wird eine solche $(p \rightarrow d)\pi$-Bindung dadurch, daß die Positivierung des Si-Atoms auf Grund der σ-Polarität zu einer Kontraktion der sonst recht diffusen 3d-Orbitale führt, wodurch diese energiegünstiger und für Überlappungen mit p-Orbitalen des Liganden-Atoms geeigneter werden (251). In letzterem wird durch selektive Inanspruchnahme von p-Orbitalen der Hybridzustand verändert, was experimentell an der Vergrößerung der Valenzwinkel erkannt werden kann. Die Valenzwinkel am Si-Atom werden jedoch durch $(p \rightarrow d)\pi$-Bindungen kaum beeinflußt, da die d-Orbitale sich den Bedingungen des Tetraederwinkels, der durch die vier σ-Bindungen gegeben ist, leicht anpassen. Für die π-Bindungen in den Tetraeder-Richtungen werden die Orbitale $d_{x^2-y^2}$ und d_{z^2} ausgenutzt (252).

Die Konzeption der partiellen Mehrfachbindung $Si=L$, die an SiL_4-Molekeln vielfach bestätigt wurde, dürfte auch auf Si_2L_6 übertragbar sein, da hier die gleichen $Si-L$-Abstände gemessen werden konnten. Für die speziellen Probleme dieses Artikels würde aber die Frage von besonderem Interesse sein, ob sich die $Si-L-\pi$-Bindungen auch im Sinne einer Konjugation auf die dazwischen liegende $Si-Si$-Bindung ausdehnen, wie dies symbolhaft durch folgende Grenzformen ausgedrückt werden könnte:

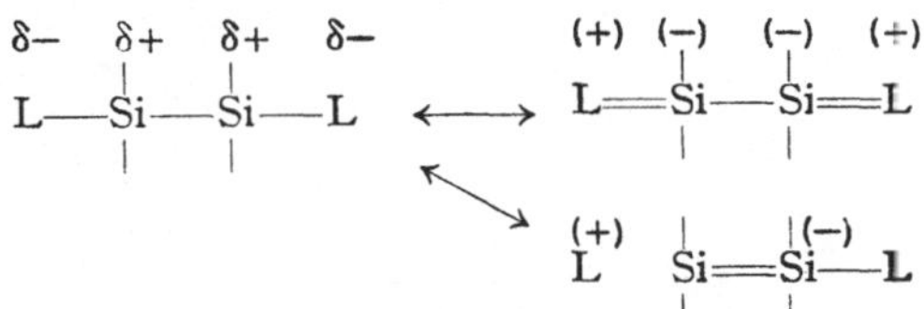

Ähnliche Annahmen (allerdings ohne Beteiligung von d-Niveaus) sind sogar für Si_2H_6 auf Grund einer empirischen Beziehung, die aus spektroskopischen Daten einen Bindungsgrad von 1,2 ergab, von *Gordy* (253) konzipiert worden. Bei aller Zurückhaltung mit der man solche oder ähnliche halbempirische Folgerungen annehmen darf, lassen sich doch eine Reihe unwiderlegbarer experimenteller Fakten nicht übersehen, die überzeugend für einen — wenn auch geringen — Mehrfachbindungscharakter der $Si-Si$-Bindung sprechen:

1) Der durch Elektronenbeugung bestimmte $Si-Si$-Abstand in Disilanen ist ein wenig geringer (51, 254) als der im elementaren Si-Kristall (255) (Si_2H_6: 2,32 Å, Si_2Cl_6: 2,32 Å, $Si_2(CH_3)_6$: 2,34 Å, $(Si)_n$: 2,35 Å).

2) Auffällig ist auch, daß sich aus *Raman*-Spektren z.B. für Si_2H_6 ein wesentlich geringerer $Si-Si$-Abstand ergibt als aus obigen Elektronenbeugungsmessungen (Si_2H_6: 2,13 Å) (256), was dafür spricht, daß die Elektronenladung zwischen beiden Si-Atomen stark konzentriert ist.

3) Die Dissoziationsenergie des Si_2Cl_6 ist um ca. 4 kcal/Mol größer als die des Si_2H_6 (227, 228).

4) UV-Spektren ergaben Wechselwirkungen Si–Si–Ph und besonders verstärkt bei Ph–Si–Si–Ph (*240–242*).

5) Relativ niedrige Siedepunkte der Oligosilan-Derivate (Abb. 4) lassen auf Ausgleich der Si–L-Polaritäten durch π-Bindung schließen, zumal bei Molekeln mit längerer Si-Kette.

6) Disilan-Derivate erweisen sich in vieler Hinsicht gegenüber den entsprechenden Oligosilan-Derivaten als so beträchtlich stabiler, daß dies kaum noch mit der unterschiedlichen mechanischen Belastung durch die Molekelgröße erklärt werden kann. Sehr einleuchtend ist aber, daß sich d-Orbitale eines Disilans sehr viel optimaler auf die einzige Si–Si-Bindung der Molekel orientieren und deformieren können, als wenn sie als Glied einer längeren Si–Si-Kette nach zwei Richtungen gleichmäßig beansprucht werden.

Die Frage der freien Drehbarkeit um die Si–Si-Bindung ist oft im Zusammenhang mit einem partiellen π-Bindungscharakter diskutiert worden. An sich müßte prinzipiell eine Behinderung der Rotation angenommen werden, da die beiden beteiligten d-Orbitale ($d_{x^2-y^2}$, d_{z^2}) in der Bindungsrichtung nicht völlig rotationssymmetrisch sind (Abb. 7a).

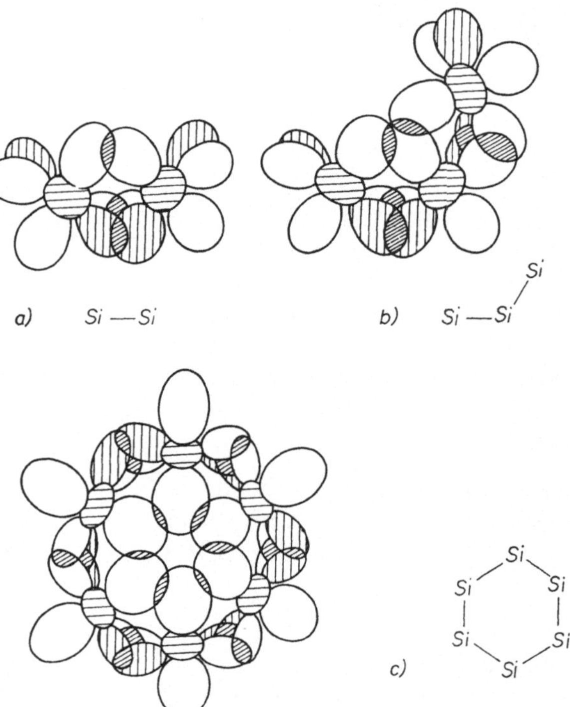

Abb. 7 a—c. π-Bindungen in Silan-Ketten. (Es werden jeweils das $d_{x^2-y^2}$- und das d_{z^2}-Orbital für π-Bindungen betätigt.)

Andererseits darf man voraussetzen, daß die π-Orbitale mit so geringer Elektronendichte besetzt sind und daß die Elektronen vom Rumpf so locker gebunden werden, daß keine in ihrem Ausmaß bedeutende Rotationsbehinderung erwartet werden kann. Elektronenbeugungsmessungen haben am Si_2Cl_6 so auch nur eine Energieschwelle von 1 kcal/Mol ergeben (*257*), wobei noch nicht einmal mit Sicherheit gesagt werden kann, ob dieser geringe Effekt sterische oder bindungsmäßige Ursachen hat. Abb. 7b läßt aber auch erkennen, daß schon in einer Si_3-Kette die Rotationssymmetrie des π-Bindungssystems noch stärker gestört wird dadurch, daß nunmehr mehrere $d_z{}^2$-Orbitale im gleichen Bereich überlappen können, und daß ein 4. Si-Atom bei einer weiteren Kettenverlängerung sicher bevorzugt in einer solchen Stellung gebunden wird, die einen Ringschluß der Kette vorbereitet (Abb. 7c). Bei einem vollendeten Ringschluß dürfte der zentrale Überlappungsbereich energetisch so günstig geworden sein, daß ein nicht unerheblicher Elektronenanteil sich in diesem d-Niveau befindet und damit das Ringsystem stabilisiert. Dies steht in Übereinstimmung mit der experimentellen Erfahrung, daß ganz besonders Phenyl-silane zu Ringschluß neigen, da hier durch mesomere Wechselwirkung mit den Liganden eine hohe Elektronendichte am Si erzielt werden kann.

Ähnlich sollten die Verhältnisse bei den voll fluorierten oder chlorierten Oligosilanen liegen. Möglicherweise ist die überraschende Bildung von Chlor-hexasilanen bei der Amin-dismutation der Chlor-oligosilane (*211* bis *213*) auf derartige Ringbildung (zumindest intermediär) zurückzuführen. Zum andern wäre es auch denkbar, daß die bevorzugte Bildung einer relativ einheitlichen $Si_{10}Cl_{22}$-Fraktion im Abschreckrohr (*103*) auf eine im Hochtemperaturbereich angestrebte Bildung einer Doppelring-Molekel $Si_{10}Cl_{18}$, die dann erst bei der destillativen Aufarbeitung zu $Si_{10}Cl_{20}H_2$ oder zu $Si_{10}Cl_{22}$ umgewandelt wird, zurückzuführen ist. In diesem Bereich der Oligosilan-Chemie sind noch sehr viele Klärungen herbeizuführen und ist vielleicht noch manche überraschende Konsequenz der obigen π-Valenz-Hypothese zu erwarten.

Die dargestellte Anschauung erläutert auch die offensichtliche Stabilität von Hetero-disilan-6-Ringen, wie sie in Abschn. II A, 9—12) erwähnt sind. Während die π-Bindungsanteile zwischen Si und Donor-Ligand recht merkliches Ausmaß annehmen können (*246*), ist der Bindungsgrad der Si—Si-Bindung selbst sicher nicht wesentlich über 1 erhöht, im elementaren Silicium kann er prinzipiell 1 nicht übersteigen. Nach einer Regel von *Goubeau* (*246*) ist auch theoretisch die Voraussetzung für einen höheren Bindungsgrad nicht erreicht, da die Elektronegativitätssumme nur 3,6 beträgt. Der Verfasser möchte aber die Vermutung äußern, daß in solchen Fällen wie den besprochenen, wo die Elektronegativitätsdifferenz = 0 ist, unter Mitwirkung mehrerer Donator-Liganden doch eine — wenn auch

geringe Mehrfachbindung auftreten kann. Ein besonders empfindliches
Reagens für das Vorhandensein weniger, aber relativ locker gebundener
π-Elektronen im Si—Si-Bindungs-Bereich scheint die Farbigkeit der
Oligo- und Polysilane zu sein. In Kap. VB hatten sich einige empirische
Regeln für das Auftreten von Farbigkeit bei Häufungen von Si—Si-Bindungen ergeben, die durchweg durch die obigen Vorstellungen gedeutet
werden können. Besonders instruktiv ist dabei der Liganden-Einfluß auf
Stabilität und Farbe von Oligo- und Polysilanen. Um eine Silan-Kette
zu stabilisieren, sind einmal möglichst elektronegative Liganden nötig,
die die d-Niveaus kontrahieren, zum andern Donator-Liganden, die die
d-Orbitale mit Elektronen versehen. Liganden wie F, O oder Cl erfüllen
beide Voraussetzungen in idealer Weise gleichzeitig, liefern also die stabilsten Oligosilan-Derivate. (Über den Einfluß des 2-bindigen Liganden
O auf die Stabilität siehe Abschn. IV A2.) Um Farbigkeit im sichtbaren
Frequenzbereich an Silan-Ketten hervorzurufen, sind ebenso wie oben
Donator-Liganden erforderlich, die Elektronen für ein π-System liefern.
Allzu negative Liganden sind aber hier schädlich, da die Kontraktion
der d-Orbitale eine Erniedrigung dieser Niveaus, also eine festere Bindung der π-Elektronen hervorruft. Daraus folgt, daß ebenso wie bei den
aromatischen C-Verbindungen die NR_2- oder OR-Gruppen besonders
wirksame auxochrome Liganden sind.

Einer besonderen Erklärung bedarf noch die Farbigkeit der Hydrid-
polysilane und des elementaren Siliciums. Da hier keine Donator-Liganden mit disponiblen freien Elektronenpaaren vorliegen, muß angenommen werden, daß geringe π-Bindungsanteile auch auf Kosten der σ-Bin-
dung ausgebildet werden können. Obwohl der Bindungsgrad hier ins-
gesamt nicht über 1 ansteigen kann, dürften die zusätzlichen Überlap-
pungsmöglichkeiten der d-Orbitale doch veranlassen, daß ein sehr geringer Teil der Bindungs-Elektronen in d-Niveaus angehoben wird. Dies
kann formelmäßig etwa folgendermaßen dargestellt werden:

$$\equiv\!Si\!-\!Si\!\equiv \quad \longleftrightarrow \quad \equiv\!Si\!\cdots\!\cdots\!S\!\equiv$$

Dieser Effekt führt kaum zu einer merklichen Bindungsverstärkung,
kann aber Farbigkeit hervorrufen.

Einige Parallelen, die sich im vorstehenden zu den Verhältnissen bei
aromatischen C-Verbindungen ergaben, dürfen nicht dazu veranlassen,
auch den π-Bindungs-Zustand im Si_6-Ring mit einem aromatischen System zu identifizieren. Wie Abb. 7c zeigt, liegen die Dinge hier doch sehr
viel anders. Es liegt kein geschlossener π-Elektronen-Doppelring vor wie
im Benzol, sondern nur im Zentrum des Si_6-Ringes ein gewisses Elektro-
nen-Maximum, in der Peripherie dagegen nur ein ringähnliches π-System,
das aber 6-fach durch Knotenebenen unterbrochen ist, da die Vorzeichen

der Orbital-Funktionen alternieren. Es hat zwar nicht an Versuchen gefehlt, „aromatische" Si-Verbindungen darzustellen, sie haben sich bisher in keinem Falle überzeugend bestätigen lassen. Dies gilt vor allem für Verbindungen des Typs Si_6L_6, die vor Jahren von *Urry* angekündigt wurden (*264*), aber auch Substanzen, bei denen wenigstens 1 Si-Atom an einem 5-Ring-Aromaten teilhaben sollte (*258–260*), werden neuerdings mit Vorbehalt behandelt (*261*), so daß die prinzipielle Frage der Beteiligung von Si-Atomen an aromatischen Systemen noch offen bleiben muß.

Die Deutung der in den letzten Abschnitten behandelten Ergebnisse konnte zum Teil nur hypothetischer Art sein. Es ist damit angedeutet, daß die theoretische Erfassung der Oligo- und Polysilan-Chemie noch sehr in ihren Anfängen steht, zumal sie sich auf nur wenige exakte Meßergebnisse, sondern vorwiegend auf qualitative Beobachtungen stützen kann. Zum anderen hoffe ich gezeigt zu haben, wie problematisch und interessant gerade dieses Gebiet der Si-Chemie wegen der Vielzahl bemerkenswerter und theoretisch noch ungeklärter Fakten ist. Viele Valenzprinzipien deuten sich bisher nur qualitativ an und harren noch der exakten Lösung oder Bestätigung.

Bei der Zusammenstellung dieser Übersicht hatte ich dem inhaltreichen Werk von *Bazant, Chvalovsky* und *Rathousky* (*266*) wertvolle Anregungen zu verdanken.

Literatur

1. *Friedel, C.,* et *A. Ladenburg:* Bull. Soc. chim. France *12*, 92 (1869); C.R. hebd. Séances Acad. Sci. *68*, 920 (1869).
2. *Reynolds, J. E.:* Chem. News *100*, 245 (1909).
3. *Troost, L.,* et *P. Hautefeuilie:* Bull. Soc. chim. France *16*, 240 (1871).
4. *Friedel, C.:* Bull. Soc. chim. France *16*, 244 (1871); C.R. hebd. Séances Acad. Sci. *73*, 1011 (1871).
5. —, u. *A. Ladenburg:* Liebigs Ann. Chem. *203*, 241 (1880).
6. *Schumb, W. C.,* and *E. L. Gamble:* J. Amer. chem. Soc. *53*, 3191 (1931); *54*, 583 (1932).
7. *Moissan, H.,* et *S. Smiles:* Bull. Soc. chim. France *27*, 1190 (1902); C.R. hebd. Séances Acad. Sci. *134*, 569 (1902).
8. *Lebeau, P.:* C.R. hebd. Séances Acad. Sci. *148*, 43 (1909).
9. *Stock, A.,* u. *C. Somieski:* Ber. dtsch. chem. Ges. *49*, 111 (1916).
10. *Bygden, A.:* Ber. dtsch. chem. Ges. *45*, 707 (1912).
11. *Schlenk, W., J. Renning* u. *G. Racky:* Ber. dtsch. chem. Ges. *44*, 1178 (1911).
12. *Martin, G.:* J. chem. Soc. [London] *105*, 2860 (1914).
13. *Wöhler, F.,* u. *H. Buff:* Liebigs Ann. Chem. *103*, 218 (1857).
14. *Feher, F., G. Kuhlbörsch* u. *H. Luhleich:* Z. anorg. allg. Chem. *303*, 283 (1960).
15. *Johnson, W. C.,* and *T. R. Hogness:* J. Amer. chem. Soc. *56*, 1252 (1934).
16. *Feher, F.,* u. *W. Tromm:* Z. anorg. allg. Chem. *282*, 29 (1955).

17. *Moissan, H.:* Bull. Soc. chim. France *29*, 443 (1903); C.R. hebd. Séances Acad. Sci. *135*, 1284 (1902).
18. *Schwarz, R.,* u. *F. Heinrich:* Z. anorg. allg. Chem. *221*, 277 (1935).
19. *Stock, A., P. Stiebeler* u. *F. Zeidler:* Ber. dtsch. chem. Ges. *56*, 1695 (1923).
20. *Spanier, E. J.,* and *A. G. MacDiarmid:* Inorg. Chemistry *1*, 432 (1962).
21. *Stock, A.:* Z. Elektrochem. angew. physik. Chem. *32*, 341 (1926).
22. —, u. *K. Somieski:* Ber. dtsch. chem. Ges. *54*, 524 (1921).
23. *Craig, A. D.,* and *A. G. MacDiarmid:* J. inorg. nuclear Chem. *24*, 161 (1962).
24. *Emeléus, H. J., A. G. Maddock,* and *C. Reid:* J. chem. Soc. [London] *1941*, 353.
25. *Finholt, A. E., A. C. Bond, Jr., K. E. Wilzbach,* and *H. I. Schlesinger:* J. Amer. chem. Soc. *69*, 2692 (1947).
26. *Gattermann, L.,* u. *E. Ellery:* Ber. dtsch. chem. Ges. *32*, 1114 (1899).
27. *Martin, G.:* J. chem. Soc. [London] *105*, 2836 (1914).
28. *Toral, T.:* An. Soc. espan. Fisica Quim. *23*, 225 (1935); refer. in Chem. Zentralbl. *1936* I, 300.
29. *Combes:* C. R. hebd. Séances Acad. Sci. *122*, 531 (1896).
30. *Stock, A.,* u. *F. Zeidler:* Ber. dtsch. chem. Ges. *56*, 986 (1923).
31. *Shiihara, I.,* and *J. Iyoda:* Bull. chem. Soc. Japan *32*, 636 (1959); refer. in Chem. Zentralbl. *1962*, 10386.
32. *Stock, A., A. Brandt* u. *H. Fischer:* Ber. dtsch. chem. Ges. *58*, 643 (1925).
33. *Schwarz, R.,* u. *U. Gregor:* Z. anorg. allg. Chem. *241*, 395 (1939).
34. *Besson, A.,* et *L. Fournier:* C. R. hebd. Séances Acad. Sci. *148*, 839 (1909).
35. *Andrejew, D. N.,* and *E. W. Kucharskaja:* J. angew. Chem. *36*, 2309 (1963).
36. *Schumb, W. C.:* Inorg. Syntheses 2, 98 (1946).
37. *Gattermann, L.:* Ber. dtsch. chem. Ges. *22*, 186 (1889).
38. *Schmeisser, M.:* Angew. Chem. *66*, 713 (1954); IUPAC-Colloquium Münster (2.—6.9.1954); Silicium-Schwefel-Phosphate, 28 (1955), Verlag Chemie.
39. —, u. *M. Schwarzmann:* Z. Naturforsch. *11b*, 278 (1956).
40. *Besson, A.,* et *L. Fournier:* C. R. hebd. Séances Acad. Sci. *151*, 1055 (1910).
41. *Schott, G.,* u. *W. Herrmann:* noch unveröffentlicht.
42. *Friedel, C.:* Ber. dtsch. chem. Ges. *2*, 60 (1869).
43. *Schwarz, R.,* u. *A. Pflugmacher:* Ber. dtsch. chem. Ges. *75*, 1062 (1942).
44. *Lieser, K. H., H. Elias* u. *H. W. Kohlschütter:* Z. anorg. allg. Chem. *313*, 199 (1961).
45. *Dolgow, B.,* and *J. Wolnow:* J. allg. Chem. *1*, 91 (1931).
46. *Gilman, H., R. K. Ingham,* and *A. G. Smith:* J. org. Chemistry *18*, 1743 (1953).
47. *Kraus, C. A.,* and *W. K. Nelson:* J. Amer. chem. Soc. *56*, 195 (1934).
48. *Woronkow, M. G.,* and *J. I. Chudobin:* J. allg. Chem. *26*, 584 (1956).
49. *Sundermeyer, W.:* Z. anorg. allg. Chem. *310*, 50 (1961).
50. *Schott, G.,* u. *R. Nagel:* J. prakt. Chem. (im Druck).
51. *Brockway, L. O.,* and *N. R. Davidson:* J. Amer. chem. Soc. *63*, 3287 (1941).
52. *Schumb, W. C.,* and *C. M. Saffer:* J. Amer. chem. Soc. *61*, 363 (1939).
53. *Gilman, H.,* and *G. E. Dunn:* J. Amer. chem. Soc. *73*, 5077 (1951).
54. *Benkeser, R. A.,* and *D. J. Foster:* J. Amer. chem. Soc. *74*, 5314 (1952).

55. *Gilman, H.*, and *T. C. Wu:* J. org. Chemistry *18*, 753 (1953).
56. *Kraus, C. A.*, and *H. Eatough:* J. Amer. chem. Soc. *55*, 5008 (1933).
57. *Steudel, W.*, and *H. Gilman:* J. Amer. chem. Soc. *82*, 6129 (1960).
58. *Benkeser, R. A.*, and *D. J. Foster:* J. Amer. chem. Soc. *74*, 4200 (1952).
59. *George, M. V., D. J. Peterson*, and *H. Gilman:* J. Amer. chem. Soc. *82*, 403, (1960).
60. *Brook, A. G.*, and *H. Gilman:* J. Amer. chem. Soc. *76*, 2333 (1954).
61. *Selin, T. G.*, and *R. West:* Tetrahedron *5*, 97 (1959).
62. *George, M. V., G. D. Lichtenwalter*, and *H. Gilman:* J. Amer. chem. Soc. *81*, 978 (1959).
63. —, *J. G. Bernard*, and *H. Gilman:* J. org. Chemistry *24*, 624 (1959).
64. *Schumb, W. C., J. Ackermann, Jr.*, and *C. M. Saffer, Jr.:* J. Amer. chem. Soc. *60*, 2486 (1938).
65. —, and *C. M. Saffer, Jr.:* J. Amer. chem. Soc. *63*, 93 (1941).
66. *Abrahamson, E. W., I. Joffe*, and *H. W. Post:* J. org. Chemistry *13*, 275 (1948).
67. *Okawara, R.*, and *T. Tanaka:* Bull. chem. Soc. Japan *27*, 119 (1954) refer. in Chem. Zentralbl. S *1950—4*, 7794.
68. — —, and *K. Maruo:* Bull. chem. Soc. Japan *28*, 189 (1955) refer. in Chem. Zentralbl. *1959*, 15932
69. *Stolberg, U. G.:* Chem. Ber. *96*, 2798 (1963).
70. *Gilman, H.*, and *J. J. Goodman:* J. Amer. chem. Soc. *75*, 1250 (1953).
71. *Stock, A.*, u. *K. Somieski:* Ber. dtsch. chem. Ges. *52*, 1851 (1919).
72. *Ward, L. G. L.*, and *A. G. MacDiarmid:* J. Amer. chem. Soc. *82*, 2151 (1960).
73. *Schumb, W. C.*, and *R. A. Lefever:* J. Amer. chem. Soc. *76*, 2091 (1954).
74. *Kumada, M.*, and *M. Ishikawa:* J. organometallic Chem. *1*, 411 (1964).
75. *Winkler, H. J. S.*, and *H. Gilman:* J. org. Chemistry *26*, 1265 (1961).
76. *Stock, A.*, u. *K. Somieski:* Ber. dtsch. chem. Ges. *53*, 759 (1920).
77. *Kumada, M., M. Yamaguchi, Y. Yamamoto, J. Nakajima*, and *K. Shiina:* J. org. Chemistry *21*, 1264 (1956).
78. *Jarvie, A. W. P., H. J. S. Winkler*, and *H. Gilman:* J. org. Chemistry *27*, 614 (1962).
79. *Gattermann, L.*, u. *K. Weinling:* Ber. dtsch. chem. Ges. *27*, 1943 (1894).
80. *Martin, G.:* J. chem. Soc. [London] *107*, 319, 1043 (1915).
81. *Billy, M.:* Bull. Soc. chim. France *1961*, 1550.
82. *Wagner, G. H.*, and *A. N. Pines:* Ind. Engng. Chem. *44*, 321 (1952).
83. *Wiberg, E.*, u. *W. Simmler:* Z. anorg. allg. Chem. *283*, 401 (1956).
84. *Wannagat, U.*, u. *O. Brandstätter:* Mh. Chem. *94*, 1090 (1963).
85. *Abedini, M.*, and *A. G. MacDiarmid:* Inorg. Chemistry *2*, 608 (1963).
86. *Urenovitch, J. V.*, and *A. G. MacDiarmid:* J. chem. Soc. [London] *1963*, 1091.
87. *Wannagat, U.*, u. *O. Brandstätter:* Angew. Chem. *75*, 345 (1963).
88. *Schwarz, R.*, u. *W. Sexauer:* Ber. dtsch. chem. Ges. *59*, 333 (1926).
89. *Dow Corning* Corp., and *H. A. Clark:* USP 2563004 (1949/51); ref. in C. A. *1951*, 10676.
90. *Milligan, J. G.*, and *C. A. Kraus:* J. Amer. chem. Soc. *72*, 5297 (1950).
91. *Timms, P. L., Simpson, C. C.*, and *C. S. G. Phillips:* J. chem. Soc. [London] *1964*, 1467.
92. *Wjasankin, N. S., G. A. Rasuwajew, J. N. Gladyschew*, and *T. G. Gurikowa:* Ber. Akad. Wiss. UdSSR *155*, 1108 (1964).
93. *Ring, M. A., L. P. Freeman*, and *A. P. Fox:* Inorg. Chemistry *3*, 1200 (1964).

94. *Wittenberg, D., M. V. George,* and *H. Gilman:* J. Amer. chem. Soc. *81,* 4812 (1959).
95. *Jarvie, A. W. P.,* and *H. Gilman:* J. org. Chemistry *26,* 1999 (1961).
96. *Gilman, H.,* and *C. L. Smith:* J. Amer. chem. Soc. *86,* 1454 (1964).
97. —, *J. M. Holmes,* and *C. L. Smith:* Chem. and Ind. *1965,* 848.
98. *Kaczmarczyk, A., M. Millard,* and *G. Urry:* J. inorg. nuclear Chem. *17,* 186 (1961).
99. *Borer, K.,* and *C. S. G. Phillips:* Proc. chem. Soc. [London] *1959,* 189.
100. *Eméleus, H. J.,* and *A. G. Maddock:* J. chem. Soc. [London] *1946,* 1131.
101. *Royen, P.,* u. *C. Rocktäschel:* Angew. Chem. *76,* 302 (1964).
102. *Schumb, W. C.,* and *E. L. Gamble:* Inorg. Syntheses *1,* 42 (1939).
103. *Schwarz, R.,* u. *H. Meckbach:* Z. anorg. allg. Chem. *232,* 241 (1937).
104. —, u. *C. Danders:* Chem. Ber. *80,* 444 (1947).
105. *Wilson, G. R.,* and *A. G. Smith:* J. org. Chemistry *26,* 557 (1961).
106. *Stolberg, U. G.:* Angew. Chem. *74,* 696 (1962).
107. *Kumada, M.,* and *M. Ishikawa:* J. organometallic Chem. *1,* 153 (1963).
108. *Stolberg, U. G.:* Z. Naturforsch. *18b,* 765 (1963).
109. *Burkhard, C. A.:* J. Amer. chem. Soc. *71,* 963 (1949).
110. *Hengge, E.,* u. *H. Reuter:* Naturwissenschaften *49,* 514 (1962).
111. *Stolberg, U. G.:* Angew. Chem. *75,* 206 (1963).
112. *Gilman, H.,* and *R. A. Tomasi:* J. org. Chemistry *28,* 1651 (1963).
113. —, *T. C. Wu, H. A. Hartzfeld, G. A. Guter, A. G. Smith, J. J. Goodman,* and *S. H. Eidt:* J. Amer. chem. Soc. *74,* 561 (1952).
114. *Jarvie, A. W. P., H. J. S. Winkler, D. J. Peterson,* and *H. Gilman:* J. Amer. chem. Soc. *83,* 1921 (1961).
115. *Gilman, H., D. J. Peterson, A. W. P. Jarvie,* and *H. J. S. Winkler:* Tetrahedron Letters [London] *1960,* 23.
116. —, *R. Harrell, K. Y. Chang,* and *S. Cottis:* J. organometallic Chem. *2,* 434 (1964).
117. —, and *R. A. Tomasi:* Chem. and Ind. *1963,* 954.
118. *Kipping, F. S.,* and *J. E. Sands:* J. chem. Soc. [London] *119,* 830 (1921).
119. *Gilman, H., D. J. Peterson, A. W. P. Jarvie,* and *H. J. S. Winkler:* J. Amer. chem. Soc. *82,* 2076 (1960).
120. *Hengge, E., H. Reuter* u. *R. Petzold:* Z. Naturforsch. *18b,* 425 (1963).
121. *Gilman, H.,* and *G. L. Schwebke:* J. Amer. chem. Soc. *85,* 1016 (1963).
122. —— Advances organometallic Chem. *1,* 89 (1964).
123. *Hengge, E., R. Petzold* u. *U. Brychcy:* Z. Naturforsch. *20b,* 397 (1965).
124. *Martin, G.:* J. chem. Soc. [London] *107,* 1043 (1915).
125. *Billy, M.:* C. R. hebd. Séances Acad. Sci. *251,* 1639 (1960).
126. *Schwarz, R.* u. *C. Danders:* Z. anorg. Chem. *253,* 273 (1947).
127. *Wöhler, F.:* Liebigs Ann. Chem. *127,* 257 (1863).
128. *Kautsky, H.,* u. *G. Herzberg:* Z. anorg. allg. Chem. *139,* 135 (1924).
129. —, u. *G. Blinoff:* Z. physik. Chem. (Abt. A) *139,* 497 (1928).
130. — Kolloid-Z. *102,* 1 (1943).
131. *Hengge, E.:* Chem. Ber. *95,* 648 (1962).
132. —, u. *K. Pretzer:* Chem. Ber. *96,* 470 (1963).
133. —, u. *H. Grupe:* Chem. Ber. *97,* 1783 (1964).
134. *Schott, G.:* Z. Chem. *3,* 41 (1963).
135. *Schmeisser, M.,* u. *K. P. Ehlers:* Angew. Chem. *76,* 781 (1964).
136. *Rochow, E. G.,* and *R. Didtschenko:* J. Amer. chem. Soc. *74,* 5545 (1952).
137. *Schenk, P. W.,* u. *H. Bloching:* Z. anorg. allg. Chem. *334,* 57 (1965).
138. *Schmeisser, M.,* u. *P. Voss:* Z. anorg. allg. Chem. *334,* 50 (1965).

139. *Schwarz, R.,* u. *G. Pietsch:* Z. anorg. allg. Chem. *232,* 249 (1937).
140. *Hertwig, A.,* u. *E. Wiberg:* Z. Naturforsch. *6b,* 336 (1952).
141. *Schmeisser, M.,* u. *K. Friederich:* Angew. Chem. *76,* 732 (1964).
142. *George, M. V., D. Wittenberg,* and *H. Gilman:* J. Amer. chem. Soc. *81,* 361 (1959).
143. *Winkler, C.:* Ber. dtsch. chem. Ges. *23,* 2642 (1890).
144. *Bonhoeffer, K. F.:* Z. physik. Chem. *131,* 363 (1928).
145. *Grube, G.,* u. *H. Speidel:* Z. Elektrochem. angew. physik. Chem. *53,* 339 (1949).
146. *von Wartenberg, H.:* Z. Elektrochem. angew. physik. Chem. *53,* 343 (1949).
147. *Emons, H. H.,* u. *H. Boenicke:* J. prakt. Chem. *18,* 11 (1962).
148. —, u. *P. Hellmold:* Z. anorg. allg. Chem. *341,* 78 (1965).
149. *Schwarz, R.,* u. *A. Köster:* Z. Naturforsch. *7b,* 57 (1952).
150. —— Z. anorg. allg. Chem. *270,* 2 (1952).
151. *Pflugmacher, A.,* u. *I. Rohrmann:* Z. anorg. allg. Chem. *290,* 101 (1957).
152. *Schott, G., W. Herrmann* u. *E. Hirschmann:* Angew. Chem. *68,* 213 (1956).
153. —— Z. anorg. allg. Chem. *288,* 1 (1956).
154. —, u. *E. Hirschmann:* Z. anorg. allg. Chem. *288,* 9 (1956).
155. *Fritz, G.:* Z. Naturforsch. *5b,* 444 (1950).
156. *Schott, G.,* u. *D. Naumann:* Z. anorg. allg. Chem. *291,* 103 (1957).
157. —— Z. anorg. allg. Chem. *291,* 112 (1957).
158. *Bonitz, E.:* Chem. Ber. *94,* 220 (1961).
159. *Hengge, E.:* Z. anorg. allg. Chem. *315,* 298 (1962).
160. —, u. *G. Scheffler:* Mh. Chemie *95,* 1450, 1461 (1964).
161. —, u. *U. Brychcy:* Z. anorg. allg. Chem. *339,* 120 (1965).
162. *Kautsky, H.,* u. *L. Haase:* Chem. Ber. *86,* 1226 (1953).
163. *Schwarz, R.,* u. *E. Konrad:* Ber. dtsch. chem. Ges. *55,* 3242 (1922).
164. —, u. *T. Hoefer:* Z. anorg. allg. Chem. *143,* 321 (1925).
165. —, u. *P. Royen:* Z. anorg. allg. Chem. *215,* 288 (1933).
166. *Johns, J. W. C., G. W. Chantry,* and *R. F. Barrow:* Trans. Faraday Soc. *54,* 1589 (1958).
167. *Hogness, T. R., T. L. Wilson,* and *W. C. Johnson:* J. Amer. chem. Soc. *58,* 108 (1936).
168. *Stokland, K.:* Trans. Faraday Soc. *44,* 545 (1948).
169. *Schäfer, H.,* u. *J. Nickl:* Z. anorg. allg. Chem. *274,* 250 (1953).
170. *Antipin, P. F.,* u. *W. W. Ssergejew:* J. angew. Chem. *27,* 784 (1954).
171. *Skell, P. S.,* and *E. J. Goldstein:* J. Amer. chem. Soc. *86,* 1442 (1964).
172. *Gmelins* Handbuch der anorganischen Chemie (8. Aufl.) Band 15 B, S. 668 (Verlag Chemie, Weinheim) (1959).
173. *Shiina, K.,* and *M. Kumada:* J. org. Chemistry *23,* 139 (1958).
174. *Andrejew, D. N.:* Ber. Akad. Wiss. UdSSR *100,* 263 (1955).
175. *Kipping, F. S., A. G. Murray,* and *J. G. Maltby:* J. chem. Soc. [London] *1929,* 1180.
176. *Gilman, H., D. J. Peterson,* and *D. Wittenberg:* Chem. and Ind. *1958,* 1479.
177. *Benkeser, R. A., H. Landesman,* and *D. J. Foster:* J. Amer. chem. Soc. *74,* 648 (1952).
178. *Gilman, H., K. A. Klein,* and *H. J. S. Winkler:* J. org. Chemistry *26,* 2474 (1961).
179. —, *G. D. Lichtenwalter,* and *D. Wittenberg:* J. Amer. chem. Soc. *81,* 5320 (1959).

180. —, and *T. C. Wu:* J. org. Chemistry *25*, 2251 (1960).
181. *Wittenberg, D., T. C. Wu,* and *H. Gilman:* J. org. Chemistry *23*, 1898 (1958).
182. *Gilman, H.,* and *B. J. Gaj:* J. org. Chemistry *26*, 1305, 2471 (1961).
183. —, and *W. Steudel:* Chem. and Ind. *1959*, 1094.
184. *Krüerke, U.:* Chem. Ber. *95*, 177 (1962).
185. *Schott, G.,* u. *H. G. Bünger:* Z. anorg. allg. Chem. (im Druck).
186. — Z. Chem. *6*, 321 (1966).
187. — Z. Chem. *6*, 361 (1966).
188. —, u. *J. Meyer:* Z. anorg. allg. Chem. *313*, 107 (1961).
189. *Schumb, W. C.,* and *E. L. Gamble:* J. Amer. chem. Soc. *54*, 3943 (1932).
190. —, and *H. H. Anderson:* J. Amer. chem. Soc. *58*, 994 (1936); *59*, 651 (1937).
191. *Kumada, M., K. Shiina,* and *M. Yamaguchi:* J. chem. Soc. Japan (Ind. Sect.) *57*, 230 (1954) refer.: C. A. *49*, 11542 (1955).
192. *Taketa, A., M. Kumada,* and *K. Tamara:* J. chem. Soc. Japan (Pure Chem. Sect.) *78*, 999 (1957) refer.: Chem. Zentr. *1958*, 10584.
193. *Kumada, M., T. I. Nakajima, M. Ishikawa,* and *Y. Yamamoto:* J. org. Chemistry *23*, 292 (1958).
194. *Gilman, H.,* and *T. C. Wu:* J. Amer. chem. Soc. *73*, 4031 (1951).
195. *Wu, T. C.,* and *H. Gilman:* J. org. Chemistry *23*, 913 (1958).
196. *Shiina, K.,* and *M. Kumada:* C. A. *55*, 25732 (1961).
197. *Stock, A.,* u. *C. Somieski:* Ber. dtsch. chem. Ges. *55*, 3961 (1922).
198. *Emeléus, H. J.,* and *K. Stewart:* J. chem. Soc. [London] *1936*, 677.
199. *Schott, G.,* u. *E. Herrmann:* Z. anorg. allg. Chem. *307*, 97 (1960).
200. — Z. Chem. *2*, 194 (1962).
201. *Kautsky, H.,* u. *H. Thiele:* Z. anorg. allg. Chem. *173*, 115 (1928).
202. *Wjasankin, N. S., G. A. Rasuwajew,* and *O. A. Kruglaja:* Nachr. Akad. Wiss. UdSSR *1962*, 2008.
203. *Gilman, H.,* and *G. D. Lichtenwalter:* J. Amer. chem. Soc. *80*, 608 (1958).
204. *Brown, M. P.,* and *G. W. A. Fowles:* J. chem. Soc. [London] *1958*, 2811.
205. *MacDiarmid, A. G.,* and *L. G. L. Ward:* J. Amer. chem. Soc. *82*, 2151 (1960).
206. *Shiina, K.,* and *M. Kumada:* C. A. *53*, 17889 (1959).
207. *Ewison, W. E.,* and *F. S. Kipping:* J. chem. Soc. [London] *1931*, 2774.
208. *Dolgow, B. N., M. G. Woronkow* u. *B. N. Borisow:* J. allg. Chem. *27*, 709 (1957).
209. *Russell, G. A.:* J. Amer. chem. Soc. *81*, 4815, 4825, 4831 (1959).
210. *Diehl, J. W.,* and *H. Gilman:* Chem. and Ind. *1959*, 1095.
211. *Cooper, G. D.,* and *A. R. Gilbert:* J. Amer. chem. Soc. *82*, 5042 (1960).
212. *Kaczmarczyk, A.,* and *G. Urry:* J. Amer. chem. Soc. *82*, 751 (1960).
213. — — J. inorg. nuclear Chem. *26*, 415 (1964).
214. *Wilkins, C. J.:* J. chem. Soc. [London] *1953*, 3409.
215. *Kippings, F. S.,* and *I. E. Sands:* J. chem. Soc. [London] *119*, 848 (1921).
216. — J. chem. Soc. [London] *123*, 2598 (1923).
217. — J. chem. Soc. [London] *119*, 647 (1921).
218. *Takahashi, U.:* Bull. chem. Soc. Japan *28*, 443 (1955).
219. *Schott, G.,* u. *C. Harzdorf:* Z. anorg. allg. Chem. *306*, 180 (1960); *307*, 105, (1960).
220. —, u. *W. Langecker:* noch unveröffentlicht.
221. *Gilman, H.,* and *G. D. Lichtenwalter:* J. org. Chemistry *24*, 1588 (1959).
222. *Gaj, B. J.,* and *H. Gilman:* Chem. and Ind. *1960*, 493.
223. *Gutowski, H. S.,* and *E. O. Stejskal:* J. chem. Physics *22*, 939 (1954).
224. *Ring, M. A., L. P. Freeman,* and *A. P. Fox:* Inorg. Chemistry *3*, 1200 (1964).

225. *Skinner, H. A.:* Trans. Faraday Soc. *41*, 645 (1945).
226. *Cotrell, T.:* The Strength of Chemical Bonds. Verl: Butterworth & Co (London), (1958).
227. *Steele, W. C.,* and *F. G. A. Stone:* J. Amer. chem. Soc. *84*, 3599 (1962).
228. —, *L. D. Nichols,* and *F. G. A. Stone:* J. Amer. chem. Soc. *84*, 4441 (1962).
229. *Emeleus, H. J.,* and *C. Reid:* J. chem. Soc. [London] *1939*, 1021.
230. *Kipping, F. S.,* and *A. G. Murray:* J. chem. Soc. [London] *1929*, 360.
231. *Hengge, E.:* Angew. Chem. *74*, 501 (1962).
232. *Kautsky, H.,* u. *H. P. Siebel:* Z. anorg. allg. Chem. *273*, 113 (1953).
233. *Timms, P. L., R. A. Kent, T. C. Ehlert,* and *J. L. Margrave:* J. Amer. chem. Soc. *87*, 2824 (1965).
234. *Fritz, G.,* u. *B. Raabe:* Z. anorg. allg. Chem. *299*, 232 (1959).
235. —, u. *J. Grobe:* Z. anorg. allg. Chem. *299*, 302 (1959).
236. —, *D. Habel, D. Kummer* u. *G. Teichmann:* Z. anorg. allg. Chem. *302*, 60 (1959).
237. *Stitt, F.,* and *D. M. Jost:* J. chem. Physics *5*, 90 (1937).
238. *Bethke, G. W.,* and *M. K. Wilson:* J. chem. Physics *26*, 1107 (1957).
239. *Katayama, M., T. Simanouti, Y. Morino,* and *S. Mizushima:* J. chem. Physics *18*, 506 (1950).
240. *Hague, D. N.,* and *R. H. Prince:* J. chem. Soc. [London] *1965*, 4690.
241. — — Chem. and. Ind. *1964*, 1492.
242. *Sakurai, H.,* and *M. Kumada:* Bull. Soc. chim. Japan *37*, 1894 (1964).
243. *Gilman, H., W. H. Atwell,* and *G. L. Schwebke:* Chem. and Ind. *1964*, 1063.
244. *Craig, D. P., A. Maccoll, R. S. Nyholm, L. E. Orgel,* and *L. E. Sutton:* J. chem. Soc. [London] *1954*, 332 (1954).
245. *Stone, F. G. A.,* and *D. Seyferth:* J. inorg. nuclear Chem. *1*, 112 (1955).
246. *Goubeau, J.:* Angew. Chem. *69*, 77 (1957); *78*, 565 (1966).
247. *Kriegsmann, H.:* Z. anorg. allg. Chem. *299*, 138 (1959).
248. *Goodman, L., A. H. Konstam,* and *L. H. Sommer:* J. Amer. chem. Soc. *87*, 1012 (1965).
249. *Bürger, H.:* Habil.-Schrift, TH Braunschweig (1966).
250. *Brune, H. A.:* Chem. Ber. *98*, 1998 (1965).
251. *Craig, D. P.,* and *E. A. Magnusson:* J. chem. Soc. [London] *1956*, 4895.
252. *Cruickshank, D. W. J.:* J. chem. Soc. [London] *1961*, 5486.
253. *Gordy, W.:* J. chem. Physics *14*, 305 (1946).
254. *Brockway, L. O.,* and *J. Y. Beach:* J. Amer. chem. Soc. *60*, 1836 (1938).
255. *Niggli, P.:* Z. Kristallogr. Mineralog. Petrogr. *76*, 235 (1931).
256. *Anderson, T. F.,* and *A. B. Burg:* J. chem. Physics *6*, 586 (1938).
257. *Morino, Y.,* and *E. Hirota:* J. chem. Physics *28*, 185 (1958).
258. *Benkeser, R. A., R. F. Grossman,* and *G. M. Stanton:* J. Amer. chem. Soc. *83*, 3716 (1961).
259. — — — J. Amer. chem. Soc. *83*, 5029 (1961).
260. — — — J. Amer. chem. Soc. *84*, 4723, 4727 (1962).
261. —, and *G. M. Stanton:* J. Amer. chem. Soc. *85*, 834 (1963).
262. *Varma, R.,* u. *A. P. Cox:* Angew. Chem. *76*, 649 (1964).
263. *Eaborn, C., R. A. Jackson,* and *R. W. Walsingham:* Chem. Commun. *1965*, 300; refer.: in Chem. Zentralbl. *1966*, 11—589.
264. *Urry, G.:* Angew. Chem. *70*, 379 (1958).
265. *Nefedow, O. M.,* u. *M. N. Manakow:* Angew. Chem. *76*, 270 (1964).
266. *Bazant, V., V. Chvalovsky* u. *J. Rathousky:* „Organosilicon-Compounds" Verl. Tschech. Akad. Wiss. (Prag) (1965).

Dreifach Silyl-substituierte Amine

Prof. Dr. U. Wannagat

Institut für Anorganische Chemie der Technischen Hochschule Braunschweig

Inhalt

I. Tris(organyl)amine und Tris(silyl) amine

Dreifach organylsubstituierte Derivate des Ammoniaks sind seit über einem Jahrhundert bekannt und seither auf den vielfältigsten Wegen und in den verschiedensten Variationen dargestellt worden. Bis vor wenigen Jahren existierte aber nur ein einziger Vertreter der Stoffklasse der dreifach silylsubstituierten Amine: das dem Trimethylamin, $(H_3C)_3N$, analoge Trisilylamin, $(H_3Si)_3N$ (*83*). Erst die Einführung der N-Metallierung zweifach silylsubstituierter Amine (*90, 91*), der „Disilazane", ergab den Durchbruch zu den als nicht — oder nur sehr schwer — zugänglich geltenden Tris(silyl)aminen. Seither sind rund hundert Verbindungen bekannt geworden, die die Atomgruppierung

$$\begin{array}{c} Si \\ {}_{Si}\!\diagdown\!N\!\diagup\!{}^{Si} \end{array}$$

enthalten. Ihre Quaternierung aber ist bis heute nicht gelungen, und nur unter besonderen Bedingungen ist es möglich, an das „freie" Elektronenpaar der Tris(silyl)amine Lewis-Säuren anzulagern (60, 126).

Tris(organyl)amine, $(R_3C)_3N$, und Tris(silyl)amine, $(R_3Si)_3N$, bilden, so nahe verwandt sie in ihrer Konstitution scheinen, voneinander recht verschiedene Stoffklassen aus. So ist die Si—N-Bindung empfindlich gegen Wasser — vor allem im pH-Bereich <7 — und gegen alle Verbindungen, die Wasserstoff in stark positiv polarisierter Bindung enthalten. Fast alle Darstellungsmethoden, die zu Tris(organyl)aminen führen, scheiden daher für Tris(silyl)amine aus. Empfindlich ist aber auch die Si—H-Bindung gegen basische wie saure Reaktionsmedien oder Lösungsmittel. Von höheren Silanen abgeleitete funktionelle Derivate wie $H(SiH_2)_nSiH_2X$, die zur Substitution des NH_3 herangezogen werden könnten, sind zudem nur außerordentlich schwer zugänglich. Die Mehrzahl der bekannten Tris(silyl)amine enthält daher Alkylgruppen R, daneben auch Alkoxy- (OR) oder Dialkylamino- (NR_2) oder sogar Halogeno-Gruppen als restliche Substituenten an den Siliciumatomen. Ausgangsmaterialien wie R_3SiCl, $(RO)_3SiCl$ oder $(R_2N)_3SiCl$ stehen über den Handel zur Verfügung oder können leicht aus den entsprechenden Halogenosilanen X_3SiCl hergestellt werden. Gleichartig zusammengesetzte Derivate der organischen Chemie wiederum sind bisher unbekannt, zumal hier die zur Darstellung der Tris(silyl)amine analogen Ausgangsstoffe wie R_3CCl, $(RO)_3CCl$ oder $(R_2N)_3CCl$ fehlen oder in anderer Weise reagieren. Ein kurzer Überblick zeigt die Verschiedenartigkeit der beiden Stoffklassen in ihren einfachsten Vertretern auf:

$[H_{2n+1}C_n]_3N$	$[H_{2n+1}Si_n]_3N$	$[(H_3C)_3C]_3N$	$[(H_3C)_3Si]_3N$
$n = 1, 2$ bekannt	bekannt	unbekannt	bekannt
$n > 2$ bekannt	unbekannt		
$[Cl_3C]_3N$	$[Cl_3Si]_3N$	$[(H_3CO)_3C]_3N$	$[(H_3CO)_3Si]_3N$
unbekannt	bekannt	unbekannt	bekannt
$[(R_2N)_3C]_3N$	$[(R_2N)_3Si]_3N$	$\left[\begin{smallmatrix} H_3C & & CH_3 \\ & N & \\ H_3C & & CH_3 \end{smallmatrix}\right]^{\oplus}$	$\left[\begin{smallmatrix} H_3Si & & SiH_3 \\ & N & \\ H_3Si & & SiH_3 \end{smallmatrix}\right]^{\oplus}$
unbekannt	darstellbar	bekannt	unbekannt

II. Zur Darstellung der Tris(silyl)amine

1. Durch direkte Synthese aus Ammoniak und Halogensilanen

Die Umsetzung von Ammoniak mit Alkylhalogeniden führt in der Regel zu einem Gemisch von primären, sekundären und tertiären Aminen sowie (Alkyl)Ammoniumhalogeniden, das anschließend getrennt werden muß:

$$x\ H_3CCl + y\ NH_3\ \rightarrow\ H_3CNH_2,\ (H_3C)_2NH,\ (H_3C)_3N,\ [(H_3C)_4N]Cl,$$
$$NH_4Cl \qquad (1)$$

Silylchlorid reagiert dagegen mit NH_3 über die nicht faßbaren Zwischenstufen des Silylamins und des Bis(silyl)amins rasch hinweg (83):

$$3\ H_3SiCl + 4\ NH_3\ \rightarrow\ (H_3Si)_3N + 3\ NH_4Cl \qquad (2)$$

Ein Gleiches ist von Disilanylchlorid (122) und von Methylchlorsilan (18) bekannt:

$$3\ H_3SiSiH_2Cl + 4\ NH_3\ \rightarrow\ (H_3SiSiH_2)_3N + 3\ NH_4Cl \qquad (3)$$
$$3\ H_3CSiH_2Cl + 4\ NH_3\ \rightarrow\ (H_3CSiH_2)_3N + 3\ NH_4Cl \qquad (4)$$

Die Reaktionen rein organylsubstituierter Chlorsilane mit Ammoniak führten nur zu den Stufen der primären oder sekundären Amine:

$$R_3SiCl + 2\ NH_3\ \rightarrow\ R_3SiNH_2 + NH_4Cl \qquad (5)$$
$$2\ R'R_2SiCl + 3\ NH_3\ \rightarrow\ (R'R_2Si)_2NH + 2\ NH_4Cl \qquad (6)$$

Ist $R = CH_3$, so werden in praktisch allen Fällen Reaktionen nach (6) erhalten, wie auch immer R' dabei gestaltet sein mag. Mit $R = C_2H_5$ bereits bildet sich aber über Gl. (5) fast ausschließlich das (primäre) Silylamin und nur zu einem geringen Teil das entsprechende Bis(silyl)amin. Diese Tendenz erhöht sich noch bei Anwendung höherer Alkyle oder von Arylen in R, ist jedoch bei analogen Alkoxyverbindungen etwas geringer. Tris(silyl)amine sind bisher aber nur aus Chlorsilanen der Zusammensetzung $RSiH_2Cl$ und Ammoniak direkt erhalten worden (vgl. Gl. (2)–(4)).

Nach heute geltenden Anschauungen (111) läuft die Reaktion von Chlorsilanen mit Ammoniak im wesentlichen wie folgt ab:

$$\underset{\text{(A)}}{\begin{array}{c}\text{Cl}\quad\quad\ \ \text{H}\\ \diagdown\!|\quad\quad\ |\diagup\\ \text{Si} + |\text{N}{-}\text{H}\\ \diagup\,|\quad\quad\ |\diagdown\\ \quad\quad\quad\ \ \text{H}\end{array}} \rightarrow \begin{array}{c}\text{Cl}\quad\quad\quad\ \text{H}\\ \diagdown\!|\ominus\ \oplus\diagup\\ \text{Si}{-}\text{N}{-}\text{H}\\ \diagup\,|\quad\quad\ |\diagdown\\ \quad\quad\quad\ \text{H}\end{array} \rightarrow \begin{array}{c}\text{Cl}^{\ominus}\quad\quad\text{H}\\ \diagdown\quad\quad\oplus\diagup\\ \text{Si}{-}\text{N}{-}\text{H}\\ \diagup\quad\quad\ |\diagdown\\ \quad\quad\quad\text{H}\end{array} \xrightarrow{+\,|NH_3} \begin{array}{c}\text{Cl}^{\ominus}+HNH_3^{\oplus}\\ \diagdown\quad\quad\quad\\ \text{Si}{-}\bar{\text{N}}{-}\text{H}\\ \diagup\quad\ \ |\\ \quad\quad\ \ \text{H}\end{array} \qquad (7a)$$

$$\text{H}_2\text{Si-NH} + \text{Cl-SiH}_3 \rightarrow \text{H}_2\text{Si-N}^{\oplus}\overset{\ominus}{-}\text{Cl-SiH}_2 \xrightarrow{+\,|\text{NH}_3} \text{H}_2\text{Si-}\overset{-}{\text{N}}\text{-SiH} + \text{Cl}^{\ominus} + \text{HNH}_3^{\oplus} \quad (7\text{b})$$

$$(B)$$

$$\text{Si-}\overset{-}{\text{N}}\text{-Si} + \text{Si-Cl} \rightarrow \text{Si-N}^{\oplus}\text{-Si} \xrightarrow{+\,|\text{NH}_3} \text{Si-}\overset{-}{\text{N}}\text{-Si} + \text{Cl}^{\ominus} + \text{NH}_4^{\oplus}$$

$$(C) \quad (7\text{c})$$

Daneben sind auch Kondensationsreaktionen der Silylamine in Betracht zu ziehen:

$$(8)$$

$$3 \; \overset{\diagdown}{\underset{\diagup}{\text{Si}}}\text{-}\overset{-}{\underset{|}{\text{N}}}\text{-Si} \longrightarrow 2 \; \overset{\diagdown}{\underset{\diagup}{\text{Si}}}_3\text{N}| + |\text{NH}_3 \quad (9)$$

Ob die Reaktionen auf der Stufe der primären (A) oder der sekundären Amine (B) stehen bleiben oder bis zu den Tris(silyl)aminen (C) durchlaufen, hängt weitgehend von den sterischen Gegebenheiten der Substituenten an den Si-Atomen ab, wie aus den Gl. (2) bis (4), (5) und (6) ersichtlich ist. Daneben spielt jedoch die Blockierung der freien N-Elektronenpaare infolge $(p \rightarrow d)\pi$-Bindung wie in Gl. (10) eine weitere entscheidende, bis jetzt jedoch noch nicht voll überschaubare Rolle (16) für den Ablauf der Reaktionen.

$$R_3\text{Si-}\overset{-}{\underset{|}{\text{N}}}\text{-H} \leftrightarrow R_3\overset{\ominus}{\text{Si}}=\overset{\oplus}{\underset{|}{\text{N}}}\text{-H}$$

$$R_3\text{Si-}\overset{-}{\underset{|}{\text{N}}}\text{-SiR}_3 \leftrightarrow R_3\overset{\ominus}{\text{Si}}=\overset{\oplus}{\underset{|}{\text{N}}}\text{-SiR}_3 \leftrightarrow R_3\text{Si-}\overset{\oplus}{\underset{|}{\text{N}}}=\overset{\ominus}{\text{SiR}}_3 \quad (10)$$

2. Durch Kondensation von Disilazanen oder ihre Reaktion mit Halogensilanen

Die über Gl. (2) bzw. (7a, b) nicht zugängliche Stufe des Bis(silyl)amins (= „Disilazans") wurde kürzlich (7) auf anderem Wege erhalten:

$$2\,(\text{C}_6\text{H}_5)_2\text{N-SiH}_3 + \text{NH}_3 \rightarrow 2\,(\text{C}_6\text{H}_5)_2\text{NH} + \text{H}_3\text{Si-NH-SiH}_3 \quad (11)$$

Bis(silyl)amin zerfällt als Flüssigkeit bei 0 °C innerhalb 72 Stunden zu mehr als 80% nach

$$3\,(\text{H}_3\text{Si})_2\text{NH} \rightarrow 2\,(\text{H}_3\text{Si})_3\text{N} + \text{NH}_3 \quad (12)$$

Es reagiert nicht mit Ammoniak in der Gasphase bei 20 °C, wird davon aber bei −130 °C innerhalb einer Minute zerstört, vermutlich nach

$$(H_3Si)_2NH \rightarrow 1/n\,(-H_2Si-NH-)_n + SiH_4 \tag{13}$$

Mit Silyljodid setzt es sich zu 87 % nach

$$4\,(H_3Si)_2NH + H_3SiJ \rightarrow 3\,(H_3Si)_3N + NH_4J \tag{14}$$

um. Ältere Beobachtungen (83) aus der Umsetzung von H_3SiCl mit einem NH_3-Überschuß konnten so über die Gl. (12) bis (14) eindeutig aufgeklärt werden.

Hexamethyldisilazan, $(R_3Si)_2NH$, läßt sich weder mit überschüssigem Trimethylchlorsilan in Gegenwart von Chlorwasserstoff-Fängern wie Pyridin noch thermisch bis 500 °C analog Gl. (9) oder (12) in Tris(trimethylsilyl)amin überführen (43). Ähnliche Beobachtungen wurden für andere Alkyl-, Alkoxy- oder Alkylaminodisilazane gemacht. Ist das Si-Atom jedoch Bestandteil eines kleinen Ringes, läuft eine solche Reaktion mit guter Ausbeute bereits in siedendem Benzol ab, wobei Ammoniumchlorid als Kondensationsprodukt erscheint (61):

$$4 \; \text{[(CH}_2\text{)}_3\text{Si(CH}_3\text{)}]_2\text{NH} \;+\; \text{Cl–Si(CH}_3\text{)(CH}_2\text{)}_3 \;\longrightarrow\; 3\; \text{[(CH}_2\text{)}_3\text{Si(CH}_3\text{)]}_2\text{N–Si(CH}_2\text{)}_3 \;+\; NH_4Cl \tag{15}$$

$$\text{(II f)}$$

Diese außergewöhnliche Reaktion ist offenbar sterisch bedingt, da $(CH_2)_3Si(CH_3)Cl$ mit $(CH_3)_3SiNHSi(CH_3)_3$ nicht zum entsprechenden Bis(trimethylsilyl)-(1-methyl-1-sila-cyclobutyl)-amin, sondern über vorhergehenden Austausch der Silylgruppen wieder nur zum Tris(1-methyl-1-sila-cyclobutyl)amin (II f) und zu Trimethylchlorsilan reagiert.

In den Umsetzungsprodukten von $(CH_3)_2SiCl_2$ oder $(CH_3)SiHCl_2$ mit NH_3 finden sich neben den zu über 80 % entstehenden Cyclotri- und -tetra(silaz)anen auch Produkte, deren Analyse auf die Bildung kondensierter Ringe mit Si_3N-Baugruppen schließen läßt ($6, 82$):

$$6\,R'RSiCl_2 + 17\,NH_3 \rightarrow (R'RSi)_6(NH)_3N_2 + 12\,NH_4Cl \tag{16}$$
$$\text{(XXXI a, b)}$$

Hier dürften ebenfalls sterische Faktoren − nur eine bzw. zwei CH_3-Gruppen am Si-Atom − maßgebend dafür sein, daß die Kondensation teilweise bis zur Tris(silyl)aminstufe fortschreitet. Während die russischen Autoren in diesen Verbindungen ein Cyclotetrasilazangrundgerüst mit einer SiNSi-Brücke über zwei benachbarte N-Atome als Struktur (XXXI A) vorschlagen, wird auch eine SiNSi-Brücke bei gegenüberliegenden N-Atomen im SiN-Achtring (XXXI B) für möglich gehalten (*32*). Da die Si_3N-Gruppierung aber in der Regel weitgehend planar gebaut ist, sollte in diesem Falle ein interessanter symmetrischer Körper (XXXI C) aus drei gleichartigen Achtringen vorliegen.

In neuester Zeit wurde die Kondensation von 1,3-Dihalogendisilazanen zu Vierringverbindungen der Cyclodi(silaz)an-Gruppe, in denen Si_3N-Baueinheiten enthalten sind, an vielen Beispielen beobachtet (*114*):

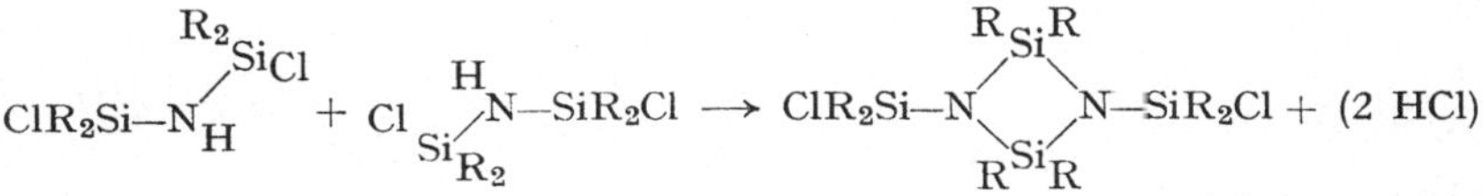

$$ClR_2Si{-}N\overset{R_2}{\underset{H}{\diagup}}SiCl \;+\; Cl\underset{Si}{\overset{H}{\diagdown}}N{-}SiR_2Cl \;\rightarrow\; ClR_2Si{-}N\diamond N{-}SiR_2Cl + (2\ HCl) \qquad (XXII) \qquad (17)$$

So tritt diese Kondensation des 1,3-Dichlor-tetramethyldisilazans zum 1,3-Bis(dimethylchlorsilyl)-2,2,4,4-tetramethyl-1,3-diaza-2,4-disilacyclobutan mit HCl-Fängern wie Triäthylamin (*119*) oder Natrium-bis(trimethylsilyl)amid (*38*), aber auch bereits beim Erhitzen (*119*) — das HCl wird hierbei von überschüssigem Dichlordisilazan durch Reaktion zu R_2SiCl_2 und NH_4Cl zerstört —, auf. Noch rascher geht das Lithium-bis-(trichlorsilyl)amid beim Erwärmen in dieses Vierringsystem über (*121*):

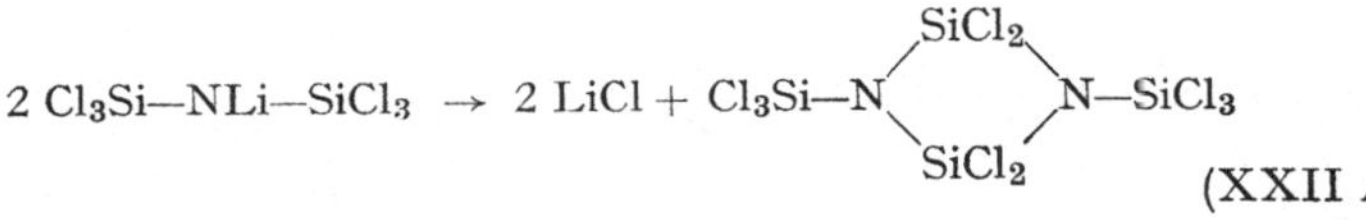

$$2\ Cl_3Si{-}NLi{-}SiCl_3 \;\rightarrow\; 2\ LiCl + Cl_3Si{-}N\diamond N{-}SiCl_3 \qquad (18)$$
$$(XXII\ Aa)$$

In ähnlicher Weise muß die Bildung der Diazadisilacyclobutane XXII („Cyclodi(silaz)ane") aus der Reaktion von Cyclotri- und -tetra(silaz)anen mit einem Unterschuß an Dimethyldichlorsilan oder bei der Spaltung mit einem Unterschuß an Halogenwasserstoffen gedeutet werden (*114*):

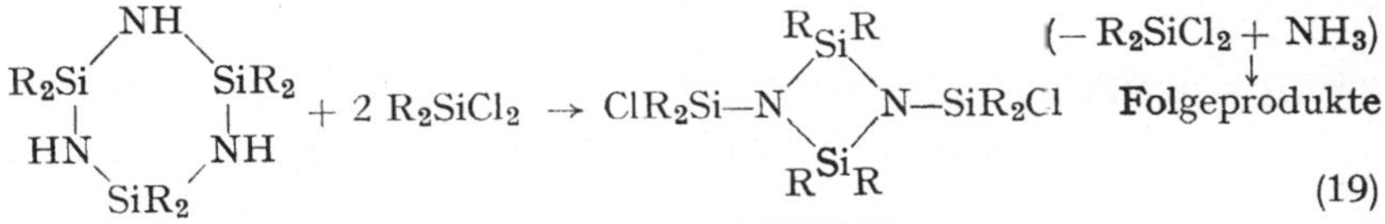

$$R_2Si\diamond SiR_2 + 2\ R_2SiCl_2 \;\rightarrow\; ClR_2Si{-}N\diamond N{-}SiR_2Cl \quad \overset{(-\,R_2SiCl_2 + NH_3)}{\underset{\text{Folgeprodukte}}{\downarrow}} \qquad (19)$$
$$(XXII\ B)$$

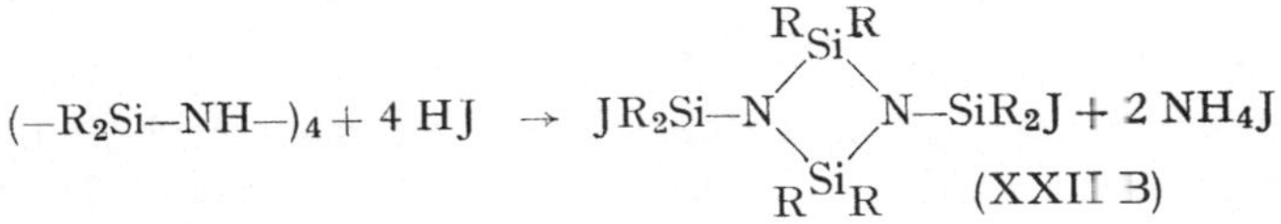

$$(-R_2Si{-}NH{-})_4 + 4\ HJ \;\rightarrow\; JR_2Si{-}N\diamond N{-}SiR_2J + 2\ NH_4J \qquad (20)$$
$$(XXII\ B)$$

Da die Umsetzung von Cyclotri- oder -tetra(silaz)anen mit äquivalenten Mengen an Dimethyldichlorsilan nahezu quantitativ zu 1,3-Dihalogendisilazanen führt (*38, 113, 114*):

$$(-R_2Si-NH-)_{3(4)} + 3(4)\ R_2SiCl_2 \rightarrow 3(4)\ ClSiR_2-NH-SiR_2Cl \qquad (21)$$

verläuft die Reaktion Gl. (19) offensichtlich über Gl. (21) und dann nach Gl. (17) weiter, wobei in diesem Falle überschüssiges Cyclotri(silaz)an als HCl-Fänger dient.

Das Dilithium-Derivat des Hexamethylcyclotri(silaz)ans weicht sogar mit äquivalenten Mengen an Dimethyldichlorsilan in das sehr stabile Cyclodi(silaz)an-System XXII aus (*35*):

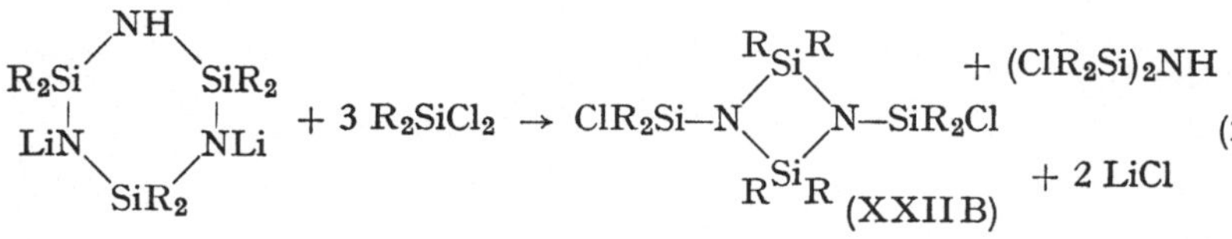

(22)

Siliciumtetrachlorid reagiert mit Ammoniak bei Raumtemperatur zum Siliciumdiimid. Dessen thermische Kondensation, analog Gl. (9), zum Siliciumnitrid beginnt bei 350 °C und ist über etliche faßbare Zwischenstufen hinweg erst bei 1250 °C beendet (*8, 9, 11, 41*):

$$3\ [Si(NH)_2]_x \longrightarrow [Si_3N_4]_x + 2x\ NH_3 \qquad (23)$$

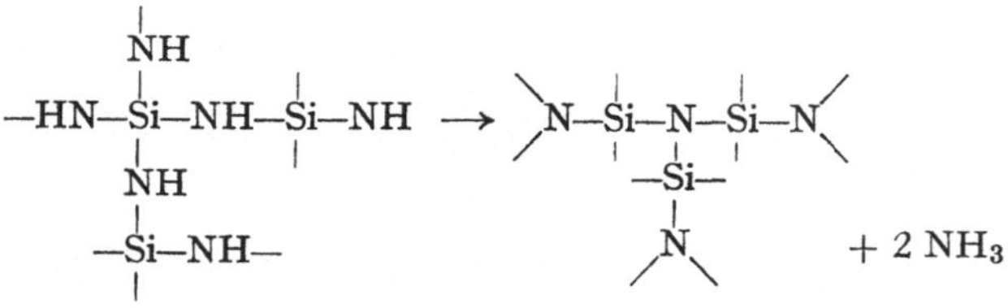

(24)

Wird Siliciumtetrachlorid mit Ammoniak im Unterschuß durch ein 825 °C heißes Rohr geleitet, so findet sich in den Kondensationsprodukten neben Hexachlordisilazan das – in der Struktur noch nicht sichergestellte – Si-Oktachlor-N-tetrakis(trichlorsilyl)-cyclotetra(silaz)an (*80*):

$$8\ SiCl_4 + 16\ NH_3 \rightarrow (4\ Cl_3Si-NH-SiCl_3 + 4\ NH_3 + 8\ NH_4Cl)$$
$$\rightarrow [-(Cl_3Si)N-SiCl_2-]_4\ (XXX) + 12\ NH_4Cl \qquad (24a)$$

Es ist wahrscheinlich identisch mit dem entsprechenden Derivat des Cyclodi(silaz)ans $[-(Cl_3Si)N-SiCl_2-]_2$ (XXII Aa) (*67, 121*), das sich hierbei leicht analog Gl. (17) gebildet haben könnte.

Als weiteres Reaktionsprodukt tritt bei dieser Umsetzung nach Gl. (24a) das polycyclische $(ClSiN)_x$ (XXXIIb) auf. Das analoge $(HSiN)_x$

(XXXIIa) wurde bei der Umsetzung von Trichlorsilan mit Ammoniak beobachtet (73, 74):

$$SiCl_4 + 4 NH_3 \rightarrow 3 NH_4Cl + 1/x (ClSiN)_x \qquad (24b)$$

$$HSiCl_3 + 4 NH_3 \rightarrow 3 NH_4Cl + 1/x (HSiN)_x \qquad (24c)$$

Im Plasmastrahl eines Stickstoffplasmas verläuft die Umsetzung von $SiCl_4$ mit NH_3 zu Si_3N_4 und NH_4Cl über alle Zwischenstufen hinweg in einem Zuge; das Si_3N_4 ist hierbei sehr fein verteilt, aber dennoch wohlkristallisiert (52).

Die Angaben über ein „Silicocyan" Si_2N_2, das ebenfalls Si_3N-Baueinheiten enthalten müßte (81), ließen sich nicht bestätigen (10).

Erhitzt man Cyclotri- oder -tetra(silaz)ane mit äquimolaren Mengen an Ammoniumbromid auf 160 °C, so bilden sich in 6—7 Stunden quantitativ Polymere mit Molekulargewichten >10000, die Si_3N-Baugruppen aufweisen (55, 57, 72):

$$[-SiR_2-NH-SiR_2-NH-]_2 \xrightarrow[(NH_4Br)]{} \text{[Ringstruktur]} + NH_3 \qquad (25)$$

3. Durch Reaktion N-metallierter Disilazane mit Halogensilanen

Das an N gebundene H-Atom in den Bis(silyl)amin-Stufen ist recht „aktiv" im Hinblick auf die Erfassung mit der Zerewitinoff-Reaktion, so läßt es sich mit einer großen Zahl von geeigneten Reaktionspartnern metallieren (111). Die Möglichkeiten sind aus der beistehenden Aufstellung zu ersehen.

$$>Si-N(H)-Si<$$

$+ LiC_6H_5, LiC_4H_9$	$- C_6H_6, C_4H_{10}$
$+ NaNH_2, NaH$	$- NH_3, H_2$
$+ K, RMgBr$	$- H_2, RH$
$+ Na/C_6H_5CHCH_2$	$- C_6H_5CH_2CH_3$
$+ NaN(SiR_3)_2$	$- HN(SiR_3)_2$

$$>Si-N(M)-Si<$$

$$M = Li, Na, K, Rb, Cs, MgBr$$

Disilazane mit RO—Si-Gruppen sind empfindlich gegen die Metallierung mit Lithiumalkylen; man muß hierbei besondere Arbeitstechniken anwenden oder auf die Metallierung mit $NaNH_2$ ausweichen (*107, 116*).

In den metallierten Disilazanen ist der SiNSi-Winkel stark, bis auf etwa 160°C, aufgeweitet, die Kraftkonstante der Si—N-Bindung weit höher als in den Disilazanen selbst (*16*). Dies scheint die anschließende Umsetzung mit Chlorsilanen nach

$$MN(Si{\leq})_2 + ClSi{\leq} \rightarrow MCl + N(Si{\leq})_3 \tag{26}$$

so zu erleichtern, daß sie in geeigneten Lösungsmitteln bei nur wenig erhöhten Temperaturen mit hohen Ausbeuten ablaufen (*90—92, 98*). Während die Lithiumderivate der Disilazane in nicht polaren Lösungsmitteln dimer vorliegen und erstaunlich leicht löslich sind, erscheinen die K-, Rb- und Cs-Derivate mehr salzartig und sind daher kaum noch löslich. Ein Maximum der Reaktionsbereitschaft zur Überführung in die Tris(silyl)amin-Stufe zeichnet sich bei den Na-Derivaten ab (*93*).

Die weitaus überwiegende Zahl der heute bekannten Tris(silyl)amine ist über diesen Weg hergestellt worden, unabhängig davon, ob Alkyl-, Alkoxy- oder Alkylamino-Gruppen als Substituenten am Si vorlagen. Dabei ist es nicht nötig, die silylierten Alkaliamide vorher zu isolieren, obwohl sie unter Feuchtigkeitsausschluß gut aufzubewahren und handzuhaben sind. Die Li-Derivate reagieren in Tetrahydrofuran oder in Äther rascher als in Kohlenwasserstoffen (*2*). In der Regel arbeitet man in den siedenden Lösungsmitteln (35—130°C); die Reaktionsdauer beläuft sich auf einige Stunden, die Ausbeuten betragen zwischen 50 und 85%. An Stelle der Cl—Si-Derivate kann man auch von den sich rascher umsetzenden, aber schwieriger zugänglichen Br—Si- oder J—Si-Derivaten ausgehen (*108*). SiF_4 reagiert bereits bei −78°C zu $(R_3Si)_2NSiF_3$-Verbindungen, bei Raumtemperatur dagegen weiter zu $(R_3Si)_2N—SiF_2—N(SiR_3)_2$ (*108, 110*). An Si gebundene Isocyanatgruppen werden von Alkali-bis(silyl)amiden nicht wie Pseudohalogenide, sondern wie Carbonylderivate angegriffen (*101, 108*):

$$N(Si{\leq})_3 + NaOCN \leftarrow\!\!\backslash\!\!- OCN—Si{\leq} + NaN(Si{\leq})_2$$

$$\rightarrow NaOSi{\leq} + {\geq}Si—N{=}C{=}N—Si{\leq} \tag{27}$$

während bei Isothiocyanatgruppen die Tris(silyl)amin-Bildung zu etwa 25% am Reaktionsgeschehen beteiligt ist (*101*).

Sind die Si-Substituenten in den Alkali-bis(silyl)amiden zu sperrig, muß man, wie bei $[(^iC_3H_7O)_3Si]_2NNa$ auf dem Wege zu Tris(trialkoxysilyl)-

aminen, zuerst mit $SiCl_4$ ein $[(RO)_3Si]_2NSiCl_3$ darstellen, danach die Cl-Atome weiter substituieren (*107*). In einer Reihe von Fällen zeigte auch das Cl-Atom der hinzugefügten Si-Komponente keine Neigung, selbst mit reaktionsfähigen Alkali-bis(silyl)amiden wie $[(CH_3)_3Si]_2NLi$ unter verschärften Bedingungen zur Tris-Stufe weiterzureagieren, so vor allem bei Phenylsubstituenten am Si-Atom wie in $RSi(C_6H_5)_2Cl$ (*92*).

An Stelle der Chlorsilane können auch Phenoxysilane eingesetzt werden:

$$MN(SiR_3)_2 + C_6H_5OSiR_3 \rightarrow MOC_6H_5 + N(SiR_3)_3 \qquad (28)$$

Da die Phenoxysilane jedoch über Chlorsilane dargestellt werden müssen, wird man sie nur in besonders gelagerten Fällen zur Gewinnung von Tris(silyl)aminen heranziehen (*104, 118*).

Bei einer Reihe von Umsetzungen des Natrium-bis(trimethylsilyl)amids wird die Bildung von Tris(trimethylsilyl)amin in Nebenreaktionen beobachtet, so mit SCl_2 (*94*), mit CS_2, CCl_4 (*106*) oder mit $C_6H_5COOSiR_3$ (*56*), ferner bei der Metallierung des Bis(trimethylsilyl)harnstoffs mit $NaNH_2$ und einer nachfolgenden Behandlung mit Trimethylchlorsilan (*70*), oder auch bei der Umsetzung von zweifach Li-metalliertem Bis-(trimethylsilyl)hydrazin mit R_3SiCl (*97*).

Cyclotri- und -tetra(silaz)ane mit freien NH-Gruppen lassen sich stufenweise metallieren; die Metallierungen sind im Prinzip die gleichen wie bei den Disilazanen (vgl. S. 109). Dabei verlaufen einfache und zweifache Metallierungen glatt; die vollständige Metallierung ist jedoch nur mit Lithiumalkylen zu erreichen. Die metallierten NH-Gruppen dieser Cyclosilazane lassen sich dann einzeln wie in Gl. (26) silylieren. Während die dreifache Silylierung des Cyclotri(silaz)ans möglich ist, weicht das analoge vierfach silylierte Cyclotetra(silaz)an seiner Bildung durch Zerfall in das Bis(silyl)cyclodi(silaz)an-System aus (*32*):

$$[-SiR_2-NLi-]_4 + 4\ ClSiR_3 \rightarrow$$

$$4\ LiCl + 2\ [-SiR_2-N(SiR_3)-]_2 \quad (XXII\ Ab) \qquad (29)$$

Die Synthese zweifach silylsubstituierter Cyclodi(silaz)ane ist über ein zweifach metalliertes Oktamethyltrisilazan möglich (*28, 30*):

$$R_3Si-\underset{\underset{Li}{|}}{N}-SiR_2-\underset{\underset{Li}{|}}{N}-SiR_3 \quad + 2\ R'_2SiCl_2$$

$$\rightarrow R_3Si-N\underset{\diagdown SiR'_2}{\overset{\diagup SiR_2 \diagdown}{}}N-SiR_3 + 2\ LiCl \qquad (30)$$

4. Durch Reaktion von Lithiumnitrid oder Natriumamid mit Chlorsilanen

Bisher ist ein einziges, noch nicht wieder bestätigtes Beispiel bekannt geworden, in dem in einem Schritt, aus Lithiumnitrid und Trimethylchlorsilan, in stark exothermer Reaktion Tris(trimethylsilyl)amin erhalten werden konnte (*59*):

$$Li_3N + 3\ R_3SiCl \rightarrow 3\ LiCl + (R_3Si)_3N \tag{31}$$

Auch von einem primären Amin ausgehend ist eine weitere Silylierung in einem Schritt nach vorheriger Zweifachmetallierung beschrieben worden (*2*):

$$(C_6H_5)_3SiNH_2 \rightarrow (C_6H_5)_3Si{-}NLi_2 \rightarrow (C_6H_5)_3Si{-}N(SiR_3)_2 \tag{32}$$

Ebenso kann man in einem einzigen Ansatz — wenn man die Reaktionsgeschwindigkeiten der einzelnen Schritte und eine geeignete Startreaktion berücksichtigt — bei stufenweiser Zugabe aus benzolischen Natriumamid-Suspensionen und Trimethylchlorsilan in hoher Ausbeute zu Tris(trimethylsilyl)amin gelangen (*103, 105*):

$$8\ NaNH_2 + 9\ R_3SiCl \rightarrow 8\ NaCl + 4\ NH_3 + NH_4Cl + 3\ (R_3Si)_3N \tag{33}$$

Die einzelnen Schritte verlaufen über die Stufen:

$$\begin{matrix}5\ NaNH_2 \\[-2pt] + \\[-2pt] 6\ R_3SiCl\end{matrix} \quad\xrightarrow[\substack{-NH_4Cl\\ \text{rasch}}]{-5\ NaCl,\ -NH_3}\quad 3\ (R_3Si)_2NH \quad\xrightarrow[\substack{-3\ NH_3\\ \text{langsam}}]{+3\ NaNH_2}\quad 3\ (R_3Si)_2NNa \xrightarrow[\substack{-3\ NaCl}]{\substack{+3\ R_3SiCl}}\begin{matrix}\text{mäßig}\\ \text{rasch}\end{matrix} \tag{34}$$

$$3\ (R_3Si)_3N$$

5. Durch Kondensation von NH- mit HSi- und CH₃Si-Derivaten

Die als Komproportionierung ablaufende Reaktion von NH-Gruppen (mit positiv) und HSi-Gruppen (mit negativ polarisiertem Wasserstoff)

$$\begin{matrix}\diagdown\\ \diagup\end{matrix}N{-}\overset{\delta+}{H} + \overset{\delta-}{H}{-}Si\begin{matrix}\diagup\\ \diagdown\end{matrix} \rightarrow H_2 + \begin{matrix}\diagdown\\ \diagup\end{matrix}N{-}Si\begin{matrix}\diagup\\ \diagdown\end{matrix} \tag{35}$$

hat in einigen Fällen auch zur Bildung von Verbindungen in der Tris(silyl)amin-Stufe geführt, so bei (*117*)

$$3\ (C_2H_5)_3Si{-}NH{-}SiH_3 \rightarrow 3\ H_2 + (-[(C_2H_5)_3Si]N{-}SiH_2{-})_3 \tag{36}$$
$$(XXVI\,b)$$

oder in weiterem Umfang bei der Darstellung und Silylierung von Cyclosilazanen (*32, 33*)

$$(37)$$

$$2\,(^nC_4H_9)_3SiNH_2 + 2\,(C_6H_5)_2SiH_2 \;\rightarrow\; 2\,H_2 + (^nC_4H_9)_3SiN\!\!\big\backslash\!\!\big/NSi(^nC_4H_9)_3 \qquad (38)$$

oder auch nach (123)

$$6\,H_3SiCl + 9\,NH_3 \;\rightarrow\; 3\,H_2 + 6\,NH_4Cl + [-(H_3Si)N-SiH_2-]_3 \;(XXVIa) \quad (39)$$

Selbst an Si gebundene CH_3-Gruppen können mit NH-Gruppen als Methan abgespalten werden. So geht Hexamethylcyclotrisilazan in Gegenwart von 1% festem KOH bei 160—260 °C in das tricyclische Derivat (XXXIII) (4), bei 330 °C in vernetzte spröde Polymere mit Si_3N-Baueinheiten über (5):

$$(40)$$

$$(41)$$

6. Durch speziellere Reaktionen unter verschärften Bedingungen

Die Umsetzung von elementarem Silicium mit Stickstoff oder auch mit Ammoniak bei Temperaturen oberhalb 1250 °C führt zum Siliciumnitrid, wobei in Abhängigkeit von den Versuchsbedingungen eine α- und eine β-Modifikation erhalten werden können (9, 40, 42, 49, 62, 65, 86, 87, 89):

$$3\,Si_x + 2x\,N_2 \;\rightarrow\; (Si_3N_4)_x \qquad\qquad (42)$$

$$3\,Si_x + 4x\,NH_3 \;\rightarrow\; (Si_3N_4)_x + 6x\,H_2 \qquad (43)$$

In Meteoriten ist im Mineral Sinoit eine SiN-Verbindung mit Si_3N-Baueinheiten (XXIII) aufgefunden worden (3, 50, 51). Es handelt sich hierbei um das Disiliciumoxiddinitrid $(Si_2ON_2)_x$, das man auch durch Behandlung von Si/SiO_2-Gemischen mit N_2/Ar bei Temperaturen um 1450 °C synthetisieren kann (14, 36, 48).

Läßt man ein Gemisch von $SiCl_4$-Dampf und N_2 durch Glimmentladungen von 1,8—2,4 kV bei Drucken von 0,2—0,8 Torr strömen, so bildet sich eine Vielzahl von Verbindungen mit Si_3N-Gruppierungen, die allerdings nur außerordentlich schwierig zu trennen sind (66, 67):

$$x\ SiCl_4 + y\ N_2 \rightarrow (Cl_3Si)_3N\ (Ib),\quad [-(Cl_3Si)N-SiCl_2-]_2\ (XXII\ Aa),$$
$$Cl_2Si[N(SiCl_3)_2]_2\ (XVIa),\quad Cl_3Si-N[SiCl_2-N(SiCl_3)_2]_2$$
$$(XVIIa),\ (ClSiN)_x\ (XXXIIb) \tag{44}$$

Ihre Bildung wird durch Kombination von N und $SiCl_3$-Entladungsbruchstücken wie durch Kondensationsreaktionen unter $SiCl_4$-Abspaltung gedeutet:

$$>\!N-SiCl_3 + Cl_3Si-N\!< \rightarrow SiCl_4 + >\!N-SiCl_2-N\!< \tag{45}$$

Beim Erhitzen eines Gemisches von Calciumdisilicid mit Ammoniumbromid auf 350—550 °C bildet sich polymeres Hexasiliciumdinitrid (XXXIV) (46):

$$3\ CaSi_2 + 6\ NH_4Br \rightarrow 3\ CaBr_2 + 4\ NH_3 + 6\ H_2 + 1/x\ (Si_6N_2)_x \tag{46}$$

Es wird angenommen, daß bei der Reaktion primär gebildetes $(Si_6H_6)_x$ mit freiwerdendem Ammoniak unter H_2-Entwicklung zur Tris(silyl)-amin-Stufe XXXIV weiterreagiert.

III. Eigenschaften und physikalische Daten der Verbindungen mit Si_3N-Struktur

Die Tris(silyl)amine sind farb- und geruchlos, bei Raumtemperatur überwiegend flüssig, zum großen Teil auch fest. Ihre Schmelzpunkte liegen dann fast ausschließlich im Bereich zwischen 40 und 80 °C. Schmelzpunkte oberhalb 100 °C sind bisher nur von If, VIk und VIIIf bekannt. Oft werden Schmelzintervalle von einigen Graden berichtet. Das Aussehen der Tris(silyl)amine ist in allen diesen Fällen wachs- bis schmalzartig. Einige verflüssigen sich teilweise bei längerem Stehen in abgeschmolzenen Ampullen. Bei anderen wurde ein Wechsel der Kristallstruktur beim Erhitzen beobachtet. Vom $(Cl_3Si)_3N$ (Ib) sind sogar zwei verschieden schmelzende Modifikationen aufgezeichnet. Wachsartige Formen treten vor allem bei Tris(silyl)aminen mit hoher Symmetrie und weitgehend kugelförmiger Molekelgestalt in Erscheinung. Phenyl- oder Cyclohexyl-Substituenten an den Si-Atomen bevorzugen sprödkristalline Erscheinungsformen, während gestreckte Substituenten (wie Äthyl- oder Propyl-Gruppen) ein Kristallisieren selbst bei tiefen Temperaturen in der Regel verhindern. Viele Tris(silyl)amine lassen sich bei

Normaldruck, alle bekannten zumindestens bei vermindertem Druck unzersetzt destillieren. Eine Reinigung der festen Derivate gelingt oft über eine Vakuumsublimation. Auffallend sind die teilweise geringen Unterschiede zwischen Schmelz- und Siedepunkten. Schon geringe, elementaranalytisch nicht mehr erfaßbare Verunreinigungen vermögen den Schmelzpunkt bisweilen stark herabzudrücken, so etwa im Falle von I f (Formelbild nachstehend) von 267 auf 200—230 °C. Es ist durchaus möglich, daß manche der in Tab. 1 angegebenen physikalischen Daten bei einer sorgfältigen Untersuchung der betreffenden Substanz — selbst dort, wo nicht abweichende Ergebnisse verschiedener Autoren vorliegen — eine Korrektur erfahren werden, obwohl diese Substanzen meist totalanalysiert waren und an ihrer Existenz keine Zweifel bestehen.

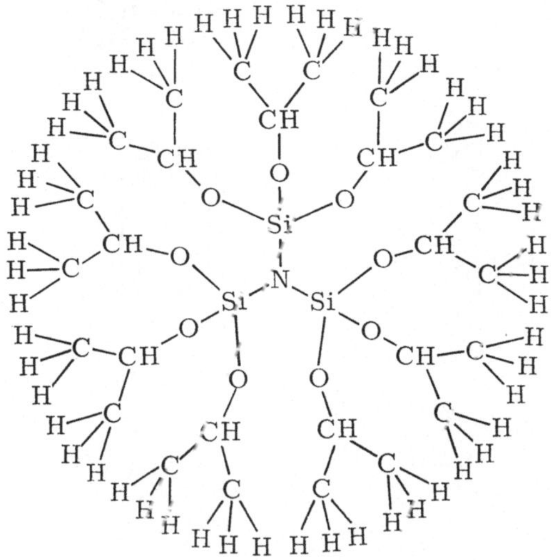

I f

Ein Überblick über die Strukturen der bisher dargestellten SiN-Verbindungen mit Si_3N-Baugruppen findet sich auf den Seiten 124—126. In den reinen Tris(silyl)aminen ist die Variationsmöglichkeit der Substituenten an den Si-Atomen ungewöhnlich groß und trotz der bisher dargestellten Strukturen I bis XV und XVIII bis XIX noch lange nicht ausgeschöpft. Allerdings dürfte es schwierig werden, mehr als vier verschiedene Si-Substituenten (wie in IX oder XV) hierfür heranzuziehen.

Größere Teilausschnitte aus dem Baugerüst des Si_3N_4 stellen die Strukturtypen XVI (mit 5 Si und 2 N), XVII (mit 7 Si und 3 N) sowie XX (mit 9 Si und 4 N) dar. Zahlreich sind die SiN-Ringsysteme, in denen eines oder mehrere N-Atome silylsubstituiert sind und damit Si_3N-Baugruppen aufweisen, wie in den Beispielen XXI bis XXX. Kondensierte und polycyclische Ringsysteme (XXIII und XXXI bis XXXIV) zeigen an den Verknüpfungsstellen das (in der Regel planare) Si_3N-

Tabelle 1. *Physikalische Meßwerte, Darstellungs- und Literaturnachweise der*

Nr.	R	R'	R''	Bruttoformel	Fp [°C]
Ia	H			Si_3NH_9	—105,6 —105,7
b	Cl			Si_3NCl_9	44—48[4] 78
c	*me*[1])			$Si_3NC_9H_{27}$	67—69 70—71 73—74
d	O*me*			$Si_3NC_9H_{27}O_9$	<—78
e	O*et*			$Si_3NC_{18}H_{45}O_9$	<—78
f	O*ipr*			$Si_3NC_{27}H_{63}O_9$	267
IIa	H	*me*[1])		$Si_3NC_3H_{15}$	—107
b	H	SiH_3		Si_6NH_{15}	—97,1
c	*me*	Cl		$Si_3NC_6H_{18}Cl_3$	73—75
d	*me*	O*et*		$Si_3NC_{12}H_{33}O_3$	
e	*me*	N*me*$_2$		$Si_3N_4C_{12}H_{36}$	84—85
f	$(CH_2)_3$	*me*		$Si_3NC_{12}H_{27}$	
g	O*me*	*me*		$Si_3NC_9H_{27}O_6$	
h	O*me*	*vi*[6])		$Si_3NC_{12}H_{27}O_6$	60—62
IIIa	*me*	*vi*	O*ipr*	$Si_3NC_{18}H_{39}O_3$	
IVa	*me*	Cl		$Si_3NC_8H_{24}Cl$	60
b	*me*	OH		$Si_3NC_8H_{25}O$	
c	*me*	O*ph*		$Si_3NC_{14}H_{29}O$	
d	*me*	NH$_2$		$Si_3N_2C_8H_{26}$	73—74
e	*me*	N*et*$_2$		$Si_3N_2C_{12}H_{34}$	
f	*me*	Si*me*$_3$		$Si_4NC_{11}H_{33}$	[11])
Va	*me*	Cl		$Si_3NC_7H_{21}Cl_2$	72—76 80—85
b	*me*	OH		$Si_3NC_7H_{23}O_2$	[12])
c	*me*	O*me*		$Si_3NC_9H_{27}O_2$	50
d	*me*	NH$_2$		$Si_3N_3C_7H_{25}$	50—53
VIa	H	*et*[1])		$Si_3NC_6H_{21}$	
b	Cl	F		$Si_3NCl_6F_3$	

---

[1]) Abkürzungen: *me* = CH_3, *et* = C_2H_5, *ipr* = $CH(CH_3)_2$.

[2]) bei —105,6 °C.

[3]) $\log p[\text{Torr}] = -1956{,}10/T + 1{,}75 \log T - 0{,}00830\ T + 7{,}20404$; $\Delta H = 7{,}0$ kcal/Mol (*84*); krit. Temp. 487,74 °K, krit. Druck 7073 Torr, mittlerer Polarisationswert P = 39,94 cm³, Dipolmoment = Null, elektron. Polarisation 34,53, atom. Polarisation 5,41 cm³ (*88*).

[4]) 2 Modifikationen.)

[5]) bei 25 °C.

Tris(silyl)amine

Kp [°C]	[Torr]	n_D^{20}	D_4^{20}	Darstellung nach Gl.	erstmals	Literatur
52	760	[3])	0,895[2])	(2, 12, 14)	1921	(*7, 15, 20—23, 25, 26, 37, 45, 53, 60, 71, 83* bis *85, 88, 123*)
				(44)	1957	(*66, 67*)
79	13			(26, 33, 31)	1959	(*2, 16, 30, 43,*
76	12	1,4545	0,8435	Kap. B. 3		*56, 58, 59, 70,*
205	727					*75—78, 90—94, 96—98, 101, 103, 105, 106, 126*)
110	3	1,4107	1,155[5])	(77)	1963	(*95, 107*)
114	1	1,4135		(77)	1964	(*107*)
284	760			(78)	1963	(*95, 107*)
166	2					
109	760	[7])		(4)	1958	(*18, 19, 24*)
176	760	[8])	0,873[9])	(3)	1961	(*1, 37, 122*)
105	10			(59)	1966	(*16, 115*)
111	10	1,4215	0,909	(77)	1964	(*102, 115*)
				(74)	1966	(*115*)
112	2	1,5013	0,9568	(15)	1965	(*61*)
90	4	1,4192	1,037[10])	(77)	1964	(*95, 102*)
102	2			(77)	1964	(*102*)
108	1	1,4468	0,927	(78)	1963	(*95, 102*)
75	1			(*26, 73*)	1960	(*2, 30, 31, 58,*
90	9					*91, 92, 98, 118*)
85	8	1,4532		(76)	1960	(*91, 92*)
103	1			(28)	1964	(*104, 118*)
82	9			(74)	1960	(*91, 92, 98*)
99	1	1,4600	0,8838	(74)	1965	(*118*)
93	14	1,442	0,822	(26)	1963	(*100*)
98	13			(26, 73)	1963	(*63*)
97	11				1964	(*99*)
		1,4580		(76)	1963	(*53*)
56	1,5			(77)	1964	(*99*)
89	11			(74)	1963	(*63, 99*)
101	17					
178	720	**1,4527**		Nebenrk. von (36)	1964	(*117*)
62	12					
43	3			(26)	1966	(*120*)

---

[6]) Abkürzungen: vi = $CHCH_2$, ph = C_6H_5.

[7]) log p[Torr] (50—105 °C) = 7,491 − 1760/T; mol. Verdampfungswärme 8,1 kcal; Troutonkonstante 20,7.

[8]) log p [Torr] (0—121 °C) = 8,0645 − 2328,9/T; mol. Verdampfungswärme 10,66 kcal; Troutonkonstante 23,7.

[9]) bei 0 °C.

[10]) bei 25 °C.

[11]) nicht ganz rein.

Tabelle 1 (Fortsetzung)

Nr.	R	R'	R''	Bruttoformel	Fp [°C]
c	*me*	H		$Si_3NC_6H_{21}$	−63
d	*me*	F		$Si_3NC_6H_{18}F_3$	−9
e	*me*	Cl		$Si_3NC_6H_{18}Cl_3$	80—85
f	*me*	Br		$Si_3NC_6H_{18}Br_3$	85—89
g	*me*	J		$Si_3NC_6H_{18}J_3$	
h	*me*	O*me*		$Si_3NC_9H_{27}O_3$	20—22
i	*me*	NCO		$Si_3N_4C_9H_{18}O_3$	−2
j	*me*	n*pr*[13]		$Si_3NC_{15}H_{39}$	
k	*me*	*ph*[6]		$Si_3NC_{24}H_{33}$	113—114
l	O*me*	Cl		$Si_3NC_6H_{18}Cl_3O_6$	
m	O*me*	*et*		$Si_3NC_{12}H_{33}O_6$	42
n	O*et*	H		$Si_3NC_{12}H_{33}O_6$	
o	O*et*	Cl		$Si_3NC_{12}H_{30}Cl_3O_6$	
p	O^i*pr*	Cl		$Si_3NC_{18}H_{42}Cl_3O_6$	
VIIa	*me*	Cl	*ph*	$Si_3NC_{13}H_{26}Cl$	
b	*me*	Cl	*et*	$Si_3NC_9H_{26}Cl$	
c	*me*	NH$_2$	*et*	$Si_3N_2C_9H_{28}$	
VIIIa	*me*	Cl	*vi*	$Si_3NC_8H_{21}Cl_2$	66—67
b	*me*	Cl	n*pr*	$Si_3NC_9H_{25}Cl_2$	
c	*me*	Cl	*ph*	$Si_3NC_{12}H_{23}Cl_2$	36—38 38—40
d	*me*	Cl	*ch*[16]	$Si_3NC_{12}H_{29}Cl_2$	37
e	*me*	Cl	SiCl$_3$	$Si_4NC_6H_{18}Cl_5$	[17]
f	*me*	OH	*ph*	$Si_3NC_{12}H_{25}O_2$	100—105
g	*me*	O*me*	*vi*	$Si_3NC_{10}H_{27}O_2$	71—73
h	*me*	NH$_2$	*ph*	$Si_3N_3C_{12}H_{27}$	26—28
i	*me*	*et*	Cl	$Si_3NC_{10}H_{28}Cl$	83—85
j	*me*	*ph*	Cl	$Si_3NC_{18}H_{28}Cl$	55—58 53—55
k	O*me*	Cl	*vi*	$Si_3NC_8H_{21}Cl_2O_6$	
l	O*me*	Cl	n*pr*	$Si_3NC_9H_{25}Cl_2O_6$	
m	O^i*pr*	Cl	*me*	$Si_3NC_{19}H_{45}Cl_2O_6$	
n	O^i*pr*	Cl	*vi*	$Si_3NC_{20}H_{45}Cl_2O_6$	46—47
IXa	*me*	Cl	NH$_2$ [18]	$Si_3N_2C_{12}H_{25}Cl$	
Xa	*me*	*et*	n*pr*	$Si_3NC_{18}H_{45}$	
XIa	O*me*	*vi*		$Si_3NC_{11}H_{27}O_7$	44—46
	me	Br		$Si_3NC_7H_{21}Br_2$	

[12] thermisch unbeständig.

[13] n*pr* = $CH_2CH_2CH_3$.

[14] bei 24 °C.

[15] bei 23 °C.

Kp [°C]	[Torr]	n_D^{20}	D_4^{20}	Darstellung nach Gl.	erstmals	Literatur
156	734	1,4348	0,817	(26, 81)	1964	(108)
43	12					
144	738	1,3876	1,014	(26)	1964	(98, 110, 108)
103	13			(26)	1960	(58, 91, 92, 98,
231	737					105, 108)
110	5			(26)	1964	(98, 108)
118	6	1,5684	2,125	(26)	1964	(98, 108)
86	9	1,4355	0,9864[14])	(77)	1960	(91, 92, 108)
102	15					
81	1	1,4647	1,088	(79)	1964	(105, 108)
103	1	1,4630		(26)	1960	(91, 92)
130/140	0,15			(26, 32)	1965	(2)
100	1	1,4306	1,304	(26, 73)	1963	(95, 107)
85	3			(26)	1964	(117)
67	2	1,4116		(26)	1964	(117)
123	2	1,4505	1,082[15])	(73)	1964	(107)
141	2	1,4333	1,089	(73)	1963	(98, 107)
99	2	1,5080	1,011	(80)	1964	(99)
				(73)	1963	(30)
98	12			(74)	1963	(30)
87	2			(26, 73)	1964	(99)
99	3	1,4670	1,024	(26, 73)	1964	(99)
112	2			(26, 73)	1963	(98, 99)
115	1					(63)
139	2,5			(26, 73)	1964	(99)
				(26)	1963	(100)
				(75)	1963	(63)
86	5			(77)	1964	(99)
102	2	1,5081		(74)		(99)
105	1	1,5084			1963	(63)
				(26, 73)	1965	(2)
168	0,5	1,5458		(26, 73)	1961	(91, 92)
117	0,5			(26, 73)		(2)
102	2	1,4379		(73)	1965	(112)
108	2	1,4331	1,191	(73)	1965	(112)
122	0,5	1,4312	1,042	(73)	1965	(112)
130	1			(73)	1965	(112)
118	1	1,5112		(73)	1963	(63)
130/135	1,5	1,4780		(26)	1960	(91, 92)
104	2			(77)	1965	(112)
124	12			(72)	1963	(31)

[16]) $ch = C_6H_{11}$ (Cyclohexyl).

[17]) nicht rein isoliert.

[18]) $R''' = C_6H_5$.

[19]) bei 25 °C.

Tabelle 1 (Fortsetzung)

Nr.	R	R'	R''	Bruttoformel	Fp [°C]
XIIa	Ome	vi	Cl	$Si_3NC_8H_{18}Cl_3O_4$	
XIIIa	Ome	me	Cl	$Si_3NC_7H_{21}Cl_2O_4$	
	Ome	vi	Cl	$Si_3NC_{10}H_{21}Cl_2O_4$	48—50
XIVa	me	Oet	Cl	$Si_3NC_{10}H_{28}ClO_2$	
b	me	Oet	Net_2	$Si_3N_2C_{14}H_{38}O_2$	
c	me	NHet	Net_2	$Si_3N_4C_{14}H_{40}$	
XVa	me	vi	O^ipr [21])	$Si_3NC_{15}H_{32}ClO_2$	
XVIa	Cl	Cl	Cl	$Si_5N_2Cl_{14}$	[22])
b	me	me	me	$Si_5N_2C_{14}H_{42}$	68—72
c	me	F	me	$Si_5N_2C_{12}H_{36}F_2$	
d	me	me	OSiet_3	$Si_7N_2C_{24}H_{66}O_2$	
XVIIa	Cl	SiCl_3		$Si_7N_3Cl_{19}$	90—94
b	me	Li		$Si_6N_3C_{16}H_{48}Li$	
c	me	SiR$_2$N(SiR$_3$)$_2$		$Si_9N_4C_{24}H_{72}$	
			n		
XVIIIa	me	Cl	1	$Si_4NC_{10}H_{30}ClO$	
b	me	Cl	2	$Si_5NC_{12}H_{36}ClO_2$	
c	me	Cl	3	$Si_6NC_{14}H_{42}ClO_3$	
d	me	OH	2	$Si_5NC_{12}H_{37}O_3$	
e	me	OH	3	$Si_6NC_{14}H_{43}O_4$	
f	me	NH$_2$	1	$Si_4N_2C_{10}H_{32}O$	
g	me	NH$_2$	2	$Si_5N_2C_{12}H_{38}O_2$	
h	me	NH$_2$	3	$Si_6N_2C_{14}H_{44}O_3$	
			n		
XIXa	me	O	1	$Si_8N_2C_{20}H_{60}O_3$	
b	me	O	2	$Si_{10}N_2C_{24}H_{72}O_5$	
c	me	O	3	$Si_{12}N_2C_{28}H_{84}O_7$	
d	me	NH	2	$Si_{10}N_3C_{24}H_{73}O_4$	
e	me	NH	3	$Si_{12}N_3C_{28}H_{85}O_6$	
XXa	me			$Si_9N_4C_{24}H_{72}$	[28])
XXIa	me			$Si_3NC_7H_{21}$	—37
XXII Aa	Cl			$Si_4N_2Cl_{10}$	84, 86
					ca. 50
					66
b	me			$Si_4N_2C_{10}H_{30}$	39
Ba	me	H		$Si_4N_2C_8H_{26}$	
b	me	Cl		$Si_4N_2C_8H_{24}Cl_2$	70
					59

[20]) mit LiNet_2.
[21]) R''' = Cl.
[22]) hochviskos.
[23]) mit et_3SiOH.
[24]) bei 25 °C.
[25]) bei 26 °C.

Kp [°C]	[Torr]	n_D^{20}	D_4^{20}	Darstellung nach Gl.	erstmals	Literatur
116	2	1,4565	1,239	(73)	1965	(112)
79	2	1,4355	1,163[19]	(73)	1963	(95, 102)
98	1,5			(73)	1965	(98, 102)
108	10	1,4340	0,963	(73)	1964	(102)
126	10	1,4424	0,9145	aus IId[20]	1965	(118)
101	1,5	1,4494	0,8941	(26)	1965	(118)
110	1	1,4621	0,984	(73)	1963	(95, 102)
				(44)	1957	(66, 67)
113	0,5			(82)	1960	(91, 92, 98)
73	0,2	1,4511		(82)	1964	(108, 110)
195	0,3	1,4690		aus XXVIIIa[33]	1962	(29)
220/230				(44)	1957	(67)
140	1,5			(26)	1961	(28, 30)
					1961	(28)
110	10	1,4440	0,9446[24]	(26)	1965	(58)
107	2,5	1,4365		(26)	1965	(58)
124	2	1,4323		(26)	1962	(54, 58)
103	2	1,4370	0,9346[24]		1965	(58)
104	1,5	1,4288			1962	(54, 58)
76	2	1,4409	0,9122[24]		1965	(58)
92	1,5	1,4346	0,9123[25]		1965	(58)
99	1	1,4297	0,9257[25]		1962	(54, 58)
160	1	1,4453	0,9357[26]		1965	(58)
189	1	1,4384	0,9340[27]		1965	(58)
215	1	1,4319	0,9401[26]		1962	(54, 58)
197	1,6	1,4417			1965	(58)
197	1	1,4349			1962	(54, 58)
				(73)	1964	(108)
173	760[30]	1,4375	0,827[29]	aus IVa	1963	(31, 78)
				(44)	1958	(66, 67)
				(24a)	1953	(80)
				(18)	1966	(121)
85	7	1,4237[31]	0,998	(30, 67—69, 80)	1961	(17, 28—32, 38, 39, 78, 114, 119, 124, 125)
91	10					
73	10	1,4308		(81)	1965	(17, 114, 116)
116	10			(17, 19)	1965	(17, 38, 113, 114, 119)
64	0,08					(32, 35)

[26]) bei 27 °C.
[27]) bei 28 °C.
[28]) nicht rein isoliert.
[29]) bei 18 °C.
[30]) log p [Torr] = 5,396 — 1125/T; mol. Verdampfungswärme 5,1 kcal.
[31]) bei 45 °C.

Tabelle 1 (Fortsetzung)

Nr.	R	R′	R″	Bruttoformel	Fp [°C]
c	*me*	Br		$Si_4N_2C_8H_{24}Br_2$	96—97
d	*me*	J		$Si_4N_2C_8H_{24}J_2$	108—109
e	*me*	O*me*		$Si_4N_2C_{10}H_{30}O_2$	—10
f	*me*	NH_2		$Si_4N_4C_8H_{28}$	35—36[32]
g	*me*	NH*me*		$Si_4N_4C_{10}H_{32}$	2—3
h	*me*	N*me*$_2$		$Si_4N_4C_{12}H_{36}$	1—2
i	*me*	ⁿ*bu*		$Si_4N_2C_{16}H_{42}$	—19
Ca	*me*	*me*	Cl	$Si_4N_2C_8H_{24}Cl_2$	28—29
b	*me*	*me*	O*et*	$Si_4N_2C_{12}H_{34}O_2$	
c	*me*	*me*	*ph*	$Si_4N_2C_{20}H_{34}$	50—52
d	*me*	*et*	*et*	$Si_4N_2C_{14}H_{38}$	
e	ⁿ*bu*	*ph*	*ph*	$Si_4N_2C_{48}H_{74}$	112
Da	*me*	*me*	*et*	$Si_4N_2C_{12}H_{34}$	
Ea	*me*	Cl	NHSiR$_2$Cl	$Si_5N_3C_{10}H_{31}Cl_2$	
Fa	*me*	Cl		$Si_7N_4C_{14}H_{42}Cl_2$	29—30
XXIII				$(Si_2N_2O)_x$	
XXIVa	*me*	*me*		$Si_4N_3C_9H_{29}$	
b	*ph*	*me*		$Si_4N_3C_{39}H_{41}$	80 156
XXVa	*me*	*me*	*me*	$Si_5N_3C_{12}H_{37}$	—74
b	*et*	*me*	*me*	$Si_5N_3C_{18}H_{49}$	—65
c	*me*	*et*	*me*	$Si_5N_3C_{16}H_{45}$	66
(?) d	*me*	*ph*	*me*	$Si_5N_3C_{32}H_{45}$	66
XXVIa	H	H	H	$Si_6N_3H_{15}$	
b	H	*et*	*et*	$Si_6N_3C_{18}H_{51}$	
c	*me*	*me*	*me*	$Si_6N_3C_{15}H_{45}$	—43
d	*et*	*me*	*me*	$Si_6N_3C_{21}H_{57}$	—35
e	*ph*	*me*	*me*	$Si_6N_3C_{45}H_{57}$	110—120
f	*ph*	*me*	Cl	$Si_6N_3C_{42}H_{48}Cl_3$	90—100
XXVIIa	*me*			$Si_5N_4C_{11}H_{36}$	—17
XXVIIIa	*me*			$Si_6N_4C_{14}H_{44}$	—32
XXIXa	*me*			$Si_7N_4C_{17}H_{52}$	—55
XXXa	Cl *me*				ca. 50
XXXIa	*me*	H		$Si_6N_5C_6H_{27}$	
b	*me*	*me*		$Si_6N_5C_{12}H_{39}$	
XXXIIa	H			$(SiNH)_x$	
b	Cl			$(SiNCl)_x$	
XXXIIIa	*me*			$Si_7N_6C_{13}H_{42}$	165—167
XXXIV				$(Si_6N_2)_x$	

[32]) unter Zersetzung.
[33]) bei 45 °C.

Kp [°C]	[Torr]	n_D^{20}	D_4^{20}	Darstellung nach Gl.	erstmals	Literatur
				(20)	1965	(*17, 114, 119*)
				(20)	1965	(*17, 114, 119*)
62	0,2	1,4340	0,9356	(77)	1965	(*17, 114, 119*)
				(74)	1965	(*114, 116*)
122	10	1,4508		(74)	1965	(*17, 114 116*)
135	10	1,4510		(74)	1965	(*17, 114, 116*)
95	0,06	1,4504	0,8743	(80)	1965	(*17, 119*)
118	21	1,4360[33]		(30)	1963	(*30, 32*)
80	1,5	1,4312		(30)	1963	(*30, 32*)
120	0,03			(66)	1966	(*32—34*)
82	0,9			(30)	1963	(*30, 32*)
241	0,04			(38)	1966	(*32—34*)
74	0,9	1,4502		(30)	1963	(*30, 32*)
95	0,1	1,4590	1,0198		1966	(*17, 119*)
135/140	0,1	1,4658	1,0178		1966	(*119*)
				Kap. B 6	1964	(*3 14, 36, 48, 50, 51*)
113	10	1,4596[25]	0,931[26]	(26)	1963	(*13, 29, 32*)
255	760					
293/300	1			(26)	1962	(*29, 32*)
82	2	1,4422	0,973	(26, 64, 68)	1961	(*13, 27, 29, 32*)
261	730					
333	720	1,4751		(26)	1961	(*27, 32*)
248	0,04	1,5621			1966	(*32, 34*)
249	0,04	1,5621		(37)	1966	(*33*)
133	760[34]			(70)	1966	(*123*)
234	12	1,4912	0,9540	(36)	1964	(*117*)
144	0,9	1,4823	0,940	(26)	1961	(*27—29, 32*)
333	723					
361	720	1,4868		(26)	1961	(*27, 32*)
422	718			(26)	1961	(*27*)
470/480	720			(26)	1961	(*27*)
108	1,5	1,4613		(26)	1962	(*29, 32*)
123	3	1,4497	0,901	(26, 64)	1962	(*29, 32*)
133	3	1,4582		(26, 64)	1961	(*27, 29, 32*)
327	718					
103	2	vgl. XXII Aa		(24a)	1953	(*32, 80, 66*)
				(Versuche)		(*28, 29*)
116	1,5	1,4860	1,0371	(16)	1962	(*82*)
250/275	760	1,4684		(16)	1964	(*6*)
				(24c)	1905	(*73, 74*)
				(24b, 44)	1957	(*66, 67, 80*)
				(40)	1962	(*4*)
				(46)	1962	(*46*)

---

[34]) $\log p$ [Torr] (—22,8 bis 50,0 °C) = 7,9456 — 2057,3/T; mol. Verdampfungswärme 9,414 kcal; Troutonkonstante 23,2.

Gerüst. Beispiele etwas ausgefallenerer Strukturen liegen in **XXI** oder in
XXXIV vor, in denen das N-Atom Bestandteil eines NSi_2-Ringes (**XXI**)
bzw. von (drei) NSi_3-Ringen (**XXXIV**; beide mit Si—Si-Bindungen) und
gleichzeitig an ein weiteres Si-Atom gebunden ist.

(I)   (II)   (III)   (IV)   (V)

(VI)   (VII)   (VIII)   (IX)   (X)

(XI)   (XII)   (XIII)   (XIV)   (XV)

(XVI)   (XVII)

(XVIII)   (XIX)   (XX)

(XXI)   (XXII A)   (XXII B)   (XXII C)

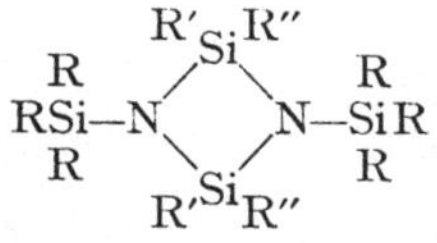

(XXII D) 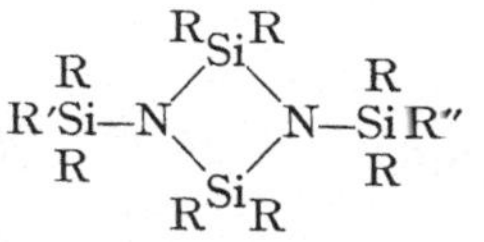 (XXII E)

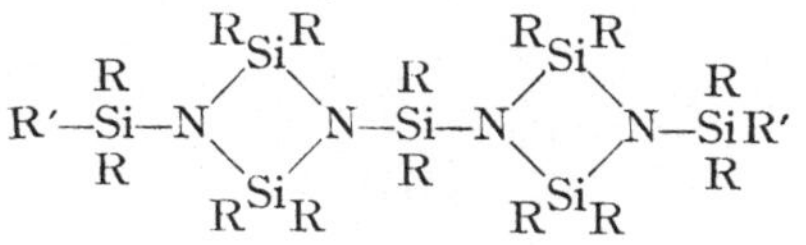

(XXII F)

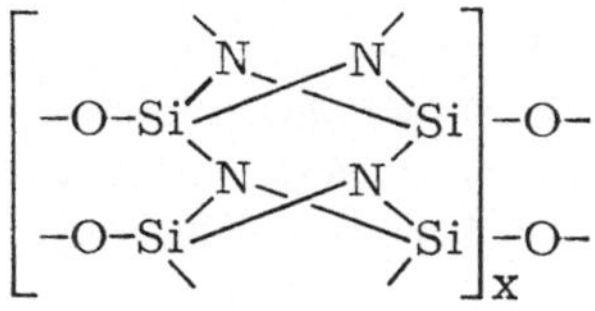

(XXIII) 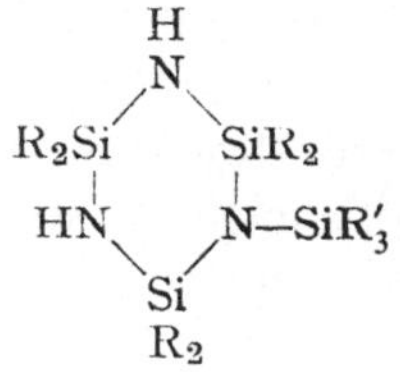 (XXIV) 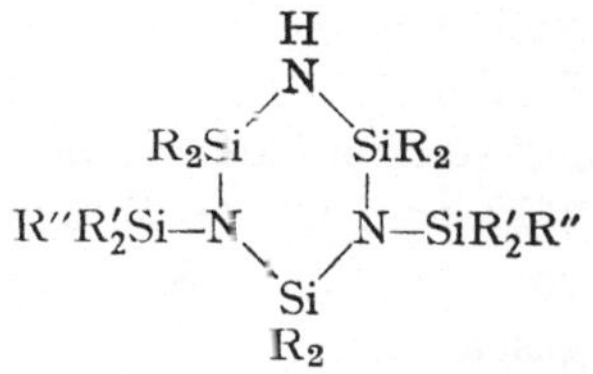 (XXV)

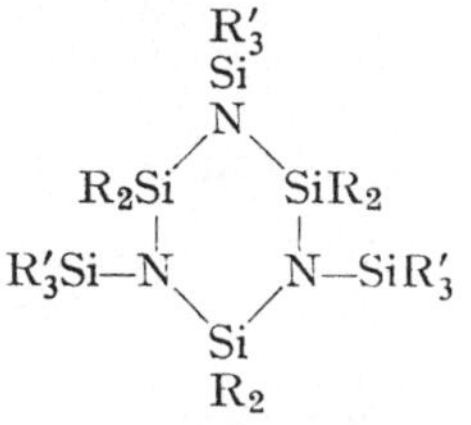

(XXVI) 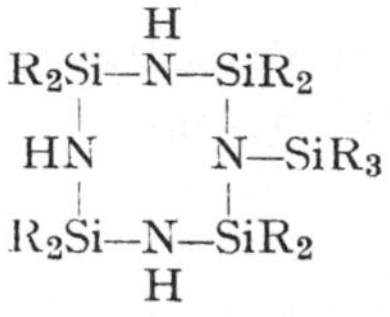 (XXVII) 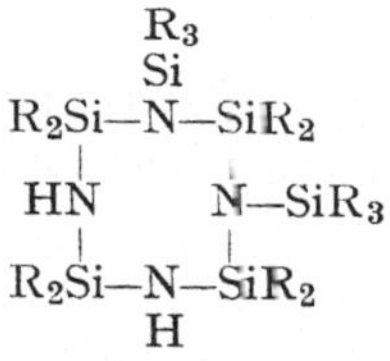 (XXVIII)

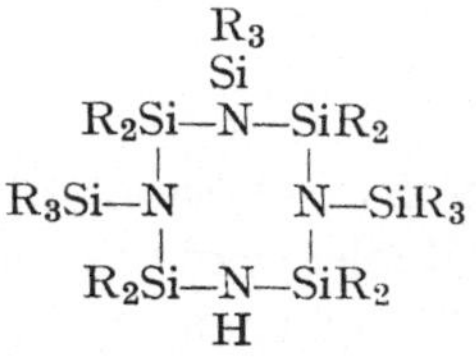

(XXIX) 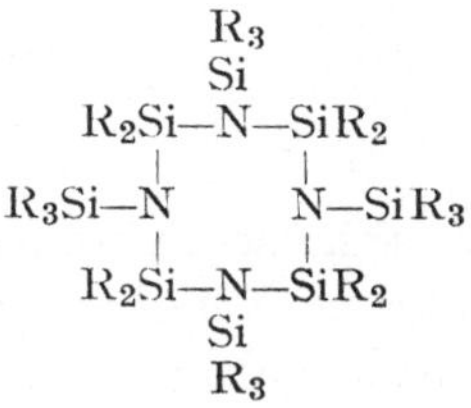 (XXX) 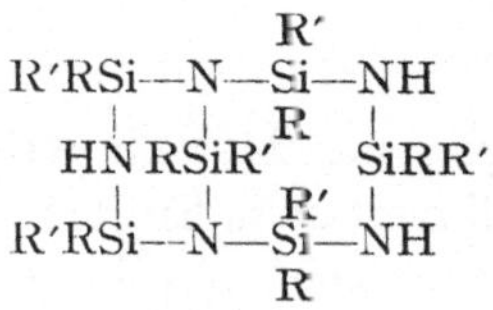 (XXXI A)

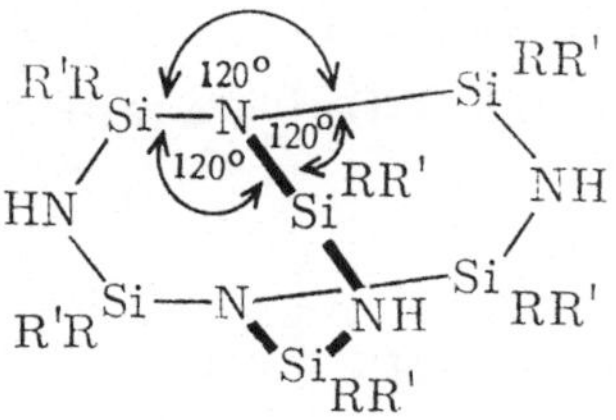

(XXXI C) 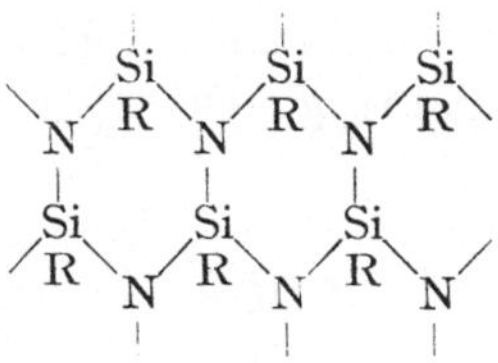 (XXXII)

$$\begin{array}{ccc}
\text{(XXXI B)} & \text{(XXXIII)} & \text{(XXXIV)}
\end{array}$$

Die Tris(silyl)amine sind luft- (bis auf Derivate mit H—Si-Gruppen) und auch feuchtigkeitsbeständig (bis auf einige Derivate mit Halogen-Si-Bindungen). In wäßrigen Medien bleiben sie bei pH > 7 stabil. Selbst mit starken Laugen (wie 50proz. NaOH) erhitzt sublimieren sie nur in die kälteren Teile des Systems (Rückflußkühler). Dagegen werden fast alle von verdünnten Säuren rasch und quantitativ an den Si—N-Bindungen gespalten:

$$2 \; (\overset{\diagdown}{\underset{\diagup}{}}Si)_3N + 2\,H_3O^+ + HOH \;\to\; 2\,NH_4^+ + 3\;(\overset{\diagdown}{\underset{\diagup}{}}Si)_2O \qquad (47)$$

Ebenso verläuft die Spaltung in nichtpolaren Lösungsmitteln mit eingeleitetem Halogenwasserstoff oder mit Alkoholen:

$$(\overset{\diagdown}{\underset{\diagup}{}}Si)_3N + 4\,HX \;\to\; 3\;\overset{\diagdown}{\underset{\diagup}{}}Si{-}X + NH_4^+X^- \qquad (48)$$

$$(\overset{\diagdown}{\underset{\diagup}{}}Si)_3N + 3\,ROH \;\to\; 3\;\overset{\diagdown}{\underset{\diagup}{}}Si{-}OR + NH_3 \qquad (49)$$

Ungewöhnlich stabil verhält sich das Tris(triisopropoxysilyl)amin I f. Es sublimiert beim Erhitzen mit konz. NaOH in den Kühler, wird von heißer konz. Schwefelsäure nur ganz allmählich verkohlt, und ein analytischer Aufschluß gemäß Gl. (48) oder (47) gelingt nur langsam nach Lösen in Methanol und Erwärmen mit verd. Schwefelsäure in homogener Phase. Aus Methanol läßt es sich glatt umkristallisieren.

Während die Mehrzahl der HSi- und Cl—Si-Derivate rasch mit Wasser oder Methanol reagieren:

$$(X{-}\overset{\diagdown}{\underset{\diagup}{}}Si)N{\overset{\diagup}{\diagdown}} + HOR \;\to\; (RO{-}\overset{\diagdown}{\underset{\diagup}{}}Si)N{\overset{\diagup}{\diagdown}} + HX \;(\to \text{Folgereaktionen}) \qquad (50)$$

$$X = H,\ Cl,\ Br,\ J$$

ist das Cl im $[(CH_3)_3Si]_2N-Si(C_6H_5)_2Cl$ (VIII j) nur nach vorherigem Aufschluß mit Na_2O_2 analytisch erfaßbar, und im $[((CH_3)_2CHO)_3Si]_2N-SiCl_3$ (VI p) sind alle drei Cl-Atome ungewöhnlich wenig aktiv.

Tris(silyl)amine lösen sich in der Regel gut in solchen organischen Lösungsmitteln, die Si—N-Bindungen oder funktionelle Gruppen am Si-Atom nicht angreifen, so in Benzol, Petroläther oder auch Dioxan.

Für N-silylierte Cyclosilazane wie in XXII bis XXXI gelten im allgemeinen die gleichen Aussagen wie für die Tris(silyl)amine. Die bei Raumtemperatur flüssigen Derivate besitzen oft aminartigen Geruch. Die Schmelzpunkte sind gegenüber denen der Ausgangsringverbindungen stark erniedrigt; sie sinken mit wachsender Zahl der R_3Si-Gruppen. Bei Erhitzen neigen die N-silylierten Cyclosilazane zu intermolekularen Silylwanderungen oder zum Zerfall in Bruchstücke (29). Die thermisch sehr stabilen N-Silyl-cyclo(disil)azane (XXII) sind gegenüber dem Einfluß von Feuchtigkeit oder Säuren empfindlicher als die entsprechenden Derivate der Cyclotri- und -tetra(silaz)ane (30).

Ungemein beständig ist das Si_3N_4. Laugen oder konz. Salz-, Schwefeloder Flußsäure sind selbst bei erhöhten Temperaturen ohne Einfluß. Ein Aufschluß gelingt in den Schmelzen von Na_2CO_3 oder KOH, mit Na_2O_2 bei 400 °C oder PbO bei 700 °C. O_2 greift erst oberhalb 1000 °C langsam an (9, 40, 87). Si_3N_4 löst sich in flüssigem Silicium (49). Bei der Darstellung tritt es bisweilen in Whiskern (86), verzweigten Bändern (47) oder in langen Spiralen auf (42). Seine außerordentliche chemische Beständigkeit, seine Festigkeit, seine Eigenschaften, elektrisch nicht leitend, temperaturwechselbeständig und bis 1600 °C maßhaltig (raumbeständig) zu sein, machen es zu einem vorzüglichen Material für keramische Körper (64, 68).

Das polymere Hexasiliciumdinitrid (XXXIV) wird als lockeres, braunes Pulver beschrieben (46); es ist unlöslich und unschmelzbar, reagiert mit Feuchtigkeit oder Alkohol nur träge und ist auch an der Luft oder beim Erhitzen stabil.

IV. Reaktionen der Tris(silyl)amine

an einer SiN-Bindung nach

$$-Si^{\ominus}=^{\oplus}N\diagdown \leftrightarrow \overset{\delta+}{-Si}-\overset{\delta-}{N}\diagdown + \overset{\delta+}{A}-\overset{\delta-}{B} \rightarrow -Si-B + A-N\diagdown \tag{51}$$

sind bisher nur vereinzelt untersucht worden. Die teilweise Blockierung des freien N-Elektronenpaares infolge $(p-d)\pi$-Bindung und die sterische Abschirmung der Si-Atome durch ihre Liganden erschweren den Angriff der Reaktionspartner oder lassen unter verschärften Bedingungen nur die Auflösung des gesamten Si_3N-Komplexes zu.

Das Herausziehen des „freien" N-Elektronenpaares aus der π-Bindung durch stärkere Lewis-Säuren unter Adduktbildung

$$\begin{array}{c}Si\\ \diagdown\\ N^{\oplus}\!=\!{}^{\ominus}Si + (L.\,S.)\\ \diagup\\ Si\end{array} \quad\to\quad \begin{array}{c}Si{}^{\ominus}(L.\,S.)\\ \diagdown\!\diagup\\ N^{\oplus}\\ \diagup\!\diagdown\\ SiSi\end{array} \qquad (52)$$

führt in der Regel zu nachfolgender Abspaltung einer Silylgruppe. Gl. (52) scheint jedoch fast allen beobachteten Reaktionen nach Gl. (51) vorgeschaltet zu sein, während bisweilen formulierte Vierzentrenreaktionsmechanismen eher von einer methodischen Systematik her gewertet werden müssen:

$$\begin{array}{c}\diagdown\,|\,\diagup\\ Si\\ |\\ N|\\ \diagup\diagdown\end{array} + \begin{array}{c}|B\\ |\\ A\end{array} \to \begin{array}{c}\diagdown\,|\,\diagup\\ Si\\ |\\ N\end{array}\!\leftarrow\!\begin{array}{c}B\\ |\\ A\end{array}\!\to\! \begin{array}{c}\diagdown\\ {-}Si{-}B|\\ \diagup\end{array} + \begin{array}{c}\diagdown\\ \overline{N}{-}A\\ \diagup\end{array} \qquad (53)$$

Additionen von Lewis-Basen an ein Si-Atom gemäß

$$\begin{array}{c}Si\\ \diagdown\\ N^{\oplus}\!=\!{}^{\ominus}Si + |(L.B.)\\ \diagup\\ Si\end{array} \quad\to\quad \begin{array}{c}Si^{\ominus}\\ \diagdown\!\diagdown\\ {}^{\oplus}N - Si^{\ominus}{-}^{\oplus}(L.\,B.)\\ \diagup\\ Si\end{array} \qquad (54)$$

sind bei Tris(silyl)aminen bisher nie beobachtet worden.

Die Reaktionen von funktionellen Substituenten an einem oder mehreren Atomen der Si_3N-Gruppen nach

$$\begin{array}{c}Si\\ \raisebox{0.3ex}{$\vdots$}\\ Si\end{array}\!N{-}Si{-}X + AB \to \begin{array}{c}Si\\ \raisebox{0.3ex}{$\vdots$}\\ Si\end{array}\!N{-}Si{-}B + AX \qquad (55)$$

werden, sofern sie nicht zu einer gleichzeitigen Auflösung der Si_3N-Einheit führen, unter C. besprochen.

A. Adduktbildung durch Einwirkung von Lewis-Säuren

nach Gl. (52) — und sei es auch nur eine vorübergehende — wurde bisher mit BF_3, $Al(CH_3)_3$, $Ga(CH_3)_3$ und $AlCl_3$ beobachtet. Die Untersuchungen beschränkten sich dabei im wesentlichen auf die Tris(silyl)amine Ia, Ic, IIa und IIb. So bildet das Trisilylamin $(H_3Si)_3N$ mit BF_3 ein instabiles

XXXV a	$(H_3Si)_3N{-}BF_3$	XXXV e $(H_3SiSiH_2)_2\underset{BF_2}{N}SiH_2FSiH_3$
b	$(H_3Si)_3N{-}Al(CH_3)_3$	f $(H_3CSiH_2)_3N{-}BF_3$
c	$(H_3Si)_3N{-}Ga(CH_3)_3$	g $[(CH_3)_3Si]_3N{-}BF_3$
d	$(H_3SiSiH_2)_3N{-}BF_3$	h $[(CH_3)_3Si]_3N{-}AlCl_3$

Addukt (*37*), desgleichen mit $Al(CH_3)_3$ und $Ga(CH_3)_3$ bei $-95\,°C$ — sie sind bei $-78\,°C$ bereits wieder zerfallen (*60*) —, nicht aber mehr mit $B(CH_3)_3$ (*84*) oder B_2H_6 (*37*), und auch alle Versuche, hieraus mit H_3SiCl zu einem Tetrasilylammoniumchlorid $[(H_3Si)_4N]Cl$ zu gelangen, scheiterten (*83*). Das sich bei $-196\,°C$ bildende BF_3-Addukt des Tris-(disilanyl)amins XXXVd zersetzt sich oberhalb $-134\,°C$ in seine Komponenten, erleidet aber bereits in festem Zustand eine teilweise Umlagerung zu XXXVe (*1*):

$$(H_3SiSiH_2)_3N \; + \; BF_3 \; \underset{> -134\,°C}{\overset{-196\,°C}{\rightleftarrows}} \; (H_3SiSiH_2)_2\overset{\oplus}{N} \diagdown \!\!\!\! \diagup \! \begin{matrix} SiH_2SiH_3 \\[4pt] \ominus BF_3 \end{matrix} \qquad (56)$$

$$(XXXVd)$$

$$\longrightarrow \; (H_3SiSiH_2)_2\overset{\oplus}{N} \diagdown \!\!\!\! \diagup \! \begin{matrix} \overset{\ominus}{S}iH_2FSiH_3 \\[4pt] BF_2 \end{matrix}$$

$$(XXXVe)$$

Tris(methylsilyl)amin (IIa) addiert bei $-78\,°C$ BF_3 zu einem rasch weiterreagierenden Addukt XXXVf, setzt sich aber weder mit $B(CH_3)_3$ zu einem analogen Addukt noch mit CH_3J zu einem quaternären Ammoniumsalz um (*18*). Tris(trimethylsilyl)amin (Ic) reagiert nicht mit BF_3 bei $20\,°C$; es bindet es erst unterhalb $-20\,°C$ zu einem schwachen Addukt XXXVg (Dampfdruck 12 Torr bei $-78\,°C$) (*43*). Um so überraschender wirkt die Isolierung des Addukts XXXVh aus der Umsetzung von Ic mit Al_2Cl_6 (*126*). Es fällt hierbei mit einer Ausbeute von $50-60\,\%$ in schönen Kristallen vom Schmelzpunkt $120-130\,°C$ (beginnende Zersetzung bei $80\,°C$) aus und läßt sich aus Methylenchlorid umkristallisieren, das dabei aber unter Dunkelfärbung angegriffen wird. XXXVh ist bei $20\,°C$ wie in Lösungen teilweise dissoziiert. Die Darstellung eines Tetrakis-(trimethylsilyl)ammoniumhexafluoroantimonats $[(H_3C)_3Si]_4N^{\oplus}SbF_6^{\ominus}$ gelang hieraus nicht.

B. Lösen einer Si–N-Bindung

Totale Auflösung der drei SiN-Bindungen einer Si_3N-Einheit kann mit wäßrigen Säuren, Alkoholen oder Halogenwasserstoffen erfolgen (Gl. (47)–(49)), ist dann aber nur von analytischem Interesse. Die Aufsprengung nur einer SiN-Bindung (Gl. (51)) führt auf diesem Wege lediglich zu Bis(silyl)aminen, von denen ausgehend in der Regel Tris(silyl)amine aufgebaut werden. Im Falle des Trisilylamins (Ia) läßt sich so aber eine H_3Si-Einheit leicht übertragen (*25, 26*):

$$(H_3Si)_3N + 4\ HNNN\ [20\,°C,\ in\ (^{n}C_4H_9)_2O] \rightarrow NH_4NNN + 3\ H_3SiNNN \quad (57)$$

Das „Silicojodoform" konnte bequem aus hochpolymerem XXXIIa gewonnen werden (74):

$$(HSiN)_x + 4x \, HJ \; \rightarrow \; x \, NH_4J + HSiJ_3 \tag{58}$$

Die gezielte Spaltung des Bis(silyl)cyclodi(silaz)ans XXIIBb mit 2 bis 4 HCl führte in hoher Ausbeute zu dem symmetrisch dreifach funktionellen Tris(silyl)amin IIc (115). Erstaunlich hierbei ist, daß selbst die doppelte als die theoretisch benötigte (= 2) HCl-Menge lediglich zur Weiterreaktion mit dem herausgelösten Anteil Anlaß gab, nicht aber die Sprengung weiterer SiN-Bindungen bewirkte:

$$\text{(XXII Bb)} + 4 \, HCl \; \rightarrow \; \text{(IIc)} + R_2SiCl_2 + NH_4Cl \qquad R = CH_3 \tag{59}$$

Neben Halogen- und Pseudohalogenwasserstoffen vermögen auch Säurehalogenide (bzw. Nichtmetallhalogenide) eine oder zwei Silylgruppen aus den Tris(silyl)aminen herauszuspalten; der Verlust der zweiten Silylgruppe erfolgt dabei in der Regel intramolekular. Der Silylabspaltung geht oft eine Adduktbildung nach Gl. (52) voraus. Am häufigsten hat man für solche Reaktionen BF_3 herangezogen:

$$(R'R_2Si)_3N + BF_3 \; \rightarrow \; (R'R_2Si)_3N{-}BF_3 \; \rightarrow \; R'R_2SiF + (R'R_2Si)_2N{-}BF_2 \tag{60}$$

$$\downarrow$$

R = H, R' = H (85), CH_3 (18), SiH_3 (7) $\qquad R'R_2SiF +$

R,R' = CH_3 (75) $\qquad 1/n \, [-(R'R_2Si)N{-}BF{-}]_n \tag{61}$

Die Abspaltung einer SiH_3-Gruppe ist auch mit BCl_3, B_2H_5Br und $(CH_3)_2BBr$ beschrieben worden (15):

$$(H_3Si)_3N + R_2BX \; \rightarrow \; H_3SiX + (H_3Si)_2N{-}BR_2 \tag{62}$$
$$X = Cl, Br; \quad R = H, Cl, CH_3$$

Die zuvor unbekannte Stoffklasse der N-silylierten Thionylimine wurde durch Umsetzung mit Thionylchlorid zugänglich (77):

$$[(CH_3)_3Si]_3N + SOCl_2 \; (Al_2Cl_6; 70\,°C) \; \rightarrow$$
$$2 \, (CH_3)_3SiCl + (CH_3)_3Si{-}N{=}S{=}O \tag{63}$$

R_3Si-Gruppen in Tris(silyl)aminen lassen sich nicht nur abspalten, sondern innerhalb des Moleküls umgruppieren, wenn man es auf etwa 200 °C erhitzt (30, 63, 92). Diese hohe Beweglichkeit der R_3Si-Gruppen ist in vielen SiN-Systemen beobachtet worden, vor allem in der Gruppierung $-CO-N(SiR_3)-$:

$$R_3Si\diagdown N-SiR_2\diagdown_{H\,N^H}R_3Si\diagup \qquad \rightarrow \qquad R_3Si\diagdown N-SiR_2 \qquad\qquad (64)$$

$$R_3Si\diagdown N-SiR_2\diagdown OH R_3Si\diagup \qquad \rightarrow \qquad R_3Si\diagdown N-SiR_2\diagdown O-SiR_3 H\diagup \qquad (65)$$

Silylwanderungen sind oft auch beim Erhitzen N-silylierter Cyclo(sil-az)ane aufgetreten (29), teilweise bereits während einer Ringsynthese (33):

$$R_3Si\diagdown N-SiR_2-NH_2 + H_2Si(C_6H_5)_2 \rightarrow 2\,H_2 + R_3Si-N \qquad N-SiR_3 \qquad (66)$$

Umgruppierungen verlaufen auch über $-(R_3Si)N-SiR_2$-Gruppen; hierfür müssen mehrere SiN-Bindungen nacheinander gelöst werden. Auf diese Weise können N-Silylcyclo(silaz)ane aus offenen Oligosilazanen (28) oder auch unter Ringverengung (29, 30) erhalten werden:

$$[-SiR_2-N(SiR_3)-]_4 \rightarrow 2\,[-SiR_2-N(SiR_3)-]_2 \qquad (67)$$
$$(XXX\,b) \qquad\qquad (XXII\,Ab)$$

$$2\,[(-SiR_2-N(SiR_3))_3-SiR_2-NH-] \xrightarrow{\;>400\,°C\;}$$
$$(XXIX\,a) \qquad 2\,[(-SiR_2-N(SiR_3))_2-SiR_2-NH-] \quad (XXVa)$$
$$+\,[-SiR_2-N(SiR_3)-]_2 \quad (XXII\,Ab) \qquad (68)$$

Die Tendenz, die Gruppe $-(R_3Si)N-SiR_2-$ aus geeigneten Molekeln abzuspalten und daraus ein Cyclodi(silaz)an XXII Ab aufzubauen, ist so stark ausgeprägt, daß dabei sogar an Si gebundene CH_3-Gruppen abgestoßen werden (39):

$$R_3Si\diagdown N-Na + Cl-B-N\diagup_{SiR_3}^{SiR_3} R_3Si\diagup \quad RNR \xrightarrow{-NaCl} R_3Si\diagdown N-B-N\diagup_{SiR_3}^{SiR_3} \quad RNR \rightarrow \qquad (69)$$

$$R_3Si\diagdown N-B\diagup_{NR_2}^{R} R_3Si\diagup + -N\diagup_{SiR_3}^{SiR_2} \rightarrow {}^1|_2\,(XXII\,Ab)$$

Auch Kondensationsreaktionen der Tris(silyl)amine verlaufen unter Lösen einer oder mehrerer SiN-Bindungen (*66, 67, 121, 123*):

$$3\ (H_3Si)_2N{-}SiH_3 \rightarrow 3\ SiH_4 + [-(H_3Si)N{-}SiH_2{-}]_3 \quad (XXVI\,a) \qquad (70)$$

$$(Cl_3Si)_2N{-}SiCl_3 + Cl_3Si{-}N(SiCl_3)_2 \rightarrow SiCl_4 + (Cl_3Si)_2N{-}SiCl_2{-}N(SiCl_3)_2$$

$$(71)$$

$$SiCl_4 + Cl_3Si{-}N \underset{Cl_2Si}{\overset{SiCl_2}{\diamond}} N{-}SiCl_3$$

$$(XXII\ Aa)$$

C. Reaktionen über funktionelle Si-Substituenten

Die Si—Si-Bindung des auf völlig undurchsichtigem Wege entstehenden N-Trimethylsilyl-tetramethyl-azadisilacyclopropans XXI (*31*) wird von Brom gespalten:

$$R_3Si{-}N \underset{SiR_2}{\overset{SiR_2}{\triangle}} + Br_2 \rightarrow R_3Si{-}N(SiR_2Br)_2 \qquad (72)$$

Tris(silyl)amine mit einer oder auch mit mehreren funktionellen Gruppen (in der Regel Cl) an einem Si-Atom können leicht analog Gl. (26) aufgebaut werden:

$$(\!{>}Si)_2NM + Cl_2Si{<} \rightarrow (\!{>}Si)_2N{-}SiCl{<} \qquad (73)$$

Sie reagieren mit einer Reihe von Stoffen weiter, ohne daß dabei SiN-Bindungen gespalten werden, so mit NH_3 (wie mit primären und sekundären Aminen), mit Wasser, Alkoholen und Alkoholaten, mit Silberpseudohalogeniden, mit Lithiumorganylen, Lithiumaluminiumhydrid oder auch Lithiumamiden. Ein Überblick hierüber ergibt sich aus dem Schema auf Seite 133, wobei die Zahlen längs der Reaktionspfeile auf Literaturstellen hinweisen, die eingeklammerten Zahlen an der Pfeilspitze die Nummern der Reaktionsgleichungen bedeuten.

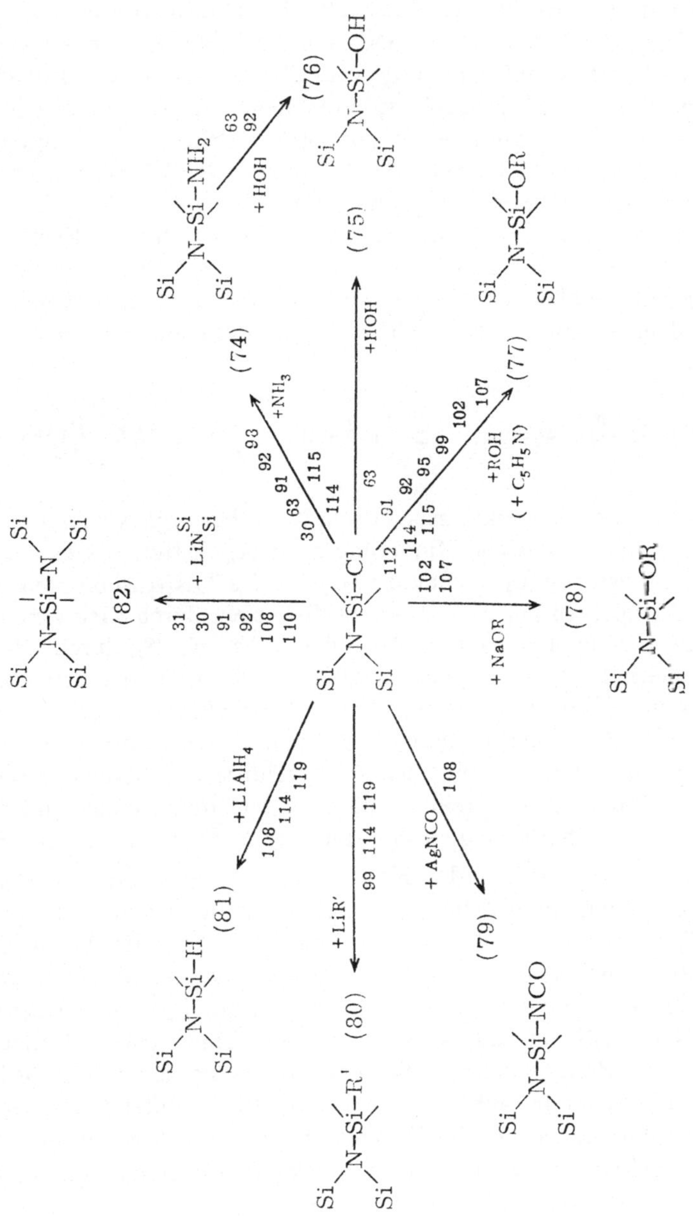
Si–N–Si–NH₂
+ HOH
63
92
(76)
Si–N–Si–OH
(75)
Si–N–Si–OR
+HOH
+NH₃
92 93
63 91 115
30 114
63
91 92 95 99 102 107
112 114 115
102 107
+ROH
(+ C₅H₅N)
(77)
+ LiN
Si Si
31 30 91 92 108 110
(82)
Si–N–Si–Cl
Si
+ NaOR
(78)
Si–N–Si–OR
+ LiAlH₄
108 114 119
(81)
Si–N–Si–H
+ LiR'
99 114 119
(80)
Si–N–Si–R'
+ AgNCO
108
(79)
Si–N–Si–NCO
(74)
Si–N–Si–N

V. Zur Struktur der Tris(silyl)amine

Die abnehmende Reaktionsbereitschaft silylsubstituierter Amine in der Folge $SiN > Si_2N > Si_3N > Si_4N^+$ wie auch die immer schwieriger werdende Synthese auf dem Wege von SiN zu Si_4N^+ — der Aufbau der Si_3N- aus der Si_2N-Einheit gelingt in der Regel nur nach vorangehender Metallierung, die Quaternierung von Si_3N zu Si_4N^+ überhaupt nicht mehr; der „basische" Charakter der N-Atome, z.B. BF_3 gegenüber, wird in der angegebenen Reihenfolge immer schwächer (*21, 60*) — führte zu der heute allgemein vertretenen Annahme, daß das freie N-Elektronenpaar durch $(p \rightarrow d)\pi$-Bindung von SiN aus bis zu Si_3N hin immer stärker gebunden und schließlich völlig von den Si-Atomen absorbiert würde, so daß es dann so gut wie gar nicht mehr für Reaktionen zur Verfügung stünde

$$Si-\bar{N} \;\rightleftharpoons\; \overset{\ominus}{Si}=\overset{\oplus}{N} \qquad Si-\bar{N}-Si \;\rightleftharpoons\; \overset{\ominus}{Si}=\overset{\oplus}{N}-Si \qquad \overset{Si}{\underset{Si}{>}}\bar{N}-Si \;\rightleftharpoons\; \overset{Si}{\underset{Si}{>}}N\!\!\overset{-\pi}{+}Si \qquad (83)$$

Diese abnehmende Reaktionsbereitschaft ist bei organylsubstituierten Si-Atomen durch sterische Hinderung noch begünstigt, wie es die Beispiele des Tris(trimethylsilyl)amins I c oder des Tris(triisopropoxysilyl)-amins I f zeigen. In der Tat beweisen Messungen durch Elektronenbeugung und des Dipolmoments in Trisilylamin I a (*45, 88*), durch IR- und Ramanspektren wie des Dipolmoments in I c (*43, 126*) oder durch Röntgenstrukturanalyse im System des Bis(silyl)cyclodi(silaz)ans XXII (*124*), daß die Si_3N-Baueinheit in diesen Fällen planar oder zumindestens weitgehend planar ist und somit auch sp^2-hybridisierte N-Atome vorliegen müssen, während in den rein organischen tertiären Aminen mit ihrer Tendenz zur Quaternierung sp^3-hybridisierte N-Atome vorherrschen.

Sorgfältige Berechnungen der Kraftkonstanten einer SiN-Bindung in primären, sekundären und tertiären Silylaminen führten aber in jüngster Zeit (*16*) zu der überraschenden Tatsache, daß diese SiN-Valenzkraftkonstanten von SiN zu Si_3N hin bei vergleichbaren Substituenten am Si-Atom immer kleiner werden, so um etwa 0,4 mdyn/Å beim Übergang von Si_2N zu Si_3N, und daß auch die gesamte Bindungsverstärkung infolge $(p \rightarrow d)\pi$-Bindung im Si_3N-System geringer ist als im Si_2N-System. Die bisher höchsten bekannten SiN-Valenzkraftkonstanten liegen bei den Metallbis(silyl)amiden vor. In Übereinstimmung mit den — bisher allerdings an viel zu wenigen Beispielen — bekannten Winkeln am N-Atom bei Silylsubstitution

$$\overset{C}{\underset{Si}{>}}N- \quad \overset{Si\;\;112°}{\underset{Si\;\;113°}{>}}N\!\!- \quad \overset{Si}{\underset{Si}{>}}N\ldots M \quad \overset{Si\;\;120°}{\underset{Si\;\;120°}{>}}N-Si \quad -N\overset{Si\;\;135°}{\underset{Si\;\;135°}{<}}N-Si$$

sprechen diese Tatsachen für eine Umhybridisierung der sp^3-Konfiguration am N-Atom im Ammoniak zu einer sp^2-analogen Konfiguration mit planarer Anordnung der Substituenten schon bei der Einführung einer einzigen Silylgruppe. Die Ausbildung einer zusätzlichen $SiN(p \rightarrow d)\pi$-Bindung führt dann nicht zu einer Minderung, sondern zu einer Erhöhung der Reaktionsbereitschaft des „freien" N-Elektronenpaares, und sie wird um so größer sein, je stärker die SiN-Valenzkraftkonstante ist (16). Der Energiegewinn bei der Bildung von Si_4N^+ aus Si_3N-Einheiten ist offensichtlich nicht groß genug, um eine Umhybridisierung der $sp^2 +$ $(p \rightarrow d)\pi$-Konfiguration zur sp^3-Konfiguration zu bewirken, selbst im Trisilylamin I a nicht, für das keine sterische Hinderungen im Wege stehen. Dies deckt sich auch mit den Beobachtungen, daß bereits Monosilylammonium-Verbindungen $[\mathord{\gt}Si \overset{\oplus}{-} NR_3]X^\ominus$ außerordentlich unbeständig sind.

Über die SiN-Bindungsabstände in Tris(silyl)amin-Strukturen geben Röntgeneinkristall- wie Elektronenbeugungsaufnahmen Auskunft. Sollte der Abstand einer σ-SiN-Bindung, aus der Summe der kovalenten Radien berechnet, bei 1,80 Å, der einer $(\sigma + p\pi - p\pi)$-SiN-Doppelbindung bei 1,62 Å liegen (45), so findet man in Si_3N-Strukturen Werte zwischen 1,71 und 1,76 Å. Diese Abstandsverkürzungen gegenüber einer einfachen σ-Bindung weisen somit ebenfalls auf $(\sigma + p\pi \rightarrow d\pi)$-Bindungen im Si_3N-System hin.

Im einzelnen wurden die SiN-Abstände (in Å) vermessen durch Röntgenstrukturanalyse zu $1,71_1$ bis $1,75_8$ im β-Si_3N_4 (12), zu 1,70 bis 1,75 im $(Si_2N_2O)_x$ (14, 48) und zu $1,70_7$ bis $1,72_5$ im $[(CH_3)_3SiNSi(CH_3)_2]_2$ (XXII Ab; 124), durch Elektronenbeugung zu $1,73_8$ in $N(SiH_3)_3$ (45) und geschätzt im $(Si_6N_2)_x$ zu ca. 2,0 Å (46).

Die beiden Hauptmodifikationen des Si_3N_4 sind von verschiedener Seite in ihren Gitterkonstanten vermessen worden (9, 12, 36, 40, 62, 69, 87, 89). α-Si_3N_4 kristallisiert danach hexagonal in der Raumgruppe P31c mit a = 7,748, c = 5,617 Å, c/a = 0,725, V = 292 Å^3, Z = 4, D = 3,19, β-Si_3N_4 in der Raumgruppe $P6_3/m$ mit a = 7,608, c = $2,910_7$ Å, c/a = 0,383, V = 145,9 Å^3, Z = 2, D = 3,19 (12, 44, 87). Die N-Atome sind in den verzerrten Oktaedern $2,77_4$ bis $2,91_1$ Å voneinander entfernt. Dreidimensionale Röntgenstrukturanalysen liegen bisher nur von XXIII (48) und XXII Ab (124) vor.

Raumgruppe Cmc2_1 orthorhombisch	Raumgruppe P2_1/n monoklin
a = 8,843 b = 5,473 c = 4,835	a = 6,759 b = 13,181 c = 11,225 Å β = 104° 23′
V = 234,0 Å^3 Z = 4 D = 2,77	V = 968,7 Å^3 Z = 2 D = 0,998

$$(Si_2N_2O)_x \qquad\qquad Si_4N_2(CH_3)_{10}$$

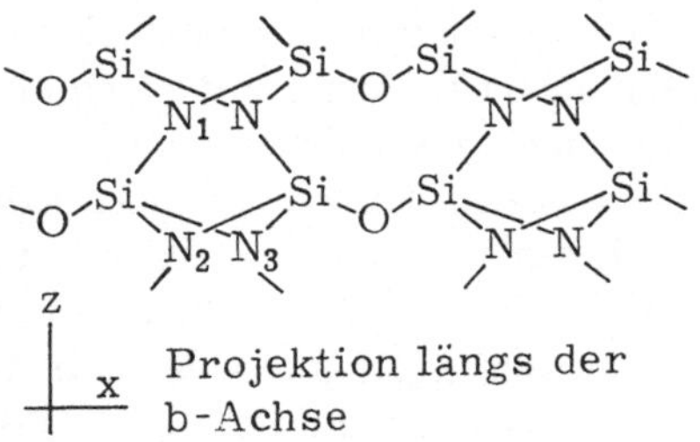

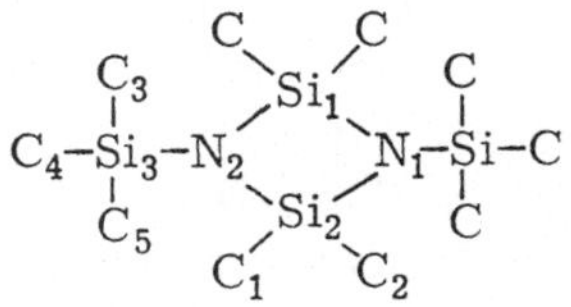

Projektion längs der b-Achse

Si—O	$1{,}62_3$ Å	⊀SiOSi	$147{,}7°$	Si_1—N_2 $1{,}724$ Å	$Si_1N_2Si_2$ $91{,}7°$
Si—N_1	$1{,}75$	N_1SiN_2	$106{,}4°$	Si_2—N_2 $1{,}725$	$N_1Si_2N_2$ $88{,}3°$
Si—N_2	$1{,}70$	N_1SiN_3	$110{,}0°$	Si_3—N_2 $1{,}707$	$Si_2N_2Si_3$ $135{,}4°$
Si—N_3	$1{,}71$	N_2SiN_3	$110{,}1°$	Si_2—C_1 $1{,}858$	$Si_1N_2Si_3$ $132{,}8°$
O..N_1	$2{,}82$	N_1SiO	$113{,}4°$	Si_2—C_2 $1{,}861$	$C_3Si_3C_4$ $106{,}3°$
O..N_2	$2{,}70$	N_2SiO	$108{,}9°$	Si_3—C_3 $1{,}884$	$C_3Si_3C_5$ $106{,}0°$
O..N_3	$2{,}68$	N_3SiO	$107{,}0°$	Si_3—C_4 $1{,}898$	$C_4Si_3C_5$ $106{,}4°$
N_1..N_2	$2{,}76$	Si..Si	$3{,}12$ Å	Si_3—C_5 $1{,}880$	$C_1Si_2C_2$ $108{,}4°$
N_1..N_3	$2{,}85$		$2{,}93$	N_1..N_2 $2{,}402$	$N_2Si_2C_1$ $112{,}2°$
N_2..N_3	$2{,}79$	O..O	$3{,}37$	Si_1..Si_2 $2{,}476$	$N_2Si_2C_2$ $116{,}8°$
					$N_1Si_2C_1$ $113{,}9°$
					$N_1Si_2C_2$ $116{,}4°$
					$N_2Si_3C_3$ $111{,}2°$
					$N_2Si_3C_4$ $112{,}4°$
					$N_2Si_3C_5$ $114{,}0°$

In XXIII liegt ein unendliches dreidimensionales Netzwerk von verzerrten $OSiN_3$-Tetraedern vor. Die Größe der Winkel an den N-Atomen ist leider nicht bekannt. In XXIIAb ist das Si_4N_2-Gerüst planar; die Winkel an Si wie an N innerhalb des Vierrings betragen 90° und sind für beide Atome ungewöhnlich.

SiN und AlO oder SiSi und AlP sind Isosterenpaare. Die zu den Tris-(silyl)aminen isosteren Verbindungen

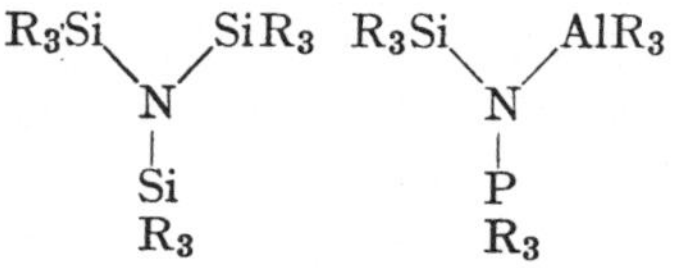

$$R = CH_3$$

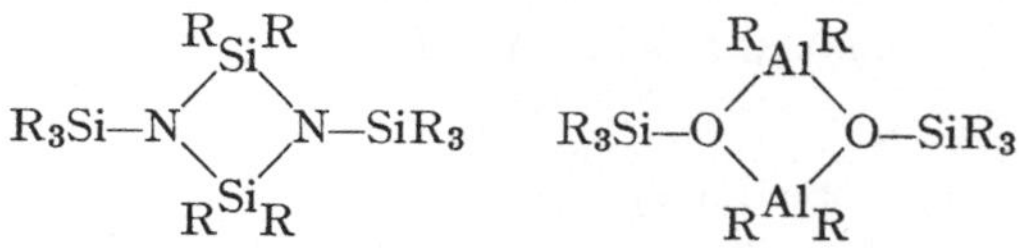

Fp:	73—74 °C	79—80 °C	Fp:	39 °C	45 °C
τ-$SiCH_3$:	$9{,}82$	$9{,}78$	Kp:	85 °C/7 Torr	82 °C/10 Torr
			Raumgruppe	$P2_1/n$	$P2_1/n$

zeigen eine überraschend gute Übereinstimmung in ihren bekannten physikalischen Daten.

Protonenresonanzmessungen von H- und CH_3-Substituenten an Si-Atomen in Tris(silyl)aminen führten erfolgreich zu deren Konstitutionsaufklärung. Die Signale der chemischen Verschiebungen für eine NSiH-Gruppierung liegen bei $\tau = 5{,}5$, für eine $NSi(CH_3)$-Gruppierung bei $\tau = 9{,}8$, können sich jedoch im Falle weiterer Halogensubstituenten am Si-Atom bis zu $\tau = 9{,}4$ verändern.

Verbindung:	Ia	IIa	VIc	XXII Ba	XXVIa	
τ-NSiH:	5,56	5,48	5,66	5,63	5,56	5,28
Literatur:	(21, 22, 23)	(24)	(108)	(119)	(123)	

Verbindung:	Ic	IIa	IIc	IId	IVa	
τ-NSiCH_3:	9,825	9,75	9,33	9,86	9,73	9,44
Literatur:	(2, 58, 76, 78)	(24)	(115)	(115)	(58)	

Verbindung:	VIc	VId	VIe	VIk	XVIc	XXI		XXII Ea	
τ-NSiCH_3:	9,825	9,725	9,734	9,97	9,79	10,00	9,75	9,86	9,65
								9,63	9,57
Literatur:	(108)	(108)	(58)	(2)	(110)	(78)		(119)	

Verbindung:	XXII Ab	Ba	Bb	Bc	Bd	Be	Bg	Bh	Bi
τ-NSiCH_3:	10,00	9,93	9,67	9,57	9,57	9,94	10,03	10,00	10,02
	9,77	9,75		9,41	9,32	9,62	9,75	9,75	9,76
Literatur:	(78, 119)	(119)	(38, 119)	(119)	(119)	(119)	(119)	(119)	(119)

Alle Ansätze, aus der Größe und Richtung der chemischen Verschiebungen Rückschlüsse über die Elektronendichte am Si-Atom ziehen zu können, müssen jedoch als gescheitert angesehen werden. Breitband-Protonenresonanzspektren wurden zur Aufklärung der nach Gl. (25) entstandenen Polymeren herangezogen. Die Verbindung XXVa soll ^{1}H–NMR-Spektren nach nicht rein sein (13).

In den Schwingungsspektren der Tris(silyl)amine finden sich als charakteristische Banden ν_{as}(entartet) SiNSi im Bereich 900–1000 cm^{-1} (IR) und ν_s im Bereich 400–500 cm^{-1} (Raman). Aufspaltungen der Banden infolge verschiedener Substituenten an den einzelnen Si-Atomen führen zu keinem Ausbrechen aus den angegebenen Bereichen (16). Im System XXII schwingt das Si_4N_2-Gerüst als Ganzes. Von den 6 auftretenden Banden sind besonders charakteristisch 1028–1045 und 878–886 (IR) sowie 440–460 cm^{-1} (Raman). Die spektroskopisch ermittelte D_{2h}-Symmetrie bestätigt die Planarität des Si_4N_2-Gerüstes aus Röntgenstrukturuntersuchungen (*17*). In den IR-Spektren N-silylsubstituierter Cyclo-tri- und -tetra(silaz)ane liegt eine starke charakteristische Bande bei 1005—1040 cm^{-1} (*13, 29*).

SiN-Valenzkraftkonstanten in Tris(silyl)aminen wurden teils geschätzt (*20, 53*), teils berechnet (*16, 126*). Die SiN-Valenzkraftkonstante liegt danach zwischen 3,2 (für I c) und 4,1 mdyn/Å (für I a), allgemein ca. 0,4 mdyn/Å tiefer als die zugehörigen Bis(silyl)amine. Da es bisher nicht möglich war, die Kraftkonstanten für eine einfache σ-SiN-Bindung oder die (σ + pπ − dπ)-Bindung bei vollständiger π-Überlappung zu berech-nen, sind alle Ansätze zur Abschätzung der SiN-Bindungsgrade in Tris(silyl)aminen (*53*) spekulativer Art.

Molekülspektren einzelner Tris(silyl)amine finden sich bei (*13, 16, 17, 19, 20, 28—31, 43, 49, 53, 59, 71, 76, 107, 108, 115, 119, 122, 123, 126*).

Die Bestimmung der Dipolmomente zeigt in $N(SiH_3)_3$ I a vollständige Symmetrie und damit Si_3N-Planarität (*45*, 88), in $N[Si(CH_3)_3]_3$ I c eine schwache Asymmetrie an (*43, 126*).

VI. Ausblick

Die Entwicklung der dreifach silylsubstituierten Amine in den letzten fünf bis sieben Jahren hat zu einer Fülle von Verbindungen mit zum Teil überraschenden Eigenschaften und Strukturen geführt. Hauptsächlich wurde dabei die Systematik vorangetrieben; Feinstrukturuntersuchun-gen sind erst in allerletzter Zeit verstärkt herangezogen worden. Über technische Anwendungen ist nichts bekannt. Untersuchungen laufen in Richtung auf N-silylsubstituierte Polysilazane, zum Teil auch auf Glas/Harz-Verbindungsmittel. Für die synthetische Forschung scheinen in Zukunft vor allem Gebiete interessant, die sich von den einfachen Si_3N-Molekülen zum hochpolymeren Si_3N_4 hin entwickeln. In ihnen sollten technisch verwertbare Stoffe liegen, denen die thermische und chemische Widerstandskraft des Si_3N_4 noch weitgehend zueigen ist, die sich andererseits aber durch gute Löslichkeit und leichte chemische Bearbeitung auszeichnen.

Literatur

1. *Abedini, M.*, and *A. G. MacDiarmid:* Preparation and properties of some new nitrogen and fluorine derivatives of disilane. Inorg. Chem. *2*, 608 to 613 (1963).
2. *Amonoo-Neizer, E. H., R. A. Shaw, D. O. Skovlin,* and *B. C. Smith:* Re-actions of hexamethyldisilazyl-lithium with chlorosilanes. J. chem. Soc. [London] *1965*, 2997—2999.

3. *Andersen, C. A., K. Keil,* and *B. Mason:* Silicon oxynitride: a meteoritic mineral. Science [Washington] *146,* 256—257 (1964).

4. *Andrianov, K. A.,* u. *G. Ya. Rumba:* Über die Umgruppierung der Dimethylcyclosilazane und die Synthese des Tricyclotridekamethylheptasilazans (russ.). Izv. Akad. Nauk SSSR, Otd. Khim. Nauk *1962,* 1313; C.A. *58,* 2466 (1963); C. *1964,* 49—0882.

5. — — Katalytische Polymerisation des Hexamethylcyclotrisilazans und des Oktamethylcyclotetrasilazans (russ). Vysokomolekul. Soedin. *4,* 1060—1063 (1962); C.A. *58,* 12683 (1963); C. *1964,* 9—0991.

6. —, *I. Khaiduc (Haiduc)* u. *L. M. Khananashvili:* Bildung von Polycyclosilazanen bei der Ammonolyse von Dimethylchlorsilan (russ.). Zh. Obshch. Khim. *34* (3), 912—914 (1964).

7. *Aylett, B. J.,* and *M. J. Hakim:* Preparation and some properties of disilylamine. Inorg. Chem. *5,* 167 (1966).

8. *Billy, M.:* Sur les propriétés et la nature du composé SiN_2H_2 préparé par ammonolyse des tétrahalogénures de silicium. Compt. rend. Séances Acad. Sciences *246,* 433—436 (1958).

9. — Préparation et définition du nitrure de silicium. Ann. Chimie [13] *4,* 795—851 (1959).

10. — Préparation et thermolyse du triimidodisilane $Si_2(NH)_3$. Bull. Soc. chim. France *1961,* 1550—1559.

11. *Blix, M.,* u. *W. Wirbelauer:* Über das Siliciumsulfochlorid $SiSCl_2$, Siliciumimid $Si(NH)_2$, Siliciumstickstoffimid (Silicam) Si_2N_3H, und den Siliciumstickstoff Si_3N_4. Ber. dtsch. chem. Ges. *36,* 4220—4228 (1903).

12. *Borgen, O.,* u. *H. M. Seip:* Kristallstruktur von β-Si_3N_4. Acta chem. scand. *15,* 1789 (1961).

13. *Breed, L. W.,* u. *R. L. Elliott:* N-Trimethylsilylhexamethylcyclotrisilazane. Inorg. Chem. *2,* 1069—1071 (1963).

14. *Brosset, C.,* and *I. Idvestedt:* Crystal structure of silicon oxynitride Si_2N_2O. Nature [London] *201,* 1211 (1964).

15. *Burg, A. B.,* and *E. S. Kuljian:* Silicon-amino-boron compounds. J. Amer. chem. Soc. *72,* 3103—3107 (1950).

16. *Bürger, H.:* Schwingungsspektren einiger halogenhaltiger Di- und Trisilylamine. Mh. Chem. *97,* 869—878 (1966). Spektroskopische Aussagen über die SiN-Bindung. Habilitationsschrift, TH Braunschweig 1966.

17. —, *E. Bogusch* u. *P. Geymayer:* Schwingungsspektren silylsubstituierter Tetramethylcyclodisilazane. Z. anorg. allg. Chem. 349, 124—130 (1967).

18. *Ebsworth, E. A. V.,* and *H. J. Emeleus:* Preparation and donor properties of some silylamines. J. chem. Soc. [London] *1958,* 2150—2156.

19. —, *M. Onyszchuk,* and *N. Sheppard:* Infrared spectra of methylsilyl halides and related compounds. J. chem. Soc. [London] *1958,* 1453—1460.

20. —, *J. R. Hall, M. J. Mackillop, D. C. McKean, N. Sheppard,* and *L. A. Woodward:* Vibrational spectra and structure of trisilylamine and trisilylamine-d_9. Spectrochim. Acta *13,* 202—211 (1958).

21. —, and *N. Sheppard:* High resolution nuclear magnetic resonance spectra of the N-methyl silylamines. J. inorg. nuclear Chem. *9,* 95—96 (1959).

22. —, and *J. J. Turner:* Nuclear magnetic resonance spectra of silicon hydrides and derivatives. I. Coupling constants involving hydrogen. J. chem. Physics *36,* 2628—2634 (1962).

23. — — NMR spectra of silicon hydride derivatives. II. Chemical shifts in some simple derivatives. J. physic. Chem. *67,* 805—807 (1963).

24. —, and *S. G. Frankiss:* Nuclear magnetic resonance studies of silicon hydrides and derivatives. III. Chemical shifts and spin—spin coupling constants in monomethylsilyl compounds. Trans. Faraday Soc. *59*, 1518—1524 (1963).

25. —, *D. R. Jenkins, M. J. Mays,* and *T. M. Sugden:* Preparation and structures of silyl azide. Proc. chem. Soc. [London] *1963*, 21.

26. —, and *M. J. Mays:* Preparation and properties of silyl azide. J. chem. Soc. [London] *1964*, 3450—3454.

27. *Fink, W.:* N-Silylsubstituierte Cyclotri- und Cyclotetrasilazane. Angew. Chem. *73*, 467 (1961).

28. — N.N′-Trimethylsilyl-tetramethyl-cyclodisilazan. Angew. Chem. *73*, 736—737 (1961).

29. — Darstellung und Zerfall cyclischer N-silylierter Silazane. Helv. chim. Acta *45*, 1081—1089 (1962).

30. — Zur Kenntnis von N.N′-Bis(trimethylsilyl)tetramethylcyclodisilazan und anderen viergliedrigen Si und N enthaltenden Ringen. Chem. Ber. *96*, 1071—1079 (1963).

31. — N-Trimethylsilyl-tetramethyl-cyclo-disilanimin. Helv. chim. Acta *46*, 720—23 (1963).

32. — Silicium-Stickstoff-Heterocyclen. Angew. Chem. *78*, 803—819 (1966).

33. — Silane als Silylierungsmittel in der Silicium-Stickstoff-Chemie. Helv. chim. Acta *49*, 1408—1415 (1966).

34. — Belg. P. 665774 (1965), Monsanto Company.

35. — Verfahren zur Herstellung von N-Silylcyclosilazanen. DBP 1187615 (24. 1. 62/25. 2. 65), Monsanto Company.

36. *Forgeng, W. D.,* and *B. F. Decker:* Nitrides of silicon. Trans. Met. Soc. AIME *212*, 343—348 (1958).

37. *Gamboa, J. M.:* Sobre los derivados clorados y nitrogenados de los silanos. An. Real. Soc. espan. Fisica Quim. B *46*, 699—714 (1950).

38. *Geymayer, P.,* u. *E. G. Rochow:* Synthese von N.N′-Bis(chlordimethylsilyl)tetramethylcyclodisilazan. Angew. Chem. *77*, 618 (1965).

39. —— Dialkylamino-bis(trimethylsilyl)aminochlorborane und ihre Reaktionen mit Natrium-bis(trimethylsilyl)amid. Mh. Chem. *97*, 437—443 (1966).

40. *Glemser, O., K. Beltz* u. *P. Naumann:* Zur Kenntnis des Systems Silicium-Stickstoff. Z. anorg. allg. Chem. *291*, 51—66 (1957).

41. —, u. *P. Naumann:* Über den thermischen Abbau von Siliciumdiimid $Si(NH)_2$. Z. anorg. allg. Chem. *298*, 134—141 (1959).

42. —, u. *H. G. Horn:* Über die Bildung spiralförmiger Kristalle von α-Si_3N_4. Naturwiss. *49*, 538—539 (1962).

43. *Goubeau, J.,* u. *J. Jimenez-Barbera:* Tris(trimethylsilyl)amin. Z. anorg. allg. Chem. *303*, 217—226 (1960).

44. *Hardie, D.,* and *K. H. Jack:* Crystal structures of silicon nitride. Nature [London] *180*, 332—333 (1957).

45. *Hedberg, K.:* Molecular structure of trisilylamine $N(SiH_3)_3$. J. Amer. chem. Soc. *77*, 6491—6492 (1955).

46. *Hengge, E.:* Über die Darstellung eines neuen Siliciumsubnitrids. Z. anorg. allg. Chem. *315*, 298—304 (1962).

47. *Huggins, C. W.:* Electron micrographs of some unusual inorganic fibers. U.S. Dep. Interior, Bur. Mines, Rep. Invest. *1962*, Nr. 6020, 1—7.

48. *Idrestedt, I.,* and *C. Brosset:* Structure of Si_2N_2O. Acta chem. scand. *18*, 1879—1886 (1964).

49. *Kaiser, W.*, and *C. D. Thurmond:* Nitrogen in Silicon. J. appl. Physics *30*, 427—431 (1959).

50. *Keil, K.*, and *C. A. Andersen:* Occurences of sinoite, Si_2N_2O, in meteorites. Nature [London] *207*, 745 (1965).

51. — — Electron microprobe study of the Jajh deh Kot Lalu enstatite chondrite. Geochim. and Cosmochim. Acta *29*, 621—632 (1955).

52. Knapsack-Griesheim AG, Werk Knapsack, Informationsblatt zur ACHEMA 1964.

53. *Kriegsmann, H.*, u. *W. Förster:* Das Schwingungsspektrum des Trisilylamins. Z. anorg. allg. Chem. *298*, 212—222 (1959).

54. *Krüger, C.*, u. *E. G. Rochow:* Gemischte Siloxan-Silazan-Verbindungen. Angew. Chem. *74*, 491—492 (1962).

55. — — Polymerisation von Cyclosilazanen. Angew. Chem. *74*, 588 (1962).

56. — — u. *U. Wannagat:* Die Reaktion von Natrium-bis(trimethylsilyl)-amid mit Derivaten der Benzoesäure. Chem. Ber. *96*, 2138—2143 (1963).

57. — — Polyorganosilazanes. J. Polymer Sci. A *2*, 3179—3189 (1964).

58. — — Linear oligosiloxanes with bis(trimethylsilyl)amine chain-terminating groups. Z. anorg. allg. Chem. *338*, 113—120 (1965).

59. *Lehn, W. L.:* Preparation of tris(trimethylsilyl)- and tris(trimethylstannyl)amines. J. Amer. chem. Soc. *86*, 305 (1964).

60. *Manasevit, H. M.:* Chemistry of silicon and germanium hydrides: the reaction of silyl bases with selected Lewis acids. U.S. Dept. Com., Office Tech. Serv., PB Rept. *143572*, 1—92 (1959); C.A. *55*, 17333 (1961).

61. *Nametkin, N. S., V. M. Vdovin, E. D. Babich* u. *V. D. Oppengeim:* Synthese und Eigenschaften von Silacyclobutylsilazanen (russ.). Khim. Geterotsikl. Soedin., Akad. Nauk Latv. SSR *1965* (3), 455—462; C.A. *63*, 13308 (1965).

62. *Narita, K.*, and *K. Mori:* Crystal structures of silicon nitride. Bull. Chem. Soc. Japan *32*, 417—419 (1959); C.A. *54*, 20403 (1960); C. *1963*, 1581.

63. *Niederprüm, H.:* Siliciumfunktionelle Tris(silyl)amine. Angew. Chem. *75*, 165 (1963).

64. *Parr, N. L.:* Silicon nitride, a new ceramic for high temperature engineering and other applications. Res. appl. in Ind. *13*, 261—269 (1960).

65. *Pehlke, R. D.*, and *J. F. Elliott:* High temperature thermodynamics of the silicon, nitrogen, silicon-nitride system. Trans. Met. Soc. AIME *215*, 781—785 (1959).

66. *Pflugmacher, A.*, u. *H. Dahmen:* Das Tris(trichlorsilyl)amin. Z. anorg. allg. Chem. *290*, 184—190 (1957).

67. —, u. *H. Ernst:* Unveröffentlicht. *H. Ernst:* Über die Bildung neuer Verbindungen in der Glimmentladung bei der Umsetzung von N_2 mit Chloriden der 4. Hauptgruppe. Dissertation TH Aachen 1958.

68. *Popper, P.*, and *S. N. Ruddlesden:* Preparation, properties and structure of silicon nitride. Trans. Brit. ceram. Soc. *60*, 603—626 (1961).

69. — — Structure of the nitrides of silicon and germanium. Nature [London] *179*, 1129 (1957).

70. *Pump, J.*, u. *U. Wannagat:* Bis(trimethylsilyl)carbodiimid. Liebigs Ann. Chem. *652*, 21—27 (1962).

71. *Robinson, D. W.:* Vibrational spectra of trisilylamine and trisilylamine-d_9. J. Amer. chem. Soc. *80*, 5924—5927 (1958).

72. *Rochow, E. G.:* Polymerisation von Silicium-Stickstoffverbindungen. Mh. Chem. *95*, 750—765 (1964).

73. *Ruff, O., K. Albert* u. *E. Geisel:* Siliciumchloroform und Ammoniak (Siliciumstickstoffhydrür). Ber. dtsch. chem. Ges. *38*, 2235—2243 (1905).

74. —, u. *E. Geisel:* Über das Siliciumjodoform. Ber. dtsch. chem. Ges. *41*, 3738—3744 (1908).

75. *Russ, C. R.*, u. *A. G. Macdiarmid:* Verbindungen mit Si—N—B-Bindungen. Angew. Chem. *76*, 500—501 (1964).

76. *Scherer, O. J.*, u. *M. Schmidt:* Zum relativen induktiven Effekt der Gruppen $Si(CH_3)_3$, $Ge(CH_3)_3$, $Sn(CH_3)_3$ und $Pb(CH_3)_3$. J. organomet. Chem. *1*, 490—492 (1964).

77. —, u. *P. Hornig:* N-Trimethylsilyl-substituierte Schwefligsäurediamide und -imide sowie N-Alkyl-N'-phenyl-schwefeldiimide. Angew. Chem. *78*, 776—777 (1966).

78. *Schmidbaur, H.:* High resolution nuclear magnetic resonance spectra of methylsilicon compounds. J. Amer. chem. Soc. *85*, 2336—2337 (1963).

79. —, u. *W. Wolfsberger:* Isostere des Hexamethyldisiloxans und des Tris-(trimethylsilyl)amins. Angew. Chem. *78*, 306—307 (1966).

80. *Schumb, W. C.*, and *L. H. Towle:* Partial ammonolysis of silicon tetrachloride. J. Amer. chem. Soc. *75*, 6085—6086 (1953).

81. *Schwarz, R.*, u. *W. Sexauer:* Silicium-Stickstoff-Verbindungen mit Siliciumbrücke. Ber. dtsch. chem. Ges. *59*, 333—337 (1926).

82. *Semenova, E. A., D. Ya. Zhinkin* u. *K. A. Andrianov:* Synthese von Alkylhydridcyclosilazanen. Izv. Akad. Nauk SSSR, Otd. Khim. Nauk *1962*, 269—271; C.A. *57*, 15140 (1962); C. *1963*, 22293.

83. *Stock, A.*, u. *K. Somieski:* Siliciumwasserstoffe. X. Stickstoffhaltige Verbindungen. Ber. dtsch. chem. Ges. *54*, 740—758 (1921).

84. *Sujishi, S.*, and *S. Witz:* Effect of replacement of carbon by silicon in trimethylamin on the stabilities of the trimethylboron addition compounds. Estimation of the resonance energy for the Si—N-partial double bond. J. Amer. chem. Soc. *76*, 4631—4636 (1954).

85. — — Reaction of silylamines with borontrifluoride. Methyl- and silylaminoborondifluorides. J. Amer. chem. Soc. *79*, 2447—2450 (1957).

86. *Suzuki, H.*, u. *T. Yamauchi:* Einfluß von verschiedenen Zusätzen auf die Synthese von Siliciumnitrid und seiner polymorphen Modifikationen. Angew. Chem. *74*, 83, 125 (1962).

87. *Turkdogan, E. T., P. M. Bills*, and *V. A. Tippet:* Silicon nitrides: some physico-chemical properties. J. appl. Chem. *8*, 296—302 (1958).

88. *Varma, R., A. G. Macdiarmid*, and *J. G. Miller:* Electric dipole moment of trisilylamine. J. chem. Physics *39*, 3157—3158 (1963).

89. *Vassiliou, B.*, and *F. G. Wilde:* A hexagonal form of silicon nitride. Nature [London] *179*, 435—436 (1957).

90. *Wannagat, U.*, u. *H. Niederprüm:* Darstellung mehrfach silylsubstituierter Stickstoffverbindungen mit Hilfe von Lithiumphenyl. Angew. Chem. *71*, 574 (1959).

91. — — Tris(triorganosilyl)amine. Angew. Chem. *72*, 586 (1960).

92. — — Dreifach silylsubstituierte Amine. Z. anorg. allg. Chem. *308*, 337 bis 351 (1961).

93. — — Silylsubstituierte Alkaliamide. Chem. Ber. *94*, 1540—1547 (1961).

94. —, u. *H. Kuckertz:* Silylsubstituierte Schwefelamide und -imide. Angew. Chem. *74*, 117—118 (1962).

95. —, u. *H. Bürger:* Tris(trialkoxysilyl)amine und verwandte Verbindungen. Angew. Chem. *75*, 95 (1963).

96. — Reaktionen silylsubstituierter Alkaliamide. Angew. Chem. *75*, 173—174 (1963).

97. —, u. *C. Krüger:* Trialkylsilyl-aryl-diazene. I. Darstellung und Isolierung. Z. anorg. allg. Chem. *326*, 288—295 (1964).

98. —, *H. Niederprüm* u. *F. J. Carduck:* Trisilylamine. DBP 1158972, Kl. 12o (25. 3. 1961/12. 12. 1963).

99. —, u. *H. Bürger:* Über die Verbindungsklasse [(CH$_3$)$_3$Si]$_2$N—SiRX$_2$. Z. anorg. allg. Chem. *326*, 309—316 (1964).

100. —, u. *O. Brandstätter:* Tetrasilapiperazin, ein neues SiN-Ringsystem. Angew. Chem. *75*, 345 (1963).

101. —, *J. Pump* u. *H. Bürger:* Über die Reaktion des Natrium-bis(trimethylsilyl)amids mit Cyanaten und Thiocyanaten des Siliciums. Mh. Chem. *94*, 1013—1018 (1963).

102. —, *H. Bürger, P. Geymayer* u. *G. Torper:* Symmetrische, gemischt substituierte Trisilylamine (RR'R''Si)$_3$N. Mh. Chem. *95*, 39—45 (1964).

103. —, u. *G. Schreiner:* Über die Reaktion von Natriumamid mit Trimethylchlorsilan. Mh. Chem. *95*, 46—52 (1964).

104. —, *P. Geymayer* u. *G. Schreiner:* Überführung von Si—O- in Si—N-Bindungen. Angew. Chem. *76*, 99 (1964).

105. — Synthesen mit N-metallierten SiN-Verbindungen. Angew. Chem. *76*, 234—235 (1964).

106. —, *H. Kuckertz, C. Krüger* u. *J. Pump:* Reaktionen des Natrium-bis(trimethylsilyl)amids mit Kohlenstoffchalkogeniden und Kohlenstoffhalogeniden. Z. anorg. allg. Chem. *333*, 54—61 (1964).

107. —, *K. Behmel, H. Wolf* u. *H. Bürger:* Tris(trialkoxysilyl)amine. Z. anorg. allg. Chem. *333*, 62—70 (1964).

108. — — u. *H. Bürger:* Dreifach silylsubstituierte Amine mit Trihalogensilyl-Gruppen. Chem. Ber. *97*, 2029—2036 (1964).

109. —, *E. Bogusch* u. *P. Geymayer:* Über die gezielte Spaltung von Cyclosilazanen mit Alkoholen und mit Chlorwasserstoff. Mh. Chem. *95*, 801—811 (1964).

110. —, u. *H. Bürger:* Darstellung fluorhaltiger Si—N-Verbindungen über SiF$_4$. Angew. Chem. *76*, 497—498 (1964).

111. — Chemistry of silicon-nitrogen compounds. Advances Inorg. Chem. Radiochem. *6*, 225—278 (1964).

112. —, *W. Veigl* u. *H. Bürger:* Einige asymmetrische substituierte Tris(alkoxyorganylsilyl)amine. Mh. Chem. *96*, 583—596 (1965).

113. — Anorganische Ringsysteme mit Silicium- und Stickstoffatomen als Ringgliedern. Angew. Chem. *77*, 626 (1965).

114. — Novel ways in the preparation of cyclic silicon-nitrogen compounds. J. pure appl. Chem. *13*, 263—279 (1966). Plenary lecture 1. International Symposium on Organosilicon Chemistry, Prag 1965.

115. —, u. *E. Bogusch:* Tris(dimethylchlorsilyl)amin. Inorg. Nucl. Chem. Letters *2*, 97—99 (1966).

116. —, u. *P. Geymayer:* 1965 (unveröffentlicht).

117. —, u. *K. Behmel:* Unveröffentlicht; *K. Behmel:* Beiträge zur Kenntnis der H—Si—N-Bindungen. Dissertation TH Graz 1965.

118. —, u. *G. Schreiner:* Unveröffentlicht; *G. Schreiner:* Neue Synthesewege zur Darstellung von Aminosilylaminen und Bis(amino)-silylaminen. Dissertation TH Graz 1965.

119. —, u. *E. Bogusch:* Unveröffentlicht; *E. Bogusch:* Über 1.2-Dihalogendisilazane und ihre Überführung in anorganische Ringverbindungen. Dissertation TH Graz 1966.

120. —, u. *M. Schulze:* 1966 (unveröffentlicht).
121. —, u. *P. Schmidt:* 1966 (unveröffentlicht).
122. *Ward, L. G. L.,* and *A. G. Macdiarmid:* Preparation and properties of bis(disilanyl)sulphide and tris(disilanyl)amine. J. inorg. nucl. Chem. *21,* 287—293 (1961).
123. *Wells, R. L.,* and *R. Schaeffer:* Base-catalyzed elimination of silane from trisilylamine. J. Amer. chem. Soc. *88,* 37—42 (1966).
124. *Wheatley, P. J.:* X-ray diffraction determination of the crystal and molecular structure of tetramethyl-NN′-bis(trimethylsilyl)-cyclodisilazane. J. chem. Soc. [London] *1962,* 1721—1724.
125. — Structure of tetramethyl-00′-bis(trimethylsilyl)-cyclodialumoxane. J. chem. Soc. [London] *1963,* 2562—2563.
126. *Wiberg, N.,* u. *K. H. Schmid:* Trimethylsilylammonium-Verbindungen. Z. anorg. allg. Chem. *345,* 93—105 (1966).

Siloxen und
schichtförmig gebaute Siliciumsubverbindungen

Prof. Dr. E. Hengge

Institut für Anorganische Chemie der Technischen Hochschule Graz

Inhalt

I. Einleitung

In der Chemie des Kohlenstoffes treten bekanntlich farbige Verbindungen immer dann auf, wenn größere Doppelbindungssysteme die Anregungsenergie vermindern und so die Absorption ins Sichtbare verschieben.

Dagegen kennt die Chemie des Siliciums keine Doppelbindungen, und es ist zu erwarten, daß Siliciumverbindungen farblos sind. Dies stimmt auch weitgehend, wenn wir von gefärbten Siliciumverbindungen absehen, bei denen die Farbe nicht auf den Silicium-Molekülverband, sondern auf gefärbte Kationen (in Mineralien usw.) oder auf färbende Beimengungen wie beim Amethyst u. a. zurückzuführen ist.

Es bleiben aber noch einige wenige Verbindungsklassen, bei denen Farben auftreten, die nicht auf Beimengungen oder andere Bestandteile zurückzuführen sind. Es sind dies, abgesehen von einigen Carbosilanen (1), vor allem:

a) das Siloxen und seine Derivate

b) Siliciumsubverbindungen

Untersuchungen über den Zusammenhang zwischen Farbe und Konstitution bei diesen beiden Substanzgruppen sind in den letzten Jahren durchgeführt worden. In der Gruppe der Silicium-Subverbindungen liegen solche Untersuchungen nur bei schichtförmig gebauten Siliciumsubverbindungen vor. Da sie durch diesen Bau den Siloxenverbindungen ähnlich sind, sollen sie hier gemeinsam besprochen werden. Siliciumsubverbindungen die aus niedermolekularen Stoffen entstehen und anders aufgebaut sind, werden an anderer Stelle dieses Heftes behandelt (2).

II. Die Chemie des Siloxens

Bereits *Wöhler* (3) fand, daß Calciumdisilicid $CaSi_2$ mit Salzsäure unter Bildung eines gelben festen Körpers reagierte. Er nannte die Verbindung „Silicon"[1]). Ursprüngliche Annahmen, daß analog der Reaktion von CaC_2 und HCl ungesättigte Verbindungen entstehen, bewahrheiteten sich nicht, da, wie wir heute wissen, Silicium nicht zur Ausbildung von Mehrfachbindungen analog dem Kohlenstoff befähigt ist. Außerdem ist der kristallographische Bau des Calciumsilicids im Vergleich zum Calciumcarbid ein völlig anderer.

Untersuchungen über das *Wöhler*sche „Silicon" wurden erst im Jahre 1921 wieder aufgenommen. *H. Kautsky* (4) fand, daß das gelbe Silicon keine einheitliche Verbindung darstellt und konnte durch kontrollierte und wesentlich mildere Versuchsbedingungen einen weißen, manchmal schwach grünlich gefärbten festen Körper der Bruttozusammensetzung Si_2OH_2 isolieren. Ausführliche chemische Untersuchungen aus den Jahren 1921—1930 führten *Kautsky* und Mitarbeiter (5) zur Struktur des Siloxens (Abb. 1), in der Si_6-Ringe hochpolymer mit Sauerstoff verknüpft

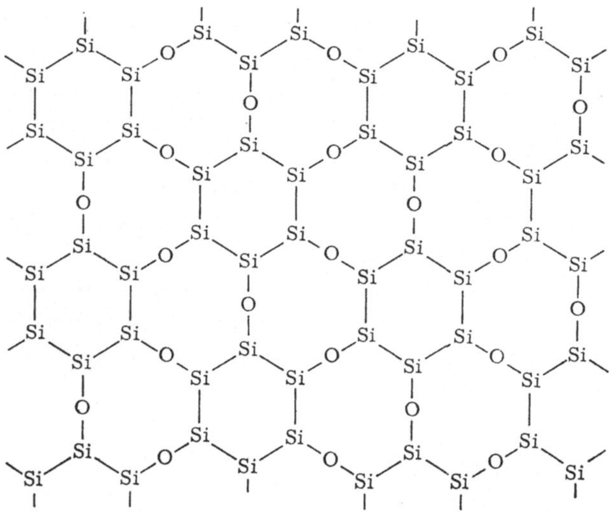

Abb. 1

---

[1]) Dieses *Wöhler*sche „Silicon" hat nichts mit den als Siliconen bekannten Organopolysiloxanen gemeinsam.

sind. Jedes Si-Atom trägt noch einen Wasserstoff, der abwechselnd oberhalb und unterhalb der Blättchenebene angeordnet ist (in der Abb. nicht eingezeichnet). Es entsteht so eine blättchenförmige Struktur. Die einzelnen Blättchen werden nur locker, vermutlich teilweise durch Wasserstoffbrücken, zusammengehalten und lassen sich schon bei geringfügigem Eingriff wie z. B. der Absorption von Stickstoff oder Methan voneinander trennen, wie BET-Messungen an Siloxen zeigten (6). Nach *H. Kautsky* nennt man eine solche Struktur eine lepidoide Struktur (lepis = Schuppe).

Der Wasserstoff der SiH-Bindung steht nach Vermutungen von *H. Kautsky* abwechselnd nach oben und unten aus der Blättchenebene und ist chemischen Reaktionen gut zugänglich. Die nur lockere Bindung der einzelnen Schichten aneinander wird dabei wahrscheinlich sofort gelöst. So läßt sich z. B. eine Bromierung zu Dibromsiloxen in Art einer Titration durchführen, obwohl man es schließlich mit einer Suspension eines festen Körpers in einer Flüssigkeit zu tun hat.

Die Bromierung erfolgt stufenweise, zuerst zur Dibromstufe als ausgezeichnete Bromierungsstufe (7). Dieses Dibromsiloxen bildet sich vermutlich deswegen bevorzugt, da je ein Br-Atom auf der Ober- und Unterseite eines Si_6-Ringes gebunden wird und noch keinerlei gegenseitige Hinderung auftritt. Dagegen muß ein drittes Bromatom bereits neben ein vorhandenes Br-Atom, was zwar möglich, aber energetisch aufwendiger ist. Es ist daher verständlich, daß bei den höher substituierten Bromsiloxen-Derivaten keine bevorzugte Stufe mehr zu erkennen ist und je nach Bromkonzentration, Temperatur und Einwirkungsdauer ein mehr oder weniger stark substituiertes Produkt resultiert:

$$[Si_6O_3]H_6 + 2\,Br_2 \longrightarrow [Si_6O_3]H_4Br_2 + 2\,HBr$$

$$[Si_6O_3]H_4Br_2 + Br_2 \longrightarrow [Si_6O_3]H_3Br_3 + HBr$$

$$[Si_6O_3]HBr_5 + Br_2 \longrightarrow [Si_6O_3]Br_6 + HBr$$

Versucht man die Substitution mit Jod statt mit Brom durchzuführen, so sind durch den größeren Jodradius natürlich noch schwierigere Platzverhältnisse zu erwarten. Tatsächlich gelangt man auch nur über einen Umweg zu einem Dijodsiloxen, während noch höher substituierte Jodderivate nicht isoliert werden konnten.

Zur Darstellung eines Dijodsiloxens geht man am besten von Dibromsiloxen aus und solvolysiert es mit Äthylamin, wobei Bis(diäthylamino)-siloxen entsteht, das mit HJ direkt zum gesuchten Dijodsiloxen reagiert (8):

$$[Si_6O_3]{}^{H_4}_{Br_2} + 4\ C_2H_5NH_2 \rightarrow [Si_6O_3]{}^{H_4}_{(N\overset{|}{H}C_2H_5)_2} + 2\ C_2H_5NH_2 \cdot HBr$$

$$[Si_6O_3]{}^{H_4}_{(N\overset{|}{H}C_2H_5)_2} + 2\ HJ \rightarrow [Si_6O_3]{}^{H_4}_{J_2} + 2\ C_2H_5NH_2 \cdot HJ$$

Eine direkte Jodierung von Siloxen führt dagegen nur zu einem Monojodsiloxen. Auch mit organischen Halogenverbindungen ist Jodierung möglich, besonders unter Lichteinwirkung (9).

Chlorderivate des Siloxens sind ebenfalls bekannt. Die Einwirkung von elementarem Chlor auf Siloxen ist naturgemäß weitaus heftiger als die von Brom oder Jod. Dadurch kommt es zu Spaltungen der SiSi-Bindung und zu einer teilweisen Zerstörung des Netzes. Man findet z. B. Hexachlordisiloxan als Abbauprodukt.

Fluorderivate des Siloxens sind nicht bekannt.

Die Si-Halogenbindung in den Halogen-Siloxenderivaten unterliegt natürlich den gleichen chemischen Reaktionen wie jede andere Silicium-Halogenbindung. Auf Grund der dem Siloxen eigentümlichen lepidoiden Schichtstruktur sind die Halogenatome chemischen Reaktionen weitgehend zugänglich, jedoch ist auch hier neben der chemischen Reaktionsfähigkeit die Platzfrage auf der Siloxen-Oberfläche eine weitere Reaktionsbedingung.

So unterliegt die Silicium-Halogenbindung natürlich der Solvolyse mit Wasser, Alkoholen, Aminen usw., wobei in großer Vielfalt Derivate entstehen, z. B.:

$$[Si_6O_3]Br_2H_4 + 2\ ROH \rightarrow [Si_6O_3](OR)_2H_4 + 2\ HBr$$

oder

$$[Si_6O_3]Br_6 + 6\ HOH \rightarrow [Si_6O_3](OH)_6 + 6\ HBr$$

In den meisten Fällen sind alle Substitutionsstufen von 1–6 darstellbar, lediglich bei Substituenten, die nicht genügend Platz auf der Oberfläche des Si_6-Ringes finden, wie etwa der Phenoxyrest oder ähnliche, bleibt die maximale Substitutionszahl unter sechs. Aus den beim Bromsiloxen genannten Gründen liegt dann in den meisten Fällen die Substitutionsstufe zwei vor.

Abgesehen von den schon seit vielen Jahren bekannten Substitutionsprodukten, vor allem den Alkoxy-, Alkylamino- und Halogenderivate (10, 12, 5) sind in jüngerer Zeit noch eine Reihe von Acido-Siloxenen dargestellt worden (12).

$$[Si_6O_3]{}^{H_4}_{(OH)_2} + 2\ CH_3COOH \rightarrow [Si_6O_3]{}^{H_4}_{(OCOCH_3)_2} + 2\ H_2O$$

An Stelle der Hydroxy-Derivate lassen sich auch die entsprechenden Alkoxy- oder Alkylamin-Derivate einsetzen, statt Essigsäure auch andere Carbonsäuren, aber auch Säureanhydride bzw. Ansolvosäuren wie CO_2, SO_2, CS_2 reagieren mit Aminoderivaten unter Bildung von Amidosäuren:

$$[Si_6O_3]\frac{H_4}{(NHC_2H_5)_2} + SO_2 \rightarrow [Si_6O_3]\frac{H_4}{\left(\underset{C_2H_5}{N-SOOH)}\right)_2}$$

Auch mit Li-alkylen wurde Siloxen umgesetzt, wobei tieffarbige Produkte der Zusammensetzung

$$[Si_6O_3]\frac{H_6-(m+n)}{Rm}\atop{Li_n}$$

entstehen (n maximal 3) (13).

Organisch-präparative Aspekte ergeben sich aus der Feststellung, daß Siloxen in der Lage ist, Ketone und Aldehyde zu Alkoholen zu reduzieren (14).

$$\diagdown\!\!-Si-H + O=C\diagup^{R_1}_{\diagdown R_2} \rightarrow \diagdown\!\!Si-O-\underset{H}{\overset{}{C}}\diagup^{R_1}_{\diagdown R_2} \xrightarrow{H_2O} \diagdown\!\!Si-OH + HO-C\diagup^{R_1}_{\diagdown R_2}$$

Die Carbonylgruppe lagert sich dabei an das feste Siloxen an. Erst bei der Hydrolyse wird der entsprechende Alkohol wieder abgegeben.

Von besonderem Interesse für den Bau des Si_6-Ringes erwiesen sich Brückensubstitutionen über den Si_6-Ring (15), denn die bisherige Annahme eines gewellten Si_6-Ringes war zwar wahrscheinlich, jedoch noch nicht bewiesen. Sie resultierte aus den Überlegungen über die besonders ausgezeichnete Disubstitutionsstufe (s. S. 147) wie auch aus der von *Böhm* und *Hassel* (16) gefundenen Röntgenstruktur des $CaSi_2$, in der ebenfalls gewellte Si_6-Ringe vorliegen.

Substituiert man Halogensiloxene mit zweiwertigen Alkoholen, so hat man mit diesen Chelat-Substituenten eine Möglichkeit in der Hand, zu prüfen, ob 2 Bromatome auf ein und derselben Seite des Ringes sitzen oder nicht. Natürlich muß die Kettenlänge des zweiwertigen Alkohols (die Größe der Schere) den gegebenen Verhältnissen angepaßt sein.

Als passend empfiehlt sich nach den Moleküldimensionen das Propandiol-(1,3).

Nach den Strukturvorstellungen über das Dibromsiloxen mit gewelltem Si_6-Ring ist ein Brom-Atom auf der einen Seite des Ringes, eines auf der anderen Seite. Eine Substitution mit Propandiol-(1,3) müßte dann ergeben, da jeweils nur eine OH-Gruppe des Diols reagieren kann, da das zweite Bromatom von dem anderen Brückenende nicht erreicht werden kann. Es sitzt auf der anderen Seite des Blättchens. Eine Brückensubstitution zum Nachbarring verbietet sich andererseits, da der Abstand für das Propandiol-(1,3) zu groß ist. Der Austausch von Br gegen Propaniol-(1,3) müßte daher eine Stöchiometrie 1 : 1 zeigen, was experimentell tatsächlich bestätigt werden konnte:

Im Gegenbeispiel muß nun aber, wenn die Strukturvorstellungen richtig sind, ein höher bromiertes Siloxen mit Diolen unter Brückenbildung reagieren, denn hier sind ja mindestens 2 Bromatome auf einer Blättchenseite zu erwarten. Die Resultate an einem Bromsiloxen der statistischen Substitutionsstufe 4, 72 zeigen auch tatsächlich ein solches Resultat. Von den 4,72 Bromatomen blieben 0,24, offenbar aus sterischen Gründen, unausgetauscht, so daß 4,48 Bromatome zum Austausch kamen. Da nur eine Brücke auf jeder Seite des Ringes gebildet werden kann und die Bromatome über einen Substitutionsgrad von 4 nur im Verhältnis 1 : 1 mit Propandiol reagieren können, ergibt sich ein theoretischer Substitutionsgrad von 2,48, ein Wert, der experimentell auch in etwa gefunden wurde. Die Reaktion ist daher so zu formulieren:

Gleichzeitig ist damit die Annahme eines gewellten Si_6-Ringes bestätigt.

III. Farbe und Fluoreszenz

Alle Siloxenderivate sind farbige Verbindungen und, wie das Siloxen selbst, luftempfindlich. Mit wäßrigen basischen Reagentien reagieren sie sofort unter Wasserstoffentwicklung zu Kieselsäure. Gleichzeitig mit der Zerstörung des Si_6-Ringes verschwindet dabei die Farbe völlig. Ebenso werden Siloxen und seine Derivate farblos, wenn der Si_6-Ring z.B. durch einen starken Brom-Angriff zerstört wird.

Die meisten Siloxenderivate zeigen außerdem eine kräftige Fluoreszenz, die sich bei tiefer Temperatur wesentlich verstärkt. Eine Verschiebung des Spektrums tritt dabei jedoch nicht ein.

Die Absorptionsspektren von Siloxen und seinen Derivaten, die nur in Reemission gemessen werden können, zeigen eine annähernde Spiegelsymmetrie zu den Fluoreszenzspektren. Diese Tatsache, gemeinsam mit der kurzen Abklingzeit der Fluoreszenz von 10^{-8} sec, der Invarianz der Spektren gegenüber kleineren Verunreinigungen und kleinen Abweichungen bei der Darstellung zeigen, daß wir es in diesem Fall nicht mit einem Kristallphosphor zu tun haben, sondern, daß Farbe und Fluoreszenz offenbar eine echte Moleküleigenschaft darstellen, die sich aus dem Bindungssystem ergibt (*17*).

Nähere quantitative Untersuchungen der Fluoreszenzspektren ergeben folgendes Bild (*18*): Unsubstituiertes Siloxen zeigt eine einfache, auch bei tiefer Temperatur nicht strukturierte Fluoreszenzbande. Substituiert man, insbesondere mit Substituenten mit freien Elektronenpaaren wie OH, OR, NHR usw., so zeigt sich, daß die Fluoreszenz (und auch die Farbe) um so langwelliger wird, je größer die Anzahl der Substituenten pro Si_6-Ring ist. In Abb. 2 ist für einige Substitutionsderivate die Verschiebung des Fluoreszenzmaximums gegen den Substitutionsgrad dargestellt. Hier, wie für die folgenden Überlegungen, sind die Fluoreszenzmaxima bzw. Spektren zugrundegelegt, die exakter und leichter zu vermessen sind als die breiten Absorptionsspektren, die nur in Reemission zu bestimmen sind.

Aus Abb. 2 ersieht man weiter, daß je nach der Art des Substituenten die Verschiebung mehr oder weniger groß ist und offensichtlich einem eigenen gesetzmäßigen Verhalten unterliegt. Mißt man die Fluoreszenzspektren von verschiedenen Substitutionsprodukten, so zeigt sich, daß die Elektronegativität des Substituenten die wesentliche Größe für die Stärke der Verschiebung ist. Trägt man diese in irgendeiner geeigneten Skala, z.B. um einen Vergleich zu den von *Matsen* untersuchten Benzolderivaten zu haben (*19*), in e-Volt Ionisierungspotentials, auf, so zeigt sich die gesetzmäßige Abhängigkeit sehr ähnlich der beim Benzol gefundenen (Abb. 3).

Je geringer die Elektronegativität, um so stärker ist der Einfluß der Substituenten auf die langwellige Verschiebung von Farbe und Fluoreszenz. Offensichtlich spielt die Elektronenbeweglichkeit der freien Elektronenpaare, die bei Bindung an Silicium bekanntlich über $d\pi p\pi$-Bindungen

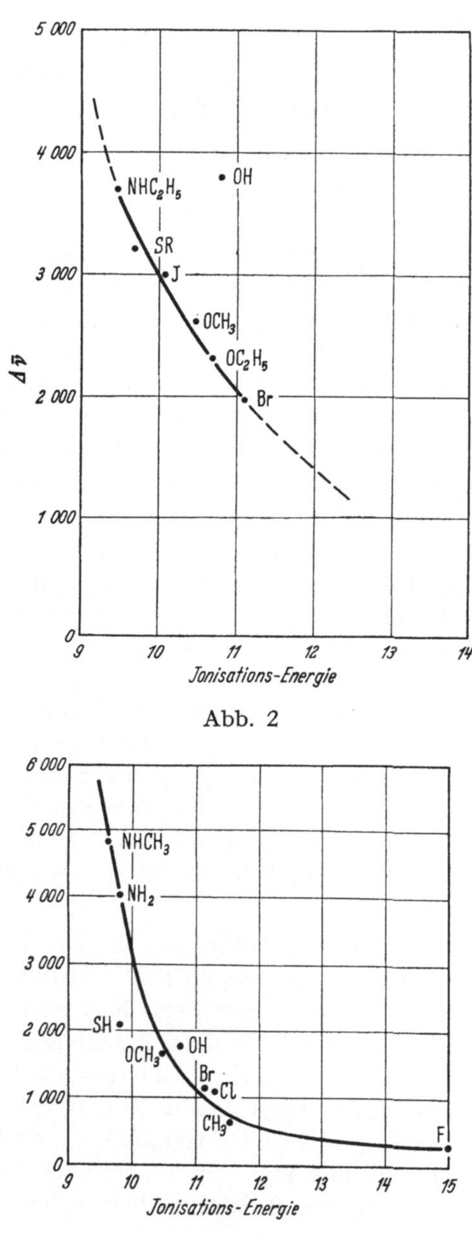

Abb. 2

Abb. 3

wirksam werden können, die entscheidende Rolle. Die Farbe verschiebt sich also mit steigender Elektronendichte am Silicium ins langwellige, was nur durch eine Resonanzstruktur und einer damit verbundenen Verstärkung der SiSi-Bindung mittels dieser hinzukommenden Elektronen erklärt werden kann. Nähere theoretische Untersuchungen über diese Bindungsfragen liegen jedoch noch nicht vor. Natürlich wird auch der, die Ringe verknüpfende Sauerstoff mit seinen freien Elektronenpaaren einen Beitrag zu dieser Bindung liefern, da auch unsubstituiertes Siloxen seine Absorption an der Grenze des Sichtbaren hat und blaue Fluoreszenz auftritt.

Wenn wirklich die freien Elektronenpaare der Substituenten diese entscheidende Rolle für die Farbverschiebung besitzen, dann müßte bei ihrer Blockierung eine hypsochrome Verschiebung eintreten. Diese ist auch tatsächlich beobachtbar. Behandelt man beispielsweise Methoxysiloxen eines mittleren Substitutionsgrades mit BF_3, so erfolgt nur eine lockere Absorption und gleichzeitig eine deutliche Farbverschiebung von gelb nach grün. Das Fluoreszenzspektrum zeigt eine deutliche hypsochrome Verschiebung, womit die Rolle der freien Elektronenpaare bewiesen scheint.

IV. Hydroxy-siloxen-Derivate und ihre photochemische Zersetzung

Hydroxysiloxenderivate zeichnen sich durch besonders intensive Farbe, hohes Fluoreszenzvermögen und hohe Empfindlichkeit, insbesondere gegen Licht, aus. Man kann sie im Dunkeln aus Halogensiloxenen durch vorsichtige Hydrolyse unter Eiskühlung herstellen. Die Farben der Hydroxysiloxene verschieben sich analog den übrigen Siloxenderivaten mit steigender Substitution ins Langwellige, wobei die Stabilität abnimmt. So ist das gelbe Mono-hydroxysiloxen noch relativ gut haltbar, während das rote Dihydroxysiloxen am Licht bereits nach wenigen Minuten zu verblassen beginnt. Die höheren Hydroxysiloxene bis zum schwarzen Hexahydroxysiloxen werden schließlich so instabil, daß sie sich im trockenen Zustand mit hoher Brisanz explosiv zersetzen.

Interessant ist der Zusammenhang mit dem „*Wöhler*schen Silicon“. Dieses entsteht bekanntlich aus $CaSi_2$ mit conz. Salzsäure an der Luft und anschließendem Auswaschen mit Wasser. Es ist ein gelbgrünes, sehr stark fluoreszierendes und bei der Oxydation chemilumineszierendes Pulver, das zum Unterschied von den Siloxenderivaten bei tiefer Temperatur Phosphoreszenz zeigt. Das Fluoreszenzspektrum ist in Abb. 4 wiedergegeben.

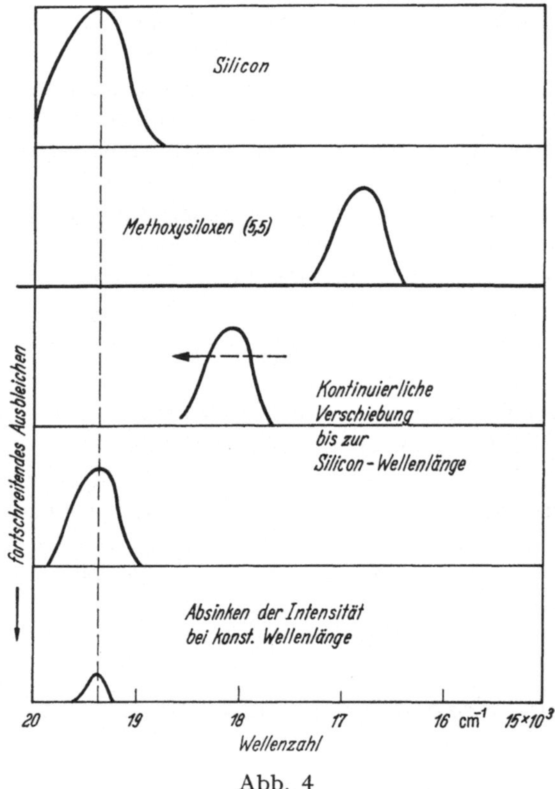

Abb. 4

Untersucht man den Zersetzungsvorgang der Hydroxysiloxene durch Messung der Fluoreszenzspektren-Änderung, so ergibt sich die interessante Tatsache, daß sich das Spektrum der höheren Derivate aus dem roten Bereich bis zur Wellenlänge des Siliconfluoreszenzmaximums verschiebt, dann konstant bleibt und beim weiteren Ausbleichen langsam schwächer wird (s. Abb. 4). Gleichzeitig tritt bei tiefer Temperatur Phosphoreszenz auf. Offensichtlich liegt also beim Ausbleichen derselbe Vorgang vor, wie bei der Darstellung des *Wöhler*schen Silicons, das ja zum Unterschied vom Siloxen mit konz. HCl ohne Einhaltung besonders milder Bedingungen hergestellt wird. Dabei tritt eine teilweise Chlorierung zu Chlorsiloxenen ein, die dann mit dem vorhandenen Wasser hydrolysieren und Hydroxysiloxene geben, die der Ausbleichung unterliegen.

Fragt man nach dem chemischen Vorgang beim Ausbleichen, so sind folgende Beobachtungen wesentlich:

a) Die Reaktion findet auch bei absolutem Sauerstoffausschluß, nur mit Licht, statt.

b) Das Ausbleichen läßt sich auch mit OR-Derivaten durchführen, erfordert jedoch wesentlich längere Zeit und wesentlich intensivere Lichteinwirkung.

c) Auch bei OR-Derivaten tritt eine Verschiebung bis zum Siliconspektrum auf.

d) Die ausgebleichten Produkte sind gegenüber Wasser schlecht benetzbar und zeigen die Si—R-Frequenzen im UR-Spektrum. Bei den Hydroxyderivaten treten SiH-Banden auf. Auf Grund dieser Beobachtungen läßt der Ausbleichvorgang als eine Umlagerung deuten, die bereits von *Kautsky* 1931 für den explosiven Zerfall der Hydroxy-Siloxene (*20, 11*) angenommen wurde und später auch von *Schmeißer* (*21*) bei kettenförmigen Alkoxypolysilanen angenommen worden ist. Diese Umwandlung läßt sich am einfachsten so formulieren:

$$
\begin{array}{ccc}
-\overset{|}{\underset{|}{Si}}-OH & & -\overset{|}{Si}-H \\
& \rightarrow & \diagdown \\
& & O \\
-\overset{|}{\underset{|}{Si}}- & & -\overset{}{\underset{|}{Si}}-
\end{array}
$$

Es ist anzunehmen, daß im Falle des Siloxens eine solche Umlagerung eintritt, wobei die neugebildete SiOSi-Gruppierung möglicherweise auch zu einer 3-dimensionalen Vernetzung führen könnte, was mit dem Auftreten einer Phosphoreszenz im Einklang stehen würde. Diese letzten Überlegungen sind jedoch noch durch keine exakten Beweise belegt.

V. Schichtförmige Si-Verbindungen

Einen ähnlichen Molekülaufbau wie Siloxen besitzen die schichtförmig gebauten Silicium-Subverbindungen vom Typ (SiX)n. Da auch diese farbig sind und die Farbe ähnlichen Gesetzmäßigkeiten unterliegt, wie im vorigen Kapitel beim Siloxen gezeigt, sollen sie in diesem Zusammenhang besprochen werden.

Siliciumverbindungen (SiX)n mit einer Substitutionszahl kleiner als 4 sind in fast allen Fällen polymere Verbindungen mit SiSi-Bindungen. Ausnahmen bilden lediglich kurzfristig beständige SiX_2-Moleküle, die bei Transportreaktionen auftreten (*22*). SiF_2 soll nach neuesten Untersuchungen auch in monomerer Form vorkommen (*23, 24*).

Bei den polymeren „Si-Subverbindungen" muß je nach der Darstellungsart zwischen zwei prinzipiellen Typen unterschieden werden. Entweder geht man von niedermolekularen Verbindungen aus und polymerisiert diese mittels geeigneter Reaktionen. Man erhält so meist mehr oder weniger regellose Polymerisate mit schwankender, auch nicht stöchiometrischer Zusammensetzung. Untersuchungen dieser Art sind in großer Zahl vorgenommen worden; sie werden in einem anderen Teil des vorliegenden Heftes besprochen (2).

Andere, regelmäßige Strukturen ergeben sich dagegen, wenn man von bereits vorgebildeten Siliciumpolymerisaten ausgeht. Eine solche Möglichkeit eröffnet das schichtgitterförmig gebaute $CaSi_2$, in dem Si-Schichten, bestehend aus gewellten Si_6-Ringen, vorliegen. Wenn es gelingt, das Calcium zu entfernen, ohne die Si-Schicht zu zerstören, so erhält man schichtförmig gebaute Verbindungen.

Solche Reaktionen sind erstmals von *Kautsky* und *Haase* (25a) durchgeführt worden. Sie setzten $CaSi_2$ mit $SbCl_3$ bei erhöhter Temperatur um und erhielten nach Entfernen des gebildeten metallischen Antimons mit Jod ein braunes, äußerst reaktives Pulver, das neben begleitendem $CaCl_2$ aus elementarem Silicium, sog. „lepidoidem Silicium" besteht. Es reagiert mit Luft und Wasser spontan und brennt mit Alkohol. Offensichtlich liegen hier die Siliciumschichten weitgehend frei vor.

Statt, wie *Kautsky*, mit $SbCl_3$ konnte *Bonitz* (26) mit elementarem Chlor einen Abbau des $CaSi_2$ erreichen, doch treten dabei je nach Reaktionsbedingungen verschieden hoch chlorierte Si-Schichten auf. Die Reaktion, die offensichtlich in 2 Stufen verläuft:

$$\text{n } CaSi_2 + \text{n } Cl_2 \longrightarrow \text{n } CaCl_2 + 2 \text{ (Si)}_n$$
$$2 \text{ (Si)}_n + Cl_2 \longrightarrow 2 \text{ (SiCl)}_n$$

ist in der zweiten Stufe unvollständig. Elementares Chlor scheint als Chlorierungsmittel zu schwach zu sein, um eine vollständige Chlorierung zu erhalten.

Besser als elementares Chlor wirken Interhalogenverbindungen (27). So setzt sich unter Stickstoff gemahlenes $CaSi_2$ (um die Oberfläche nicht zu oxydieren) mit JCl in CCl_4 schnell und quantitativ zu $(SiCl)_n$ um:

$$2 \text{ n } CaSi_2 + 6 \text{ n } JCl \longrightarrow 2 \text{ n } CaCl_2 + 2 \text{ (SiCl)}_n + 3 \text{ n } J_2$$

Während sich das gebildete Jod auswaschen läßt, gelingt es nicht, das gebildete $CaCl_2$ zu entfernen. Polare Lösungsmittel, in denen $CaCl_2$ löslich ist, reagieren auch mit der Si–Cl-Bindung.

Das entstandene $(SiCl)_n$ ist ein gelbes, schuppiges Pulver; die stöchiometrische Zusammensetzung ist genau Si : Cl = 1 : 1, der mit Lauge entwickelbare Wasserstoff entspricht den theor. Vorstellungen von 3 Si–Si-Bindungen pro Si-Atom und damit der Schichtstruktur.

Von weiteren Arbeiten zur Auffindung von $(SiX)_n$-Verbindungen aus $CaSi_2$ sind die Arbeiten von *G. Schott* und *D. Naumann* (25b)*) zu er-

---

*) siehe dazu auch den Beitrag von *G. Schott* in diesem Heft.

wähnen. In der Absicht, ein lepidoides Polysilan herzustellen, setzten sie das Silicid mit HCl in wasserfreiem Äthanol um. Bei Temperaturen unter 15 °C gelang es hierbei, wenn auch nicht das reine $(SiH)n$, so doch Substitutionsprodukte des gewünschten Stoffes herzustellen. Die Durchschnittszusammensetzung der Produkte entspricht etwa der Formel $[Si_6H_3Cl_2(OR)]n$. Bei erhöhten Temperaturen (25–30 °C) entstanden auf Grund eines durch Veresterung gebildeten geringen Wassergehaltes bereits teilweise oxydierte Produkte, die sich in ihrer Zusammensetzung Substitutionsprodukten des Siloxens nähern und etwa der Formel $[Si_6O_{1-2})H_3Cl_2(OR)]n$ entsprechen.

In einer zweiten Arbeit berichteten *Schott* und *Naumann* (*25c*) über die Reaktion $CaSi_2$ in geschmolzenem $AlBr_3$ bei Temperaturen zwischen 100–200 °C mit HBr. Sie konnten feststellen, daß das $CaSi_2$ abgebaut wird, ohne daß die freigelegten Siliciumschichten angegriffen werden. Diese Schichten sind teilweise mit Wasserstoff, teilweise mit Brom abgesättigt; ein Teil der von den Siliciumatomen ausgehenden Valenzen, behält jedoch seinen radikalischen Charakter.

Bei den höheren Temperaturen (ab 150 °C) macht sich eine zunehmende Vernetzung der Siliciumschichten bemerkbar. Ihre Zusammensetzung schwankt zwischen den Werten $(Si_6H_{2,8}Br_{0,6})n$ und $Si(Br_{1,6})n$.

Die stärker halogenierende Wirkung des Jodchlorides ist offensichtlich mit auf die Polarität der J–Cl-Bindung zurückzuführen, denn Jodbromid wirkt wesentlich schwächer auf $CaSi_2$ ein. Bei 70 °C reagiert es zwar in wenigen Stunden quantitativ zu einem entsprechenden $(SiBr)n$, bei 0 °C unterbleibt die Bromierung der Si-Schicht jedoch vollkommen:

$$n\,CaSi_2 + 2\,n\,JBr \rightarrow n\,CaBr_2 + 2\,(Si)n + n\,J_2$$
$$n\,CaSi_2 + 4\,n\,JBr \rightarrow n\,CaBr_2 + 2\,(SiBr)n + 2\,n\,J_2$$

Das entstehende braune Pulver erweist sich als mit dem von *Kautsky* gefundenen lepidoiden Silicium in seinem Aussehen und seinen Eigenschaften identisch. Das ESR-Spektrum zeigt im Gegensatz zu den vollhalogenierten Si-Schichtverbindungen ein starkes ESR-Signal, was auf das Vorliegen von Radikalstellen schließen läßt (s. dazu auch S. 158).

Die vollhalogenierten Si-Schichtverbindungen $(SiCl)n$ und $(SiBr)n$ eröffnen uns die Möglichkeit, auf der Oberfläche der Si-Schicht ähnliche Austauschreaktionen wie beim Siloxen vorzunehmen. Auch hier wird neben der Reaktivität der Si-Halogenbindung natürlich die Frage eine entscheidende Rolle spielen, ob der Substituent seinen Flächenbedarf auf der Siliciumoberfläche decken kann. Die eng aneinanderstehenden Silicium-Valenzen werden in vielen Substitutionsversuchen einen solchen Platz nicht bieten können. Der Austausch der Cl-Atome gegen Methylgruppen:

$$(SiCl)_n + n\,CH_3Li \rightarrow (SiCH_3)_n + n\,LiCl$$

E. Hengge

geht noch ohne Schwierigkeiten vor sich, jedoch bereits die Solvolyse mit Methylalkohol führt zu keinem vollkommenen Austausch mehr:

$$(\text{SiCl})_n + 0,8 \, n \, CH_3OH \rightarrow [\text{Si}(OCH_3)_{0,8}Cl_{0,2}]_n + 0,8 \, n \, HCl$$

Vergrößert man den R-Rest, indem man statt den Methoxyrest den Äthoxy- oder Propoxyrest einführt, so werden die erreichbaren Substitutionsgrade natürlich noch kleiner:

$$[\text{Si}(OC_2H_5)_{0,75}Cl_{0,25}]_n$$

$$[\text{Si}(OC_3H_7)_{0,66}Cl_{0,33}]_n$$

Ähnliche Verhältnisse liegen bei Aminen u.a. Austauschreaktionen vor. Im Falle des mangelnden Platzes auf der Oberfläche unterbleibt die Reaktion teilweise und das Halogen wird nicht ausgetauscht[2]).

Interessant ist der etwas andere Reaktionsverlauf, wenn man die Darstellung des Siliciumhalogenides aus $CaSi_2$ und Jodchlorid mit der Alkolyse mit Methanol koppelt. Es tritt dann ein schuppiges bronzefarbenes Reaktionsprodukt auf, in dem die Substituentensumme pro Si-Atom nicht eins ist, wie das bei allen anderen Solvolysereaktionen aus (SiCl)n der Fall war.

Dieses Substituentendefizit äußert sich auch im Auftreten eines kleinen ESR-Signals (im Gegensatz zu den Substituentenprodukten ohne Substituentendefizit), dessen Stärke gut zu dem des „lepidoiden" Siliciums paßt, wenn man die unterschiedliche Radikalstellenzahl in Rechnung stellt.

Auf Grund dieser Überlegungen läßt sich der Reaktionsmechanismus so auffassen, daß erst das Jodchlorid die Ca-Atome bindet, so daß die Si-Schichten frei werden. Diese radikalischen Schichten reagieren dann bevorzugt mit Alkohol:

$$\diagup\!\!\!\diagdown\!\text{Si}\bullet + CH_3OH \rightarrow \diagup\!\!\!\diagdown\!\text{Si}-OCH_3 + {}^1/_2 \, H_2$$

Dabei entsteht gasförmiger Wasserstoff, der bei der Reaktion auch beobachtet wird.

---

[2]) In allen Fällen läßt sich durch die Behandlung mit Alkohol etc. jedoch das begleitende $CaCl_2$ herauswaschen, so daß die beschriebenen Reaktionsprodukte frei von begleitenden Stoffen sind.

Eine völlig andere Reaktion führt ebenfalls aus $CaSi_2$ zu schichtförmigen Siliciumverbindungen $(SiX)n$. Ammonsalze, vorzugsweise Ammonhalogenide reagieren mit feingemahlenem $CaSi_2$ im trockenen Zustand etwa bei der Sublimationstemperatur des Ammonsalzes (28):

$$3\,CaSi_2 + 6\,NH_4Br \rightarrow 2\,(Si_3N)_n + 4\,NH_3 + 6\,H_2 + 3\,CaBr_2$$

Es entsteht dabei ein braunes, pulverförmiges Siliciumsubnitrid, bei dem vermutlich je ein Stickstoffatom oberhalb oder unterhalb der Ringebene angeordnet ist, so daß man besser von $(Si_6N_2)_n$ spricht.

$(Si_6N_2)_n$ ist durch das begleitende $CaCl_2$ äußerst hygroskopisch und zersetzt sich mit Wasser unter Ammoniak-Entwicklung.

Ähnlich wie NH_4-Salze reagieren auch organisch substituierte Ammonsalze, also Aminhydrohalogenide. Dabei sinkt die Reaktionsfähigkeit von prim. bis zum tert. Aminhydrohalogenid stark ab, quarternäre Ammonsalze reagieren nicht. Auch die Größe des Kohlenwasserstoffrestes beeinflußt die Reaktionsbereitschaft in dem Sinn, daß sie mit zunehmender Größe des R-Restes abnimmt.

Von den quant. durchgearbeiteten Beispielen seien zwei erwähnt, die charakteristisch für die Reaktion sind (29):

a) *Reaktion mit Methylaminhydrobromid*

Fein gemahlenes $CaSi_2$ reagiert mit $CH_3 \cdot NH_2 \cdot HBr$ bei 550 °C unter Wasserstoffentwicklung und Entwicklung von Methylamin. Durch quant. Bestimmung sämtlicher Reaktionsprodukte wurde folgende Reaktionsgleichung gefunden:

$$3\,n\,CaSi_2 + 6\,n\,CH_3NH_2 \cdot HBr$$
$$\rightarrow [Si_6(NHCH_3)_{4,88}]n + 1{,}12\,n\,CH_3NH_2 + 5{,}44\,n\,H_2 + 3\,n\,CaBr_2$$

Wie ersichtlich, erfolgt auch hier Bildung von $CaBr_2$, während die freiwerdende Si-Schicht mit dem Methylamin unter Bildung von $\rightarrow$Si$-$NHCH$_3$-Gruppierungen abreagiert. Wie bei allen bisher beschriebenen Reaktionen auf solchen Oberflächen ist der Platzbedarf des Substituenten auf der Oberfläche auch hier entscheidend für die Zusammensetzung des Reaktionsproduktes. Dieser Platzbedarf ist im Falle des Methylamins offensichtlich so groß, daß auf ein Si-Atom im statistischen Mittel 0,8 Methylaminogruppen kommen, ein Wert, der sich auch am Kalottenmodell ergibt. Diese „Belegungsdichte" entspricht im übrigen genau der bei den Methoxypolysilanen gefundenen (s. S. 158); die Übereinstimmung ist logisch und sogar zu fordern, wenn man bedenkt, daß die Methoxygruppe in der Größe der Methylaminogruppe etwa entspricht.

E. Hengge

Es muß daher auch der Anteil der aus sterischen Gründen nicht besetzbaren Valenzen der Si-Schicht gleich sein und tatsächlich zeigt das paramagnetische Resonanzsignal eine Stärke, wie sie bei den teilweise radikalischen Methoxyderivaten gefunden wurde.

b) *Reaktion mit Anilinhydrobromid*

Ähnlich wie Methylaminhydrobromid reagiert auch Anilinhydrobromid quantitativ mit fein gepulvertem $CaSi_2$. Dagegen sinkt die Reaktionsbereitschaft beim Naphthylaminhydrobromid bereits wesentlich ab, ebenso erfolgt mit Diphenylaminhydrobromid keine quant. Reaktion mehr. Auf Grund der bisher geschilderten Erfahrungen kann für die Reaktion mit dem Anilidorest aber bereits eine Voraussage getroffen werden.

Da die Stärke der Substitution entscheidend vom Platzbedarf des Substituenten abhängt und mittels Kalottenmodellen bestimmt werden kann, so ist bei einer Anilidosubstitution eine Umsetzung in der Weise zu erwarten, daß je ein Anilidorest auf der Ober- und Unterseite eines Si_6-Ringes Platz findet und die restlichen Valenzen frei bleiben:

Damit läßt sich das stöchiometrische Verhältnis Si : Anilidorest $= 6 : 2$ und folgende Reaktionsgleichung voraussagen:

$$3\,n\,CaSi_2 + 6\,n\,C_6H_5NH_2 \cdot HBr = 3\,n\,CaBr_2 + [Si_6(NHC_6H_5)_2]_n + 4\,n\,C_6H_5NH_2 + 4\,n\,H_2$$

die durch eingehende analytische Untersuchungen der Reaktionsprodukte voll bestätigt werden konnte. Auch das zu erwartende ESR-Signal tritt auf, das in seiner Stärke zwischen dem der Methylaminderivate und des lepidoiden Siliciums liegt.

Eine andere Reaktionsmöglichkeit des Anilidorestes mit der Si-Schicht, die auf Grund der gegebenen Reaktionsgleichung möglich wäre und zu einem Reaktionsprodukt folgender Struktur führen könnte:

läßt sich durch das vorhandene ESR-Signal, das Fehlen der SiH-Bande sowie die vorhandenen NH-Banden im UR-Spektrum ausschließen.

Ähnlich wie Ammonsalze reagieren auch Phosphoniumsalze mit $CaSi_2$:

$$3\,n\,CaSi_2 + 6\,n\,PH_4J \rightarrow 3\,n\,CaJ_2 + (Si_6P_2)_n + 4\,PH_3 + 6\,H_2$$

jedoch ist die Reaktion nur im Bombenrohr durchführbar und nicht quantitativ. Wie zu erwarten, zeigt das entstehende Siliciumphosphid kein paramagnetisches Resonanzsignal, enthält also keine radikalischen Si-Valenzen.

Von besonderem Interesse bei den beschriebenen Si-Schichtverbindungen ist die Farbe dieser Substanzen und der Zusammenhang zwischen Farbe und Substituenten (30). Charakteristischerweise fluoreszieren diese Si-Schichtverbindungen im Gegensatz zu Siloxenderivaten nicht. Erst wenn durch vorsichtige Oxydation Sauerstoff ins Netz eingebaut wird und so einzelne Ringe energetisch isoliert werden, läßt sich eine schwache Lumineszenz nachweisen.

Eine quantitative Aussage über die Farbe ist daher in diesem Fall nur durch das Absorptionsspektrum möglich, und zwar, da wir es mit festen, polymeren und unlöslichen Substanzen zu tun haben, mittels des Reemissionsspektrums.

Reemissionsspektren, die unter Beachtung der von *Kortüm* (31) gegebenen Bedingungen gemessen wurden, zeigen (Abb. 5) breite Spektren, deren langwelliger Abfall um so weiter ins sichtbare Gebiet geschoben sind, je dunkler die Substanzen sind. Gleichzeitig zeigt sich derselbe Substituenteneffekt, der schon beim Siloxen gefunden wurde.

Je geringer die Elektronegativität des Substituenten, um so langwelliger wird das Absorptionsgebiet und um so dunkler erscheint die Substanz. Jedoch sind Derivate mit Substituenten ohne freies Elektronenpaar wie $(SiCH_3)n$ oder $(SiH)n$ bereits farbig, wenn auch ihre Absorption wesentlich kurzwelliger ist. Es ist daher anzunehmen, daß die kumulierten Si-Bindungen der Si-Schicht, möglicherweise mit Hilfe der d-Bahnen, einen Resonanzzustand ausbilden und die ganze Schicht einen Chromophor

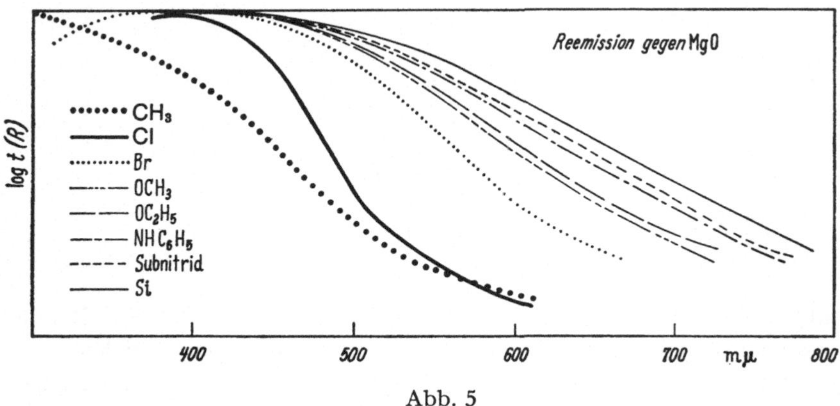

Abb. 5

bildet. Durch die Einwirkung zusätzlicher Elektronen aus den Substituenten wird entsprechend der Elektronenbeweglichkeit die Farbe mehr oder weniger vertieft.

Derivate mit freien Radikalstellen und insbesondere das lepidoide Silicium selbst, sind die dunkelsten (längstwellig absorbierenden) Substanzen dieser Gruppe. Offenbar ist das einsame Elektron einer Radikalstelle besonders beweglich und wirkt daher stark auf die Si—Si-Bindungen ein. Dies paßt gut zu der beobachteten relativen Stabilität der Polyradikale, so daß nicht nur aus der dunkelbraunen Farbe, sondern auch chemisch die Annahme eines resonanzstabilisierten Polyradikals gerechtfertigt erscheint.

Weitere Hinweise in dieser Richtung sind der starke Glanz der schuppenförmigen Derivate ((SiCl)n messingartig, (SiOR)n bronzeartig), der erschwerte Angriff von Lewissäuren (z.B. lagern sich Borhalogenide nur locker an die SiOR-Bindung, ohne sie zu spalten) und der additive Charakter der Farbe bei gemischtsubstituierten Produkten. Hier gibt jeder Substituent seinen Beitrag von Elektronen an die Schicht ab und die Farbverschiebung setzt sich additiv aus den Anteilen der Substituenten zusammen. Als Beispiel sei ein $Si(CH_3)_{0,37}Cl_{0,63}$ erwähnt, dessen Farbe, charakterisiert durch die Wellenlänge, an der die Absorption auf die Hälfte abgesunken ist[3]) linear zwischen (SiCH₃)n und (SiCl)n liegt (Abb. 6).

Schließlich seien noch Untersuchungen über das Kα-Spektrum des lepidoiden Siliciums erwähnt, die eine starke langwellige Verschiebung zeigen, was ebenfalls auf eine wesentlich erhöhte Elektronendichte am Silicium schließen läßt (32).

---

[3]) Diese Charakterisierung erscheint besser als die Angabe des sehr breiten uncharakteristischen Maximums.

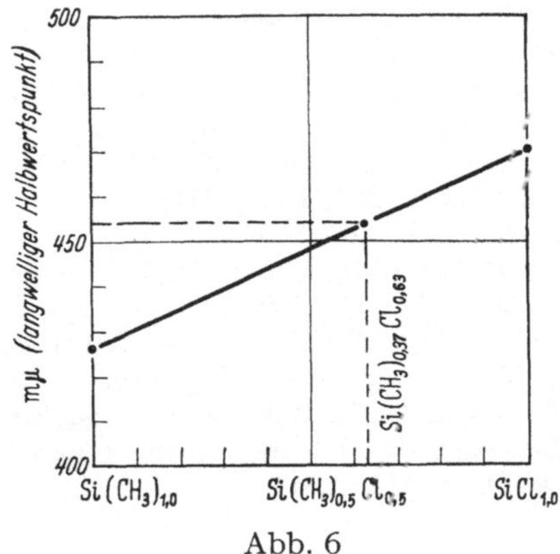

Abb. 6

Aus all den erwähnten Untersuchungen zeigt sich, daß der Stand der Forschung auf dem Gebiet der schichtförmigen Siliciumverbindungen außer einer Vielzahl von Derivaten, Ansätze einer einheitlichen Theorie über die Farbe dieser Verbindungen erkennen läßt, die sich zweifellos auf andere, nicht schichtförmig gebaute Siliciumverbindungen übertragen lassen wird.

Literatur

1. *Fritz, G.:* Fortschr. chem. Forsch. *4*, 459 (1963).
2. *Schmeißer, M.,* u. *P. Voss:* Fortschr. chem. Forsch. *9*, 165 (1967).
3. *Wöhler, F.:* Lieb. Ann. *127*, 255 (1863).
4. *Kautsky, H.:* Z. anorg. allg. Chem. *117*, 209 (1921).
5. — Z. Naturforsch. *7b*, 174 (1952).
6. —, u. *H. Pfleger:* Z. anorg. allg. Chem. *295*, 206 (1958).
7. —, u. *P. Siebel:* Z. anorg. allg. Chem. *273*, 113 (1953).
8. —, u. *T. Richter:* Z. Naturforsch. *11b*, 365 (1956).
9. —, u. *H. Thiele:* Z. anorg. allg. Chem. *144*, 197 (1924).
10. —, u. *A. Hirsch:* Z. anorg. allgem. Chem. *170*, 1 (1924).
11. — — Chem. Ber. *64*, 1610 (1931).
12. —, u. *H. Thiele:* Z. anorg. allg. Chem. *173*, 115 (1928).
13. —, *G. Fritz* u. *H. Richter:* Z. Naturforsch. *9b*, 236 (1954).
14. —, *H. Keck* u. *H. Kunze:* Z. Naturforsch. *9b*, 165 (1954).
15. *Hengge, E.,* u. *H. Grupe:* Chem. Ber. *97*, 1783 (1964).
16. *Böhm, J.,* u. *O. Hassel:* Z. anorg. allg. Chem. *160*, 152 (1927).
17. *Hengge, E.:* Chem. Ber. *95*, 648 (1962).
18. —, u. *K. Pretzer:* Chem. Ber. *96*, 470 (1963).
19. *Massen* in *A. Weissberger:* Technique of Organic Chemistry Vol. IX, 1. Aufl., S. 673. Interscience Publishers 1956.
20. *Kautsky, H.:* Kolloid Z. *102*, 1 (1943).
21. *Schmeißer, M.,* u. *M. Schwarzmann:* Z. Naturforsch. *11b*, 278 (1956).
22. *Schäfer, H.:* Chemische Transportreaktionen. Verlag Chemie 1962.

23. *Timms, P. L., R. A. Kent, T. C. Ehlert* u. *J. L. Margrave:* J. Amer. chem. Soc. *87*, 781 (1964).
24. *Schmeißer, M.,* u. *K. P. Ehlers:* Angew. Chem. *76*, 781 (1964).
25a. *Kautsky, H.,* u. *L. Haase:* Chem. Ber. *86*, 1226 (1953).
25b. *Schott, G.,* u. *D. Naumann:* Z. anorg. allg. Chem. *291*, 103 (1957).
25c. — — Z. anorg. allg. Chem. *291*, 112 (1957).
26. *Bonitz, E.:* Chem. Ber. *94*, 220 (1961).
27. *Hengge, E.,* u. *G. Scheffler:* Mon. Chem. *95*, 1450 (1964).
28. — Z. anorg. allg. Chem. *315*, 298 (1962).
29. —, u. *U. Brychcy:* Z. anorg. allg. Chem. *339*, 120 (1965).
30. —, u. *G. Scheffler:* Mon. Chem. *95*, 1461 (1964).
31. *Kortüm, G.:* Kolorimetrie, Photometrie und Spektrometrie, 4. Aufl., S. 345 ff. Berlin-Göttingen-Heidelberg: Springer-Verlag 1962.
32. *Wiberg, N.:* Dissertation, München.

Darstellung und chemisches Verhalten von Siliciumsubhalogeniden

Prof. Dr. M. Schmeißer und Dr. P. Voss*)

Institut für Anorganische Chemie und Elektrochemie der Technischen Hochschule Aachen

Inhalt

Beim Vergleich der homologen Elemente Kohlenstoff und Silicium war
u.a. die Frage von Interesse, ob einer Chemie von Kohlenwasserstoff-
Verbindungen C_nH_{2n+2} eine analoge Chemie der Siliciumwasserstoff-

---

*) Anschrift: Anorganische Abteilung der Farbenfabriken Bayer AG,
Leverkusen.

Verbindungen Si_nH_{2n+2} zur Seite zu setzen sei. Eine Antwort ist vor allem durch die klassischen Arbeiten von *Stock* zu Beginn dieses Jahrhunderts gegeben worden. Schon vorher hatte es aber die günstigere experimentelle Handhabbarkeit der Silicium-Chlor-Verbindungen erlaubt, Kenntnisse über die Verbindungsklasse Si_nCl_{2n+2} zu gewinnen (*Troost* und *Hautefeuille* 1871, *Friedel* und *Ladenburg* 1880, *Besson* und *Fournier* 1909).

Entscheidend neue Impulse erhielt die Erforschung dieser „höheren" Siliciumchloride durch die ab 1937 von *R. Schwarz* und Mitarbeitern durchgeführten Synthesen im „Abschreckrohr" — beginnend mit der Verbindung $Si_{10}Cl_{22}$.

Die Bezeichnung „höhere" Siliciumhalogenide ergibt sich aus der in diesen Verbindungen vorhandenen „höheren" Zahl an Siliciumatomen. Wir sind der Meinung, daß es vom systematischen Standpunkt aus gerechtfertigt ist, die formale Oxydationsstufe bei der Namensgebung zugrundezulegen und bei allen Siliciumhalogeniden, die nicht dem Typ $SiHal_4$ (Hal = F, Cl, Br, J) entsprechen, von „Siliciumsubhalogeniden" zu sprechen (Oxydationsstufe des Si im Falle z.B. des $Si_2F_6 = +3$, im Falle des $[SiBr_2]_x = +2$). Allen diesen Subverbindungen ist gemeinsam, daß sie mit Laugen Wasserstoff entwickeln.

Als weiterer grundsätzlichen Entwicklungsschritt in der Klasse der Siliciumsubhalogenide sehen wir die Synthese aller Vertreter des Typs $[SiHal_2]_x$. Diese wohldefinierten Verbindungen stellen gewissermaßen die Schlüsselsubstanzen der gesamten Klasse dar. Sie sind präparativ relativ einfach zugänglich und können als Ausgangsmaterialien für eine Vielzahl weiterer Substanzen dienen. Auch von ganz anderen Aspekten her haben die „Dihalogenide" ihre besondere Bedeutung: Sie liegen den zur Gewinnung von reinstem Silicium dienenden Transportreaktionen aus Silicium und Siliciumtetrahalogeniden zugrunde, wie sie besonders von *Schäfer* (*83a, 83b*) unter Einbeziehung thermodynamischer Betrachtungen bearbeitet worden sind (vgl. auch *Wolf* (*152, 153*)).

Es ist daher nur folgerichtig, daß in diesem Bericht die Silicium-„dihalogenide" mit Vorrang behandelt werden. Das Hauptgewicht wurde auf die Darstellungsmöglichkeiten und die Reaktionen der entsprechenden Verbindungen gelegt. Die interessante Körperklasse ist damit allerdings durchaus nicht erschöpfend behandelt; der Leser wird Vorstellungen über Strukturen und Bindungsverhältnisse weitgehend vermissen. Dieser Mangel kann erst durch zukünftig zu erwartende Arbeiten ausgeglichen werden.

Da ein erheblicher Teil der nachstehenden Fakten auf noch unveröffentlichten Ergebnissen des Arbeitskreises eines der Verfasser (*Schmeißer*) beruht, ist an manchen Stellen ein kurzer Hinweis auf die experimentellen Einzelheiten aufgenommen worden.

1. Die Siliciumsubhalogenide des Typs SiHal$_2$

Verbindungen dieses Typs können zwar, wenn sie bei hoher Temperatur im Gasraum entstehen, als Monomere vorliegen; sobald sie jedoch als Substanzen isoliert werden, erscheinen sie (der Koordinationszahl 4 des Siliciums entsprechend) als Si—Si-Bindungen enthaltende Polymere.

Über die Zahl der Si—Si-Bindungen im Molekül gibt die mit wäßriger Alkalilauge entwickelte Wasserstoffmenge insofern Auskunft, als pro Si—Si-Bindung 1 Mol H$_2$ entwickelt wird:

$$-\overset{|}{\underset{|}{Si}}-\overset{|}{\underset{|}{Si}}- + 2\,OH^- \rightarrow -\overset{|}{\underset{|}{Si}}-O^- + {}^-O-\overset{|}{\underset{|}{Si}}- + H_2$$

$$[SiHal_2]_x + 6x\,OH^- \rightarrow x\,SiO_4^{4-} + 2x\,Hal^- + 2x\,H_2O + x\,H_2.$$

Es ist bisher nicht möglich gewesen, durch physikalische Meßmethoden Aufschluß über die Struktur der polymeren Moleküle zu gewinnen. Beim Vorliegen von Ketten müßte eine Zusammensetzung SiHal$_{>2,00}$ gefunden werden. Bei Substanzen, die streng der Formel SiHal$_{2,00}$ entsprechen, dürften daher wohl große verknäuelte Ringe mit SiHal$_2$-Einheiten anzunehmen sein. Ob diese auch Verzweigungen aufweisen, konnte bisher nicht entschieden werden.

1.1. Darstellungsmethoden und Eigenschaften der Silicium(II)-halogenide [SiHal$_2$]$_x$

Die Darstellung der Silicium(II)-halogenide ist prinzipiell auf folgenden Wegen möglich:

a) durch Einwirkung von Si-tetrahalogeniden auf elementares Silicium bei Temperaturen um 1100—1200 °C

$$x\,SiHal_4 + x\,Si \rightarrow 2\,[SiHal_2]_x.$$

b) durch Spaltung von SiHal$_4$ auf thermischem Wege oder mit Hilfe der Glimmentladung

$$x\,SiHal_4 \rightarrow [SiHal_2]_x + x\,Hal_2.$$

c) durch Einwirkung von unterschüssigen Mengen Halogen auf Silicium

$$x\,Si + x\,Hal_2 \rightarrow [SiHal_2]_x.$$

d) durch Umsetzung von SiHal$_4$ mit reaktionsfähigen Metallen wie Mg

$$x\,SiHal_4 + x\,Mg \rightarrow x\,MgHal_2 + [SiHal_2]_x.$$

M. Schmeißer und P. Voss

e) durch thermische Behandlung von Disiliciumhexahalogeniden

$$x\ Si_2Hal_6\ \rightarrow\ x\ SiHal_4 + [SiHal_2]_x.$$

f) durch katalytische Disproportionierung von Disiliciumhexahalogeniden mit Aminen (z.B. $N(CH_3)_3$)

$$x\ Si_2Hal_6\ \xrightarrow{NR_3}\ x\ SiHal_4 + [SiHal_2]_x.$$

g) im Falle des $[SiF_2]_x$: durch Umsetzung von Verbindungen des Typs $SiF_2(Hal)_2$ (Hal = Cl, Br, J) mit reaktionsfähigen Metallen, wie z.B. Mg

$$x\ SiF_2Hal_2 + x\ Mg\ \rightarrow\ x\ MgHal_2 + [SiF_2]_x.$$

Es ist, wie z.T. bei den einzelnen Verbindungen ausgeführt werden wird, nur im Falle des $[SiJ_2]_x$ möglich, ein gegebenes Dihalogenid durch Halogenaustausch in ein anderes ($[SiCl_2]_x$, $[SiBr_2]_x$) zu überführen. In allen anderen Fällen treten Spaltungsreaktionen ein, die meist bis zum Tetrahalogenid führen.

1.1.1. Darstellung und Eigenschaften von $[SiF_2]_x$

Versuche, $[SiBr_2]_x$ durch Halogenüberträger in $[SiF_2]_x$ zu überführen, schlugen fehl. Bei Umsetzungen mit HF, SbF_3, AgF, AgF_2, AsF_3 und HSO_3F entstand stets SiF_4 (*74, 86, 92, 123*).

Aus SiF_4 und Silicium (*24, 25, 63, 75, 82, 93, 107, 132, 134, 138*): Beim Überleiten von SiF_4 über geschmolzenes Silicium (*138*), bzw. glühendes Aluminium (*24*) soll das Entstehen gasförmiger, flüssiger und fester Subfluoride beobachtet worden sein. Diese Aussagen konnten nicht bestätigt werden (*82, 107*).

Heute stellt man $[SiF_2]_x$ durch Umsetzung von SiF_4 mit Silicium, Siliciumlegierungen, Siliciumcarbid und Siliciden von mehrwertigen Metallen bei 1100–1400 °C dar (*25, 63, 75, 93, 132*):

$$x\ SiF_4 + x\ Si\ \rightarrow\ 2x\ SiF_2\ \rightarrow\ 2\ [SiF_2]_x.$$

Beim Ausfrieren der Reaktionsprodukte mit flüssigem Stickstoff entsteht ein zitronengelber Festkörper, der als monomeres SiF_2 angesprochen wird; er geht bei −78 °C in ein farbloses, milchig durchscheinendes, amorphes Polymerisat der Zusammensetzung $[SiF_2]_x$ über.

Aus Si_2F_6 (*25, 93*): Die thermische Zersetzung von Si_2F_6 bei 700 °C im Hochvakuum führt gemäß der Gleichung

$$x\ Si_2F_6\ \rightarrow\ x\ SiF_4 + [SiF_2]_x$$

gleichermaßen zur Bildung von SiF_2 bzw. $[SiF_2]_x$. Bei der Einwirkung einer Glimmentladung auf Si_2F_6 entsteht ein harzartiger Beschlag von $[SiF_2]_x$ (60).

Aus SiF_2Br_2 und Mg (74, 85, 86) kann nach

$$x\ SiF_2Br_2 + x\ Mg \rightarrow x\ MgBr_2 + [SiF_2]_x$$

gelbes festes $[SiF_2]_x$ erhalten werden.

Die Halbwertszeit des gasförmigen, monomeren SiF_2 beträgt bei Raumtemperatur und 0,2 mm Hg ca. 150 sec. Der Bindungswinkel $F-Si-F$ wurde zu $100°59'$ gefunden (131b). Beim Erhitzen des $[SiF_2]_x$ im Vakuum auf 200—350°C schmilzt das Produkt und zersetzt sich unter Bildung von Perfluorsilanen. Bei ca. 400°C erstarrt die Schmelze und zersetzt sich explosionsartig zu Silicium und SiF_4.

$[SiF_2]_x$ ist in den meisten organischen und anorganischen Lösungsmitteln (außer in Perfluorsilanen selbst) unlöslich. Es reagiert mit Alkoholen, Ketonen und Aminen in bisher nicht näher untersuchter Weise. Gegen Kohlenwasserstoffe und halogenierte Kohlenwasserstoffe verhält es sich inert. Es verbrennt in Gegenwart von Sauerstoff.

1.1.2. Darstellung und Eigenschaften von $[SiCl_2]_x$ (5, 15, 17, 39, 80, 84, 90, 95, 137—139, 142)

Aus $SiCl_4$ und Silicium kann $[SiCl_2]_x$ nach

$$x\ SiCl_4 + x\ Si \rightarrow 2\ [SiCl_2]_x$$

in einer Kreislaufapparatur (75, 84) oder durch einfaches Überleiten von $SiCl_4$-Dampf (90, 95, 142) bei 1000—1200 bzw. 1250°C neben kurzkettigen Subchloriden ($Si_2Cl_6 \ldots Si_5Cl_{12}$) erhalten werden, die im Hochvakuum abdestilliert werden können. Das zurückbleibende $[SiCl_2]_x$ weist ein Molekulargewicht von ca. 1600 auf.

Aus Si_2Cl_6 (22, 48, 50, 70, 89, 97, 140, 141, 146, 147, 150): Die Disproportionierung von Si_2Cl_6 mit katalytischen Mengen eines Amins liefert mit steigenden Temperaturen fortschreitend höher kondensierte Subchloride. Bei Zusatz von ca. 1 % Trimethylamin entsteht bei Zimmertemperatur ein hochpolymeres gelbes, unslösliches, nicht schmelzendes $[SiCl_2]_x$ (97):

$$x\ Si_2Cl_6 \rightarrow x\ SiCl_4 + [SiCl_2]_x.$$

Fünfstündiges Erwärmen dieses Produkts auf 70—80°C führt zur Bildung eines $[SiCl_{1,66}]_x$ (70).

Die Spaltung von Si_2Cl_6 mit Pyridin (*141, 146*) erfolgt erst in Gegenwart von stöchiometrischen Mengen des Amins. Hierbei werden die Addukte $SiCl_4 \cdot 2\,C_5H_5N$ und $SiCl_2 \cdot C_5H_5N$ gebildet.

$[SiCl_2]_x$ ist eine gelbe bis braune, harzartige, klar durchsichtige Substanz, die in den meisten anorganischen und organischen Lösungsmitteln (Siliciumtetrachlorid, Benzol, Tetrachlorkohlenstoff, Schwefelkohlenstoff, Chloroform, Äther etc.) gut löslich ist. Es hat keinen definierten Schmelzpunkt; bei 90 °C ist die Substanz von zähflüssiger Konsistenz; sie wird mit steigender Temperatur dünnflüssiger. $[SiCl_2]_x$ ist sehr hydrolyseempfindlich, gegen Sauerstoff bei Zimmertemperatur unter Ausschluß von Feuchtigkeit jedoch beständig. Die thermische Zersetzung beginnt im Vakuum bei etwa 200 °C. An der Luft entzündet es sich oberhalb 150 °C und verbrennt zu SiO_2. $[SiCl_2]_x$ ist ein starkes Reduktionsmittel.

1.1.3. Darstellung und Eigenschaften von $[SiBr_2]_x$

Aus $SiBr_4$ und Si (*92, 97, 123, 142*): Feinverteiltes Silicium reagiert bei 1100–1250 °C im Hochvakuum mit $SiBr_4$-Dampf zu $[SiBr_2]_x$ und den Homologen Si_nBr_{2n+2}:

$$x\,SiBr_4 + x\,Si \rightarrow 2\,[SiBr_2]_x$$

$$(n+1)\,SiBr_4 + (n-1)\,Si \rightarrow 2\,Si_nBr_{2n+2}.$$

Bei einer 16stündigen Reaktion wurden 123 g $[SiBr_2]_x$, 23,5 g eines Si_2Br_6–$AlBr_3$-Gemisches (das $AlBr_3$ stammt aus dem Gefäßmaterial — Pythagorasrohr —; das Gemisch kann wegen der Ähnlichkeit der physikalischen Konstanten nicht durch Sublimation getrennt werden) und 9,8 g flüssige Subbromide (davon 4,5 g Si_3Br_8, 2,8 g Si_4Br_{10} und 1,7 g Si_5Br_{12}) erhalten. Das $[SiBr_2]_x$ wird unter N_2-Atmosphäre aus dem Rohr geschmolzen und im Hochvakuum unter Erwärmen auf 190 °C von anhaftenden kurzkettigen Subbromiden befreit.

Aus $SiBr_4$ und Magnesium (*42*) kann nach

$$x\,SiBr_4 + x\,Mg \rightarrow x\,MgBr_2 + [SiBr_2]_x$$

$[SiBr_2]_x$ (neben Si_2Br_6 und $[SiBr]_x$) dargestellt werden, wenn eine Lösung von $SiBr_4$ in Äther im Kreislaufverfahren bei 24 °C mit Magnesiumspänen zusammengebracht wird. Das so erhaltene $[SiBr_2]_x$ ist eine klar durchscheinende, bernsteinfarbene harzartige Substanz. Sie ist in den meisten organischen Lösungsmitteln gut löslich. $[SiBr_2]_x$ hat keinen scharfen Schmelzpunkt, sondern beginnt bei etwa 90 °C zu erweichen. Im Vakuum tritt bis 190 °C keine Veränderung ein. Die Zersetzung — besonders zu Si_2Br_6 — beginnt bei 200 °C. Molekulargewichtsbestimmungen liefern Werte in der Größenordnung von 3000 (= ca. 16 $SiBr_2$-Einheiten).

Aus $SiBr_4$ und Mg dargestelltes $[SiBr_2]_x$ zersetzt sich bereits ab 160 °C und zeigt ein Molekulargewicht von ca. 2000.

Aus Si_2Br_6 (*141, 142, 146*): Die Disproportionierung von Si_2Br_6

$$x\ Si_2Br_6 \rightarrow x\ SiBr_4 + [SiBr_2]_x$$

kann ebenfalls zur Gewinnung von $[SiBr_2]_x$ herangezogen werden.

Hierbei ist die Anwendung von ca. 3 % Trimethylamin notwendig. In einem Bombenrohr wurden 214,0 g Si_2Br_6 mit 3,67 g Trimethylamin 6 Tage auf 125 °C erhitzt. 69,7 g $SiBr_4$ wurden abdestilliert und erneut 2,65 g Trimethylamin hinzukondensiert. Nach weiterer sechstägiger Reaktion konnten 44,7 g $SiBr_4$, 38,8 g nicht umgesetztes Si_2Br_6 und 61,6 g $[SiBr_2]_x$ isoliert werden (*142*).

Das so erhaltene $[SiBr_2]_x$ ist ein in allen Lösungsmitteln unlösliches, eigelbes Pulver. Es besitzt keinen Schmelz- oder Erweichungspunkt, sondern zersetzt sich beim Erwärmen auf 180 °C unter Bildung von $SiBr_4$ und $[SiBr]_x$. Dem $[SiBr_2]_x$ haftet noch Trimethylamin an.

Das unterschiedliche Verhalten der ohne bzw. in Gegenwart von Trimethylamin dargestellten Siliciumdibromide läßt sich durch die Anwesenheit des anhaftenden — nicht zu beseitigenden — Trimethylamins erklären. Hierzu vgl. im Kap. 1.2.3. die Pyrolysereaktionen und die Reaktionen mit Brom. Ein aus $SiBr_4$ und Si dargestelltes $[SiBr_2]_x$ zeigt nach Zugabe von Trimethylamin das gleiche Verhalten wie das aus Si_2Br_6 in Gegenwart von Trimethylamin hergestellte Produkt.

Durch Pyrolyse von $SiBr_4$ (*142*) bei 1250 °C im Hochvakuum kann eine geringe Menge $[SiBr_2]_x$ erhalten werden.

Aus Silicium und Brom (*142*) entsteht $[SiBr_2]_x$ unter den gleichen experimentellen Bedingungen in erheblicher Menge neben $SiBr_4$, Si_2Br_6, Si_3Br_8, Si_4Br_{10}, wenn das Angebot an Bromdampf so dosiert wird, daß sich am Ende des mit Silicium gefüllten Reaktionsrohres kein unumgesetztes Brom zeigt.

1.1.4. Darstellung und Eigenschaften von $[SiJ_2]_x$

Aus SiJ_4 (*32, 94*): Bei der Einwirkung einer Glimmentladung auf SiJ_4-Dämpfe im Hochvakuum entsteht ein polymeres, gelbrotes Subjodid der Zusammensetzung $[SiJ_{2,2}]_x$

$$x\ SiJ_4 \rightarrow [SiJ_{2,2}]_x + 0{,}9x\ J_2.$$

Es kann bei 130—150 °C im Hochvakuum von unumgesetztem SiJ_4 und mitgebildetem Si_2J_6 befreit werden. Bei 180 °C bekommt es ölartige Konsistenz und beginnt sich unter Abgabe von SiJ_4 und Si_2J_6 zu zersetzen;

bei einer Pyrolysetemperatur von 230–240 °C bleibt als Rückstand dunkelrotes, festes $[SiJ_2]_x$ zurück.

Aus 825 g SiJ_4 können bei 2300–3400 V, ca. 0,025 A 280 g $[SiJ_{2,2}]_x$ (60 %ige Ausbeute bezogen auf SiJ_4) erhalten werden; diese ergeben 75 g Si_2J_6 und 205 g $[SiJ_2]_x$.

$[SiJ_{2,2}]_x$ ist eine bei Raumtemperatur feste, spröde, röntgenamorphe, gelbrote Substanz, die bei 120 °C zu erweichen beginnt. Sie löst sich nur in Spuren in Benzol, CCl_4 und ähnlichen Lösungsmitteln, besser – allerdings unter geringfügiger Reaktion mit dem Lösungsmittel – in kaltem Schwefelkohlenstoff. Als einziges Lösungsmittel konnte Naphthalin bzw. ein Naphthalin-Benzol-Gemisch gefunden werden.

$[SiJ_2]_x$ ist ein fester, spröder, an den Bruchflächen metallisch glänzender, dunkelroter Körper, der bei 150 °C zu erweichen beginnt und sich nur in Naphthalin bzw. Naphthalin-Benzolgemischen löst.

Beide Substanzen sind sehr hydrolyseempfindlich und verbrennen mit Sauerstoff zu SiO_2 und Jod. An trockner Luft tritt – besonders unter Einwirkung von Licht – Jodabspaltung ein.

Die Pyrolyse von SiJ_4 (*91, 94*) führt bei 800–900 °C im Hochvakuum in etwa 1 % Ausbeute ebenfalls zu $[SiJ_2]_x$; dieses ist zum Unterschied von dem durch Glimmentladung entstandenen Produkt – wohl infolge eines niedrigeren Polymerisationsgrades – ebenso löslich, wie das aus SiJ_4 und Si (*32, 91, 94*) bei 800–900 °C im Hochvakuum – ebenfalls nur in 1 % Ausbeute – entstehende $[SiJ_2]_x$.

1.2. Reaktionen der Silicium(II)-halogenide $[SiHal_2]_x$

Die Silicium(II)-halogenide können eine Vielzahl von Reaktionen eingehen:

a) Substitution des Halogens
b) Spaltung der Si–Si-Bindungen
c) Einlagerung in die Si–Si-Bindung
d) Umlagerungen
e) Kondensationen
f) Bildung komplexer Anlagerungsverbindungen.

Abgesehen davon, daß Substitutionen unvollständig verlaufen können, liegt es in der Natur dieser Verbindungsklasse, daß Reaktionen selten ausschließlich nach einer der aufgezählten Möglichkeiten vor sich gehen, sondern daß vielmehr die verschiedenen Reaktionen in sehr komplexer Weise neben – und nacheinander stattfinden.

Während z. B. die Hydrolyse noch relativ einfach abläuft:

$$-\overset{|}{\underset{|}{Si}}Hal + HOH \quad \rightarrow \quad -\overset{|}{\underset{|}{Si}}-OH + HHal$$

$$-\overset{|}{\underset{|}{Si}}-\overset{|}{\underset{|}{Si}}- + HOH \quad \rightarrow \quad -\overset{|}{\underset{|}{Si}}-OH + -\overset{|}{\underset{|}{Si}}-H$$

$$-\overset{|}{\underset{|}{Si}}-H + HOH \quad \rightarrow \quad -\overset{|}{\underset{|}{Si}}-OH + H_2$$

$$-\overset{|}{\underset{|}{Si}}-OH + HO-\overset{|}{\underset{|}{Si}}- \rightarrow -\overset{|}{\underset{|}{Si}}-O-\overset{|}{\underset{|}{Si}}- + H_2O$$

stellt sich die Alkoholyse infolge der sich an die Primärreaktion

$$-\overset{|}{\underset{|}{Si}}-Hal + ROH \quad \rightarrow \quad -\overset{|}{\underset{|}{Si}}-OR + HHal$$

anschließende Folgereaktion

$$ROH + HHal \quad \rightarrow \quad RHal + H_2O$$

und die dadurch möglichen — hier nicht noch einmal aufgeführten — Hydrolysereaktionen der primär eingesetzten Halogenide und der gebildeten Alkoholate wesentlich komplizierter dar:

$$-\overset{|}{\underset{|}{Si}}-\overset{|}{\underset{|}{Si}}- + ROH \quad \rightarrow \quad -\overset{|}{\underset{|}{Si}}-OR + -\overset{|}{\underset{|}{Si}}-H$$

$$-\overset{|}{\underset{|}{Si}}-H + ROH \quad \rightarrow \quad -\overset{|}{\underset{|}{Si}}-OR + H_2$$

$$-\overset{|}{\underset{|}{Si}}-OR + RO-\overset{|}{\underset{|}{Si}}- \rightarrow -\overset{|}{\underset{|}{Si}}-O-\overset{|}{\underset{|}{Si}}- + R_2O$$

$$-\overset{|}{\underset{|}{Si}}-\overset{|}{\underset{|}{Si}}- \quad \rightarrow \quad -\overset{|}{\underset{|}{Si}}-O-\overset{|}{\underset{|}{Si}}-$$

Analoge Betrachtungen gelten für die Reaktion mit Thioalkoholen, Ammoniak und Carbonsäuren. Es ist danach in keinem Fall möglich, eindeutig charakterisierte Substanzen der Zusammensetzung $[Si(OH)_2]_x$, $[Si(OR)_2]_x$, $[Si(SR)_2]_x$, $[Si(NH_2)_2]_x$ oder $[Si(OOCR]_2]_x$ zu erhalten.

Anders liegt der Fall bei Grignardierungsreaktionen, bei denen nach

$$[SiHal_2]_x + 2x\ RMgJ \quad \rightarrow \quad x\ MgHal_2 + x MgJ_2 + [SiR_2]_x$$

Silicium(II)-alkyle gewonnen werden können.

M. Schmeißer und P. Voss

Pyrolysen verlaufen einheitlich nach dem Schema

$$\left[\left(\frac{4-a}{2}\right)n + 4\right][SiHal_2]_x \rightarrow 4\,[SiHal_a]_x + \left(\frac{4-a}{2}\right)_x Si_nHal_{2n+2}$$

$a < 2$

wobei der Wert „<2" sehr oft „1" bedeuten kann, d.h. es entstehen Silicium(I)-halogenide $[SiHal]_x$. Bei höheren Temperaturen geht der Abbau bis zum elementaren Silicium vor sich. Der Wert n im Falle der mitgebildeten kurzkettigen Siliciumhalogenide liegt — je nach dem eingesetzten Halogen — bei 1 bis 6.

Mit Hilfe der Pyrolysereaktionen lassen sich durch Variation von Temperatur und Druck verschiedene kurzkettige Subhalogenide in sehr guter Weise präparativ darstellen. Das gilt im besonderen Maße für die Halogenierung der Silicium(II)halogenide mit dem gleichen Halogen, wobei einige auf anderen Wegen nur schwer oder bisher überhaupt nicht darstellbare Halogenide Si_nHal_{2n+2} (z.B. Si_4Br_{10}, Si_5Br_{12}) gewonnen werden können. Umsetzungen mit einem anderen Halogen, als dem im Ausgangsprodukt vorhandenen führen entweder zum vollständigen Halogenaustausch (z.B. $[SiJ_2]_x + x\ Cl_2 \rightarrow [SiCl_2]_x + x\ J_2$) oder zur Bildung kurzkettiger Halogenide gemischter Halogenzusammensetzung (z.B. $2[SiBr_2]_x + x\ J_2 \rightarrow x\ Si_2Br_4J_2$).

Es verdient vermerkt zu werden, daß manche Reaktionen der Silicium(II)-halogenide (besonders solche des $[SiBr_2]_x$) heute anders gedeutet werden müssen, als das in der „Frühzeit" der Bekanntschaft mit dieser Verbindungsklasse der Fall war, da sich herausgestellt hat, daß erst der Einsatz großer Mengen an Ausgangsmaterial — in der Größenordnung von z.T. mehreren hundert Gramm — erlaubt, die Vielzahl der bei den Reaktionen gebildeten Verbindungen mit einiger Sicherheit zu erfassen und zu identifizieren.

1.2.1. Reaktionen des $[SiF_2]_x$

Die Pyrolyse (*132, 134*) von $[SiF_2]_x$ im Vakuum erfolgt bei 200–350 °C unter Bildung flüchtiger Siliciumsubfluoride sowie des hochpolymeren $[SiF]_x$:

$$(n + 2)\,[SiF_2]_x \rightarrow x\ Si_nF_{2n+2} + 2\,[SiF]_x.$$

Hierbei konnten die Verbindungen Si_2F_6 (Fp −18,6; Subl.-P. −18,9 °C), Si_3F_8 (farblose Flüssigkeit Fp −1,2; Kp +42,0 °C) und Si_4F_{10} (weiße Kristalle Fp +66–68 °C; Kp +85,1 °C) isoliert und charakterisiert, die Homologen bis n = 14 massenspektroskopisch nachgewiesen werden. Diese Substanzen sind sehr reaktionsfähig; ab n = 4 verbrennen sie bei Luftzutritt.

Mit Halogenen (76) werden die gemischten Si-halogenfluoride SiF_2Hal_2 erhalten.

Bei der Hydrolyse ($63, 132, 134$), die am günstigsten mit 20%iger wäßriger Flußsäure ausgeführt wird, entstehen Silane Si_nH_{2n+2} mit $n = 1$ bis 6:

$$(3n + 1)\,[SiF_2]_x + (4n + 2)x\,H_2O \rightarrow$$
$$x\,Si_nH_{2n+2} + (2n + 1)x\,SiO_2 + (6n + 2)x\,HF.$$

Mit organischen Verbindungen ($75, 131a, 131b, 135$): Da das SiF_2 formal als Carben-Analogon (und das $[SiF_2]_x$ als Analogon des Poly-tetrafluoräthylens) zu betrachten ist, sind Reaktionen mit organischen Verbindungen von besonderem Interesse. Die Umsetzungen haben bisher jedoch gezeigt, daß die Analogie wirklich nur formal ist, denn SiF_2 reagiert nicht, wie die Halogencarbene, zunächst bevorzugt zu stabilen Olefinen, sondern es bildet instabile Biradikale, wie $\bullet SiF_2{-}SiF_2\bullet$ und $\bullet SiF_2{-}SiF_2{-}SiF_2\bullet$, die sich entspr. mit organischen Substanzen umsetzen. Mit Äthylen entstehen ringförmige Produkte der Zusammensetzung 1 bis 3

$$C_2H_4SiF_2 \qquad C_2H_4Si_2F_4 \qquad C_4H_8Si_2F_4$$
$$1 \qquad\qquad 2 \qquad\qquad\qquad 3$$

Mit Tetrafluoräthylen werden Verbindungen des Typs $C_2F_4(SiF_2)_n$ ($n = 1, 2, 3$) gebildet

aus der Umsetzung mit Trifluoräthylen resultieren die drei Isomeren der Zusammensetzung $C_2HF_3SiF_3$, während Acetylen die unsymmetrische Verbindung $HC{=}C{-}SiF_2{-}SiF_2{-}CH{=}CH_2$ gibt.

Als typisches Beispiel der Umsetzung mit Aromaten sei die aus Benzol und SiF_2 gewonnene Verbindung $C_6H_6Si_3F_6$ — ein 1,4-Cyclohexadien-Derivat mit einer $SiF_2{-}SiF_2{-}SiF_2$-Brücke in 3,6-Stellung (Fp 72,5 °C) — angeführt.

M. Schmeißer und P. Voss

Alle diese Verbindungen wurden durch Kernresonanz- und Massen-
spektren identifiziert.

Mit Borfluorid (*133, 134*) setzt sich gasförmiges SiF_2 zu den farblosen
Flüssigkeiten Si_2BF_7 (Fp 0 °C; Kp 42 °C) und Si_3BF_9 (Fp 11–12 °C;
Kp 85 °C) um:

$$x \ (SiF_2) \ \rightarrow \ Si_2F_4 \ \longrightarrow \ Si_3F_6 \ \rightarrow \ [SiF_2]_x$$

$$+ \ BF_3 \qquad + \ BF_3$$
$$\downarrow \qquad\qquad \downarrow$$
$$Si_2F_4 \cdot BF_3 \quad Si_3F_6 \cdot BF_3$$

$$= Si_2BF_7 \qquad = Si_3BF_9.$$

Bei der Reaktion von SiF_2 mit CO bzw. NO (*8*) bei der Temperatur des
flüssigen Wasserstoffs konnten infrarotspektroskopisch die Verbindungen
$(SiF_2)_2(CO)_2$ und $SiF_2(NO)_2$ nachgewiesen werden, die aber bereits bei
−150 °C explosionsartig unter Bildung von Siliciumoxidfluoriden zer-
fielen.

1.2.2. Reaktionen des $[SiCl_2]_x$

Die Pyrolyse (*95, 142*) beginnt bei 250 °C; sie führt zu den Subchloriden
Si_nCl_{2n+2} (n = 1 bis 6) und zu Produkten der Zusammensetzung
$[SiCl_{<2}]_x$. Geht bei Temperatursteigerung die Chlor-Abspaltung weiter
als bis zur Stufe des rotbraunen, in allen Lösungsmitteln unlöslichen
$[SiCl]_x$, so entsteht neben $[SiCl_{<1}]_x$ als einziges flüchtiges Abbauprodukt
$SiCl_4$.

Halogenierung. Während die Chlorierung (*15, 84, 95, 142*) bei schwach
erhöhten Temperaturen (ca. 60 °C) unter Bildung der Subhalogenide
Si_nCl_{2n+2} (n = 2 bis 5) vor sich geht, müssen zur Bromierung (*15, 84*)
höhere Temperaturen aufgewandt werden. Im Bombenrohr entstehen bei
150 °C die Verbindungen $SiCl_3Br$ (Kp 88 °C), $SiCl_2Br_2$ (Kp 104–106 °C)
und $Si_2Cl_4Br_2$ (Fp 58 °C; Kp 80 °C/HV), während die Bromierung in
siedendem Tetrachlorkohlenstoff zu $SiCl_2Br_2$, $Si_3Cl_6Br_2$ (Kp 225 °C) und
einem nicht trennbaren Gemisch von $Si_5Cl_{10}Br_2$ und $Si_6Cl_{12}Br_2$ (neben
$SiBr_4$, Si_2Cl_6 und Si_3Cl_8) führt. $[SiCl_2]_x$ und Jod schließlich (*15, 84*) liefern im Bombenrohr bei 200 °C in Gegenwart von katalytischen Mengen
Kupferpulver $SiCl_3J$ (Kp 110–114 °C), $SiCl_2J_2$ (Kp 170–173 °C), $SiClJ_3$
(Kp 230–235 °C) und $Si_2Cl_4J_2$ (weiße Kristalle).

Die Einwirkung von Schwefel (*19*) führt bei 170 °C zu

$Si_2S_2Cl_4$ (farblose Kristalle, Fp 75 °C; Kp/22,5 mm 92 °C; Ausbeute
41,7 %)

$Si_3S_2Cl_6$ (farblose Flüssigkeit, Kp/2,5 mm 92–93 °C)

$Si_3S_4Cl_4$ (farblose Kristalle, Fp 126 °C, Subl.-P. 80 °C/HV)
$Si_4S_3Cl_8$ (gelbliches Öl, Kp 136–138 °C).

Für diese Substanzen können folgende Strukturen angenommen werden:

Erfolglos sind Umsetzungsversuche (*15*) von $[SiCl_2]_x$ mit Chlorcyan (Bildung von $SiCl_4$ und $(CN)_2$), AgCN, KCN, $Hg(CN)_2$, CH_3CN und C_6H_5MgBr verlaufen, während mit CH_3Cl im Bombenrohr bei 300 °C in Gegenwart von geringen Mengen Kupferpulver CH_3SiCl_3 neben wenig $(CH_3)_2SiCl_2$ und $(CH_3)_3SiCl$ gewonnen werden konnte.

1.2.3. Reaktionen des $[SiBr_2]_x$

Pyrolyse: Das thermisch aus $SiBr_4$ und Si (*92, 123*) und das aus $SiBr_4$ und Mg in Ätherlösung (*42*) dargestellte $[SiBr_2]_x$ zeigen gleiches thermisches Verhalten. Bei 160–200 °C wird gemäß den obigen Literaturangaben neben Subbromiden der Zusammensetzung $[SiBr_{<2}]_x$ ausschließlich Si_2Br_6 gebildet. Neuere Untersuchungen anhand größerer Mengen von $[SiBr_2]_x$ (*142*) haben diesen kaum erklärbaren Befund erweitern können: Bis das „niederwertige" orangefarbene Dismutationsprodukt $[SiBr]_x$ erreicht ist (bei 325–350 °C; dieser Punkt macht sich durch das Erstarren der bis dahin flüssigen Masse bemerkbar), werden $SiBr_4$, Si_2Br_6, Si_3Br_8, Si_4Br_{10} und Si_5Br_{12} als „höherwertige" flüchtige Substanzen abgegeben; oberhalb dieser Temperatur entsteht als flüchtiges Produkt nurmehr $SiBr_4$, während sich die Zusammensetzung des Rückstands mehr und mehr der des reinen Siliciums nähert. Dies ist bei 600 °C erreicht.

Aus 107 g $[SiBr_2]_x$ konnten bei einer während 17 Stunden bis 400 °C geführten Pyrolyse 12,8 g $SiBr_4$, 42,3 g Si_2Br_6, 9,9 g Si_3Br_8, 6,5 g Si_4Br_{10} und 3,0 g Si_5Br_{12} isoliert werden.

Die Pyrolyse eines durch katalytische Disproportionierung nach

$$x\ Si_2Br_6 \xrightarrow{\ NR_3\ } [SiBr_2]_x + x\ SiBr_4$$

dargestellten $[SiBr_2]_x$, dem noch — unabtrennbares — Trimethylamin anhaftet, liefert als flüchtiges Produkt ausschließlich $SiBr_4$ (neben ganz wenig Si_2Br_6) (142). Diese Tatsache läßt sich zwanglos mit der katalytischen Wirkung erklären, die das Trimethylamin auch hinsichtlich des Abbaus von $[SiBr_2]_x$ zu $SiBr_4$ ausübt. Experimentell konnte das dadurch bewiesen werden, daß ein aus $SiBr_4$ und Si hergestelltes $[SiBr_2]_x$ in Gegenwart von Trimethylamin thermisch zu $[SiBr]_x$ und zu $SiBr_4$ als einzigem flüchtigen Dismutationsprodukt abgebaut wurde.

Halogenierung. Daß durch Fluorierung von $[SiBr_2]_x$ mit verschiedenen Fluorierungsmitteln stets SiF_4 entstand, ist bereits dargelegt worden.

Die Chlorierung in CCl_4-Lösung bei 0 °C sollte zu einem Gemisch von $SiCl_4$, $Si_2Cl_4Br_2$ und $Si_2Cl_3Br_3$ führen (92, 123). Eine spätere Untersuchung der Einwirkung von flüssigem Chlor bei −40 °C (97) ergab nach fünftägiger Reaktion die Bildung von $Si_2Cl_3Br_3$ (farblose Flüssigkeit; Kp 120 °C/HV) und $Si_2Cl_2Br_4$ (farblose Kristalle; Subl.-P. 120 °C/HV). Das Entstehen von $Si_2Cl_3Br_3$ hatte das Freiwerden von elementarem Brom zur Folge:

$$2\ [SiBr_2]_x + x\ Cl_2 \rightarrow x\ Si_2Br_4Cl_2$$
$$2\ Si_2Br_4Cl_2 + Cl_2 \rightarrow 2\ Si_2Br_3Cl_3 + Br_2.$$

Erste Versuche (97), durch stöchiometrisch genau dosierte Brommengen einen Abbau des $[SiBr_2]_x$ zu definierten kurzkettigen Siliciumbromiden, etwa nach

$$3\ [SiBr_2]_x + x\ Br_2 \rightarrow x\ Si_3Br_8$$

zu erwirken, waren insofern nicht erfolgreich, als stets ein Gemisch verschiedener Vertreter der Klasse Si_nBr_{2n+2} erhalten wurde. Spätere Untersuchungen (142) zeigten, daß nicht das stöchiometrische Verhältnis von $[SiBr_2]_x$ zu Brom als bestimmend angesehen werden kann, sondern daß die Reaktionstemperatur für die Zusammensetzung des Reaktionsprodukts entscheidend ist:

Bei Zimmertemperatur (unter jeweiliger Kühlung, falls sich das Reaktionsgemisch zu stark erwärmte) wurden bei einem Molverhältnis $[SiBr_2]_x : Br_2 = 1 : 0,5\ SiBr_4$, Si_2Br_6, Si_3Br_8, Si_4Br_{10} und Si_5Br_{12} erhalten, während bei 200 °C ausschließlich $SiBr_4$ und Si_2Br_6 entstanden. (Aus 292,5 g $[SiBr_2]_x$ und 123 g Brom wurden bei Zimmertemperatur erhalten: 25,3 g $SiBr_4$, 53,8 g Si_2Br_6, 90,5 g Si_3Br_8, 84,1 g Si_4Br_{10} und 8,6 g Si_5Br_{12}; bei 200 °C ergaben 60,9 g $[SiBr_2]_x$ 73,0 g $SiBr_4$ und 26,9 g Si_2Br_6.)

Das aus Si_2Br_6 in Gegenwart von Trimethylamin hergestellte $[SiBr_2]_x$ ging bereits bei Zimmertemperatur mit Brom quantitativ in $SiBr_4$ über.

Die die Aufspaltung der Si–Si-Bindungen katalysierende Wirkung des Trimethylamins konnte dadurch bewiesen werden, daß ein $[SiBr_2]_x$, das aus $SiBr_4$ und Si hergestellt worden war, mit Brom bei Zimmertemperatur bei Trimethylamin-Zugabe ebenfalls quantitativ zu $SiBr_4$ abgebaut wurde.

In einer Jodschmelze bei 130–200 °C im Bombenrohr (97) setzte sich $[SiBr_2]_x$ zu den nach allen bisherigen Erfahrungen zu erwartenden Produkten $SiBr_2J_2$ und $Si_2Br_4J_2$ (farblose Kristalle; Subl.-P. 120 °C/HV) um. Daneben entstanden $SiBr_3J$ und $Si_2Br_3J_3$ (farblose Kristalle; Kp 180 °C/HV). Diese evtl. durch Dismutationsreaktionen zu erklärenden Produkte könnten auch dazu herangezogen werden, auf Kettenverzweigungen im Ausgangsmaterial $[SiBr_2]_x$

$$\begin{array}{ccc} & Br & \\ & BrSiBr & \\ Br & | & Br \\ -Si- & Si- & Si- \\ Br & Br & Br \end{array}$$

zu schließen. Solange eine derartige Annahme jedoch nicht durch Aussagen von physikalischen Meßmethoden her erhärtet werden kann, sollte ihr keine entscheidende Bedeutung beigemessen werden.

Die Hydrolyse des $[SiBr_2]_x$ (92, 123) mit einer sehr verdünnten, eiskalten Salzsäure liefert ein weißes, lockeres, sehr voluminöses, in Wasser unlösliches Pulver, das mit Laugen stürmisch Wasserstoff entwickelt. Die exakte Charakterisierung dieser „Subkieselsäure" steht noch aus.

Umsetzung mit Alkoholen (123) sollte Subester des Siliciums vom Typ $[Si(OR)_2]_x$ geben. Es trat zwar eine stark exotherme Reaktion unter HBr-Entwicklung ein, jedoch zeigte sich, daß die erhaltenen zähflüssigen, gelben, äußerst hydrolyseempfindlichen Öle nicht halogenfrei waren (Zusammensetzung z.B. $[Si(OCH_3)_{1,87}Br_{0,13}]_x$, $[Si(OC_2H_5)_{1,71}Br_{0,27}]_x$). Zudem traten beim Lagern bei Zimmertemperatur Kondensationsreaktionen ein:

$$-\overset{|}{\underset{|}{Si}}-OR + RO-\overset{|}{\underset{|}{Si}}- \;\rightarrow\; -\overset{|}{\underset{|}{Si}}-O-\overset{|}{\underset{|}{Si}}- + R_2O.$$

Nach gewisser Zeit – vor allem auch bei Temperaturerhöhung nahm die mit Laugen entwickelbare Menge an Wasserstoff ab, was durch eine Umlagerungsreaktion unter Ausbildung von Si–C-Bindungen gedeutet werden konnte:

M. Schmeißer und P. Voss

$$\begin{array}{ccc} & \overset{\displaystyle R}{\underset{|}{\overset{|}{O}}} & \\ -\underset{|}{\overset{|}{Si}} \curvearrowleft \underset{|}{\overset{|}{Si}}- & \longrightarrow & \overset{\displaystyle R}{\underset{|}{\overset{|}{}}} \\ & & -\underset{|}{\overset{|}{Si}}-O-\underset{|}{\overset{|}{Si}}- \end{array}$$

Mit Phenol liefert $[SiBr_2]_x$ eine gelbe, durchsichtige hochviskose, noch schwach bromhaltige Substanz, die keine Kondensations- und Umlagerungsneigung zeigt und daher als $[Si(OC_6H_5)_2]_x$ anzusprechen ist.

Thioalkohole und Thiophenole (62) reagieren ähnlich kompliziert wie die Alkohole: bei nur teilweisem Ersatz des im $[SiBr_2]_x$ vorhandenen Broms bilden sich durch Umlagerung Silthiangruppen aus, so daß in den Endprodukten Si—Si-, Si—Br-, Si—SR- und Si—S—Si-Bindungen nebeneinander bestehen. Völliger Ersatz des Broms ist nur möglich, wenn Bleimercaptide bei höheren Temperaturen (ca. 80 °C) angewandt werden; in diesem Falle tritt aber, bedingt durch die höhere Temperatur, neben der intramolekularen Umlagerung zu Silthian-Derivaten noch eine Disproportionierung ein:

$$3\ [Si(SC_2H_5)_2]_x \ \rightarrow\ x\ Si(SC_2H_5)_4 + 2\ [SiSC_2H_5]_x.$$

Die Grignardierung des $[SiBr_2]_x$ (92, 123) gelingt glatt gemäß der Gleichung

$$[SiBr_2]_x + 2x\ RMgHal\ \rightarrow\ [SiR_2]_x + 2x\ MgHalBr,$$

Hal = Br, J; R = CH_3, C_2H_5, n-C_3H_7, n-C_4H_9

wobei die Reaktionsfähigkeit der Grignardverbindungen mit der Größe der Reste R abnimmt.

Die erhaltenen Silicium(II)-alkyle sind gelbe, durchsichtige Öle, deren Viscosität mit der Größe der Reste R zunimmt. Sie sind hydrophob und entwickeln mit Laugen nur sehr langsam Wasserstoff. Bei Sauerstoff-Zutritt werden die Öle durch Ausbildung von Si—O—Si-Bindungen trübe und plastisch formbar.

Mit Arylgrignard-Verbindungen findet keine vollständige Substitution des im $[SiBr_2]_x$ enthaltenen Broms statt.

Methylbromid (123) liefert bei 200—220 °C, wie zu erwarten, CH_3SiBr_3 neben geringeren Mengen $(CH_3)_2SiBr_2$ und $SiBr_4$.

Die Reaktion mit Schwefel (19, 124) muß in Anbetracht der Dissoziationsenergien

$$\begin{array}{ll} Si—Si & 42,5\ kcal/Mol \\ Si—S & 60,9\ kcal/Mol \\ Si—Br & 69,3\ kcal/Mol \end{array}$$

exotherm unter Spaltung der Si—Si-Bindungen und Ausbildung von Silthian-Bindungen Si—S—Si verlaufen. Ein hiernach zu erwartendes

$[SiSBr_2]_x$ konnte nicht erhalten werden, wohl aber entstanden bei 230 °C und einem Druck von 5–6 Torr $Si_2S_2Br_4$, $Si_3S_2Br_6$ (Kp 147 °C/1,5 mm) und $Si_4S_3Br_8$ (Kp 150 °C/HV) neben $SiBr_4$ und Si_2Br_6. Der Verlauf der Reaktion ist im Prinzip der bei 170 °C durchgeführten Reaktion von $[SiCl_2]_x$ und Schwefel analog; da aber bei 230 °C gearbeitet wurde, entstand nebenher das aus der Disproportionierung von $Si_2S_2Br_4$ bei 180 °C nach

$$Si_2S_2Br_4 \rightarrow SiS_2 + SiBr_4$$

stammende $SiBr_4$ sowie das bei 200 °C aus $[SiBr_2]_x$ nach

$$4\,[SiBr_2]_x \rightarrow 2\,[SiBr]_x + x\,Si_2Br_6$$

gebildete Si_2Br_6.

Zur Frage der mutmaßlichen Strukturen der erhaltenen Sulfobromide vgl. die Angaben über die analogen Sulfochloride im Kap. 1.1.2. Das dem $Si_3S_4Cl_4$ entsprechende $Si_3S_4Br_4$ wurde nicht erfaßt; seine Bildung ist gleichwohl nicht in Abrede zu stellen.

Bei der Ammonolyse des $[SiBr_2]_x$ mit flüssigem NH_3 (92, 123) wurden silazangruppen-haltige Subamide wechselnder Zusammensetzung erhalten; die Hydrierung mit $LiAlH_4$ lieferte ein elfenbeinfarbenes flockiges Subhydrid, dessen exakte Charakterisierung noch aussteht.

1.2.4. Reaktionen des $[SiJ_2]_x$

Pyrolyse (91, 94): Silicium(II)-jodid erweicht bei ca. 150 °C zu einer dunkelroten, zähen Flüssigkeit, die sich oberhalb 240 °C unter starker Blasenbildung zersetzt. Ihre Farbe hellt sich mit steigender Temperatur auf. Der flüssige Zersetzungsrückstand erstarrt bei 350 °C nach mehreren Stunden zu festem, porösem, orangefarbenem $[SiJ]_x$. Als flüchtige Reaktionsprodukte entstehen SiJ_4 und Si_2J_6. Weitere Homologe der Reihe Si_nJ_{2n+2} konnten in keinem Falle isoliert werden. (Aus 112 g $[SiJ_2]_x$ wurden bei 350 °C im Hochvakuum während 10 Stunden 33 g SiJ_4 und 44 g Si_2J_6 erhalten.)

Halogenierung (91, 94): Bei der Einwirkung von Chlor auf eine $[SiJ_2]_x$-Suspension in Tetrachlorkohlenstoff bei –15 °C tritt unter Jodausscheidung eine zu ca. 96 % erfolgende Substitution des Jods durch Chlor ein:

$$[SiJ_2]_x + x\,Cl_2 \rightarrow [SiCl_2]_x + x\,J_2.$$

Durch Abbau des gebildeten $[SiCl_2]_x$ wurde nebenher eine kleine Menge Si_5Cl_{12} gebildet.

Bei Zimmertemperatur trat neben der Substitution eine Spaltung auf; beim Überleiten eines mit Argon verdünnten Chlorstroms über feinkörniges $[SiJ_2]_x$ wurden Si_2Cl_6, Si_3Cl_8, Si_4Cl_{10} und Si_5Cl_{12}, jedoch keine gemischten Siliciumjodidchloride SiJ_xCl_{4-x}, erhalten.

Analog verläuft die Reaktion mit Brom; allerdings geben $[SiJ_2]_x$ und Brom (im Unterschuß) erst bei Zimmertemperatur $[SiBr_2]_x$, das noch geringe Mengen Jod enthält. Mit geringeren Mengen Brom entstehen partiell substituierte gelbe, feste Subhalogenide etwa der Zusammensetzung $[SiBr_{1,4}J_{0,6}]_x$. Die Bromierung des zur Herstellung von $[SiJ_2]_x$ dienenden Vorprodukts $[SiJ_{2,2}[_x$ bei 50 °C führte zu Si_2Br_6, Si_3Br_8, Si_4Br_{10} und Si_5Br_{12} neben $[SiBr_2]_x$, dessen Bildung zwanglos durch eine bei der destillativen Aufarbeitung der Reaktionsprodukte stattfindende Pyrolyse des primär entstandenen $[SiBr_{2,2}]_x$ erklärt werden kann.

Die Jodierung gibt im Bombenrohr bei 90 °C SiJ_4 und Si_2J_6, bei 190 °C ausschließlich SiJ_4. Da z. B. aus 39 g $[SiJ_2[_x$ neben 7 g SiJ_4 47.4 g Si_2J_6 erhalten werden können, stellt dieser Weg eine vorzügliche präparative Methode zur gewinnung des sonst nur sehr umständlich herstellbaren Si_2J_6 dar – zumal statt des $[SiJ_2]_x$ auch das primär bei der Einwirkung einer Glimmentladung auf SiJ_4-Dämpfe entstehende $[SiJ_{2,2}]_x$ eingesetzt werden kann.

Die Hydrolyse (96) mit Wasser, verdünnter Salzsäure oder wäßriger NaCl-Lösung (bei −20 °C) führt zu bisher nicht genügend charakterisierten Subkieselsäuren, die z. T. bereits Si−O−Si-Bindungen enthalten und extrem sauerstoff-empfindlich sind. Gleichartige Produkte werden aus $[SiJ_2]_x$ und Methanol erhalten, da der nach

$$-\overset{|}{\underset{|}{Si}}-J + CH_3OH \rightarrow -\overset{|}{\underset{|}{Si}}-OCH_3 + HJ$$

entstehende Jodwasserstoff mit überschüssigem Methanol gemäß

$$CH_3OH + HJ \rightarrow CH_3J + H_2O$$

unter Bildung von Wasser reagiert und dieses dann, die Si−J- und Si−OCH_3-Bindungen hydrolysierend, in das Reaktionsgeschehen eingreift.

2. Die Siliciumsubhalogenide des Typs SiHal

Darstellungsweisen, Eigenschaften und Reaktionen der Verbindungsklasse $[SiHal]_x$ unterscheiden sich z. T. deutlich von denen der Klasse $[SiHal_2]_x$. Dies beruht einmal darauf, daß alle Silicium(I)-halogenide als feste hochpolymere, absolut unlösliche Substanzen vorliegen, die dementsprechend eine verminderte Reaktionsbereitschaft und Reaktionsvielfalt aufweisen. Eine Ausnahme macht lediglich das $[SiJ]_x$, das zum Unterschied vom $[SiJ_2]_x$ deshalb reaktionsfähiger ist, weil die Angriffe von Reaktionspartnern nicht durch 2 große Jodatome pro Siliciumatom abgeschirmt sind. Die Darstellungsweisen erhalten eine gewisse Eintönigkeit dadurch, daß alle Siliciumhalogenide des Typs $SiHal_{>1}$ bei höherer Temperatur (meist ca. 350 °C) in $[SiHal]_x$ übergehen, das als letzte „Stufe" vor dem Erreichen des Endabbauprodukts der Siliciumhalogenide, des elementaren Siliciums selbst, fungiert.

Es hat den Anschein, daß die Zusammensetzung $[SiHal]_x$ allerdings nicht eine wohldefinierte Abbaustufe darstellt, sondern daß der kontinuierlich mit der Temperaturerhöhung fortschreitende Abbau der „höherwertigen" Siliciumhalogenide bei einer empirisch zu ermittelnden Temperatur gestoppt werden muß, wenn die Zusammensetzung des Rückstands ein Verhältnis $Si:Br = 1:1$ aufweisen soll (*92, 123, 142*). Es ist in Anbetracht der Eigenschaften der abdestillierenden und absublimierenden Zersetzungsprodukte unmöglich, den Abbau etwa thermogravimetrisch exakt zu verfolgen.

Darüber hinaus stellt die Einwirkung von Halogenen bzw. Halogeniden auf das Calciumsilicid $CaSi_2$ eine Besonderheit — vor allem im Hinblick auf die strukturellen Eigenheiten der so erhaltenen Silicium(I)-halogenide — dar.

2.1. Darstellungsmethoden und Eigenschaften der Silicium(I)-halogenide $[SiHal]_x$

Die Darstellung der Silicium(I)-halogenide ist auf folgenden Wegen möglich:

a) durch Pyrolyse von Siliciumtetrahalogeniden oder durch Einwirkung einer Glimmentladung auf Siliciumtetrahalogenide

$$2x\ SiHal_4 \rightarrow 2\ [SiHal]_x + 3x\ Hal_2.$$

b) durch Pyrolyse von Subhalogeniden $SiHal_{>1}$, z.B.

$$(n+2)\ [SiHal_2]_x \rightarrow 2\ [SiHal]_x + x\ Si_nHal_{2n+2}$$

$$3x\ Si_nHal_{2n+2} \rightarrow (2n-2)\ [SiHal]_x + (n+2)x\ SiHal_4$$

c) durch Disproportionierung von Si_2Hal_6 bei höherer Temperatur

$$3x\ Si_2Hal_6 \rightarrow 2\ [SiHal]_x + 4x\ SiHal_4$$

d) durch Umsetzung von $CaSi_2$ mit Halogenen, mit Interhalogenverbindungen oder mit Halogeniden, z.B.

$$3x\ CaSi_2 + 4x\ Hal_2\ \rightarrow\ 3x\ CaHal_2 + 6\ [SiHal]_x$$

$$x\ CaSi_2 + 4x\ JHal\ \rightarrow\ x\ CaHal_2 + 2\ [SiHal]_x + 2x\ J_2$$

$$3x\ CaSi_2 + 4x\ SbHal_3\ \rightarrow\ 3x\ CaHal_2 + 6\ [SiHal]_x + 4x\ Sb$$

e) durch Umsetzung von $SiHal_4$ in Ätherlösung mit Magnesium

$$2x\ SiHal_4 + 3x\ Mg\ \rightarrow\ 3x\ MgHal_2 + 2\ [SiHal]_x$$

f) im Falle des $[SiF]_x$: durch Umsetzung von Verbindungen des Typs $SiFHal_3$ (Hal = Cl, Br, J) mit Magnesium:

$$2x\ SiFHal_3 + 3x\ Mg\ \rightarrow\ 3x\ MgHal_2 + 2\ [SiF]_x.$$

2.1.1. Darstellung und Eigenschaften von $[SiF]_x$ (*74, 86, 90, 132*)

Beim Erhitzen von $[SiF_2]_x$ auf 200–350 °C im Vakuum entsteht festes hochpolymeres $[SiF]_x$, das beim weiteren Erhitzen auf 400 °C explosionsartig in Silicium und SiF_4 zerfällt (*132*):

$$(n + 2)\ [SiF_2]_x\ \rightarrow\ 2\ [SiF]_x + Si_nF_{2n+2}.$$

Ein weiteres Verfahren besteht in der Umsetzung von $SiFBr_3$ mit Magnesium in Ätherlösung (*74, 86*):

$$2x\ SiFBr_3 + 3x\ Mg\ \rightarrow\ 3x\ MgBr_2 + 2\ [SiF]_x.$$

Die mit Trimethylamin katalysierte Disproportionierung von Si_2F_6 (*90*) führt bei Zimmertemperatur zu einer festen braunen, selbstentzündlichen Substanz der Zusammensetzung $[SiF_{0,91}]_x$.

2.1.2. Darstellung und Eigenschaften von $[SiCl]_x$

Aus allen Siliciumsubchloriden (*19, 55, 56, 59, 78, 95, 110, 114, 119, 120, 122, 138, 142*) der Zusammensetzung $[SiCl_{>1}]$ kann durch Pyrolyse, meist bei ca. 350 °C $[SiCl]_x$ erhalten werden:

$$z.B.\ (n + 2)\ [SiCl_2]_x\ \rightarrow\ 2\ [SiCl]_x + x\ Si_nCl_{2n+2}$$

$$3x\ Si_nCl_{2n+2}\ \rightarrow\ (2n - 2)\ [SiCl]_x + (n + 2)x\ SiCl_4.$$

51 g $[SiCl_2]_x$ liefern bei 350 °C im Hochvakuum 13,2 g $[SiCl]_x$ (*95, 142*).

Wird $SiCl_4$ im Gemisch mit Wasserstoff einer Glimmentladung ausgesetzt, so bildet sich ebenfalls $[SiCl]_x$ *(43)*.

Durch Disproportionierung von Si_2Cl_6 bei $< 180\,°C$ in Gegenwart von Tri-n-butylamin bildet sich $[SiCl]_x$ neben $SiCl_4$ *(22)*.

Calciumsilicid $CaSi_2$ *(16, 17, 40, 41, 45, 53, 54)* dient als Ausgangsmaterial für wohldefiniertes, lepidoides $[SiCl]_x$. Die Chlorierung dieses Silicids kann durch $SbCl_3$ — über eine besonders reaktionsfähige Form des Siliciums — nach

$$3\ CaSi_2 + 2\ SbCl_3 \rightarrow 6\ Si + 2\ Sb + 3\ CaCl_2$$

$$6x\ Si + 2x\ SbCl_3 \rightarrow 6\ [SiCl]_x + 2x\ Sb$$

in o-Dichlorbenzol oder Tetrachlorkohlenstoff *(53, 54)* bzw. durch $FeCl_3$, S_2Cl_2 oder PCl_5 *(16)* in Tetrachloräthan-Suspensionen bei Temperaturen über $60\,°C$ erfolgen.

Mit elementarem Chlor *(17)* in CCl_4-Suspension — in Gegenwart von etwas Kupferpulver — ist die $[SiCl]_x$-Bildung ebenso möglich, wie mit Jod(I)-chlorid *(40, 41)*:

$$CaSi_2 + Cl_2 \rightarrow 2\ Si + CaCl_2$$

$$2x\ Si + x\ Cl_2 \rightarrow 2\ [SiCl]_x$$

$$x\ CaSi_2 + 4x\ JCl \rightarrow 2\ [SiCl]_x + x\ CaCl_2 + 2x\ J_2.$$

$[SiCl]_x$ ist eine — je nach der Darstellungsart — gelb/orange bis braun gefärbte, in allen Lösungsmitteln unlösliche Festsubstanz. Wenn auch die formelmäßige Zusammensetzung der Substanz prinzipiell eine Schichtenstruktur erwarten läßt, ist diese doch einzig und allein in den lepidoiden, aus $CaSi_2$ entstehenden Formen zweifelsfrei vorhanden.

Das auf anderen Wegen hergestellte $[SiCl]_x$ erlaubt wegen seines amorphen Charakters keine Strukturbestimmung.

2.1.3. Darstellung und Eigenschaften von $[SiBr]_x$ *(19, 41, 42, 78, 90, 92, 123, 142)*

Alle Siliciumsubbromide erleiden beim Erhitzen einen Abbau, der bei etwa $350\,°C$ zu einem Produkt der Zusammensetzung $[SiBr]_x$ führt. Wird die katalytische Si_2Br_6-Disproportionierung, die bei $125\,°C$ das $[SiBr_2]_x$ gibt, bei $200-220\,°C$ durchgeführt, so entsteht $[SiBr]_x$ *(90)*:

$$3x\ Si_2Br_6 \rightarrow 2\ [SiBr]_x + 4x\ SiBr_4.$$

$SiBr_4$-Dämpfe zersetzen sich bei 1400 °C im Hochvakuum zu Silicium, Brom, kurzkettigen Siliciumbromiden und einer kleinen Menge $[SiBr]_x$ (*90*).

Die Reaktion von $CaSi_2$ mit JBr (*41*) kann zur gezielten Darstellung eines lepidoiden $[SiBr]_x$ herangezogen werden.

$SiBr_4$ und auch Si_2Br_6 reagieren in Ätherlösung mit Magnesium gemäß

$$2x\ SiBr_4 + 3x\ Mg\ \rightarrow\ 2\ [SiBr]_x + 3x\ MgBr_2$$

$$x\ Si_2Br_6 + 2x\ Mg\ \rightarrow\ 2\ [SiBr]_x + 2x\ MgBr_2.$$

Das mitgebildete $MgBr_2$ kann durch Extraktion mit Äther entfernt werden (*78, 92*).

$[SiBr]_x$ ist eine gelbbraun bis braungefärbte, in allen Lösungsmitteln unlösliche Substanz.

2.1.4. Darstellung und Eigenschaften des $[SiJ]_x$ (*31, 32, 77, 94, 107, 115, 116*)

$[SiJ]_x$ ist durch Pyrolyse von $[SiJ_{2,2}]_x$, $[SiJ_2]_x$ (*32, 94*) und Si_2J_6 (*31, 32, 77, 115, 116*) sowie durch katalytische Disproportionierung von Si_2J_6 (*77*) zugänglich.

Die thermische Zersetzung von $[SiJ_{2,2}]_x$ (s. Abschn. 1.1.4.) führt über die bei 230—240 °C erreichte Stufe des $[SiJ_2]_x$ bei 350 °C zur Bildung von $[SiJ]_x$.

Beim Einsatz von $[SiJ_2]_x$ als Ausgangsmaterial können aus 112 g $[SiJ_2]_x$ bei 350 °C im HV innerhalb von 10 Stunden 35 g $[SiJ]_x$ (neben den flüchtigen Verbindungen SiJ_4 und Si_2J_6) erhalten werden.

Aus Si_2J_6 konnte im Stickstoffatom bei 350—400 °C $[SiJ]_x$ gebildet werden (*116*):

$$3x\ Si_2J_6\ \rightarrow\ 2\ [SiJ]_x + 4x\ SiJ_4,$$

die mit Trimethylamin katalysierte Disproportionierung erfolgte im Bombenrohr bei 250 °C (*77*).

$[SiJ]_x$ ist orangefarben, amorph und in allen Lösungsmitteln unlöslich.

2.2. Reaktionen der Silicium(I)-halogenide $[SiHal]_x$

Umsetzungsprodukte von Silicium(I)-fluorid und von Silicium(I)-bromid sind bis heute nicht bekannt. Bei den Reaktionen des $[SiCl]_x$ und des $[SiJ]_x$ sind Aggregatzustand und Unlöslichkeit dieser Substanzen verantwortlich dafür, daß viele Reaktionen zu uneinheitlichen Produkten führen; Substitutions-, Spaltungs- und Aufbaureaktionen laufen meist nebeneinander her.

2.2.1. Reaktionen des $[SiCl]_x$ (*40, 41, 44, 110*)

Bei der Pyrolyse $>350\,°C$ werden flüchtige Siliciumchloride abgegeben; den Endpunkt stellt bei $700\,°C$ die Bildung von elementarem Silicium dar (*110*). Bei der Chlorierung entstehen flüchtige Si-chloride, der Rückstand ist uneinheitlich. Mit flüssigem Brom reagiert $[SiCl]_x$ unter Feuererscheinung; Bromdampf führt bei $0\,°C$ zu einem chlor- und bromhaltigen Subhalogenid. Uneinheitlich sind auch die bei $250\,°C$ im Bombenrohr erhaltenen Jodierungsprodukte (110). Bei $-20\,°C$ reagiert wasserhaltiger Äther unter Bildung einer Subkieselsäure, der die Zusammensetzung $[Si_4(OH)_6]_x$ zugeschrieben wird (*110*).

Ein dem $[SiCl]_x$ nahestehendes $[SiCl_{1,1}]_x$ kann mit Methylchlorid bei $320\,°C$ im Bombenrohr zu $SiCl_4$, Si_2Cl_6, $CH_3SiCl_3(CH_3)_2SiCl_2$ und nichtflüchtigen hochpolymeren Produkten umgesetzt werden (*44*).

Das aus $CaSi_2$ dargestellte lepidoide $[SiCl]_x$ wird mit Lithiummethyl in $[SiCH_3]_x$ überführt; Alkohole (R = Methyl-, Äthyl-, Propyl-) geben unter Erhalt der Zusammensetzung $[SiX]_x$ Verbindungen wie z.B. $[Si(OR)_{0,7}Cl_{0,3}]_x$ (*40, 41*).

2.2.2. Reaktionen des $[SiJ]_x$ (*32, 116*)

Die in CCl_4-Suspension durchgeführte Chlorierung ergibt ebenso wie die Bromierung bei $-15\,°C$ noch schwach jodhaltige, gelbbraune Subhalogenide der Zusammensetzung $[SiHal_{1,7}]_x$ (*32*).

Bei der Jodierung im Bombenrohr bei $120\,°C$ wird quantitativ Si_2J_6 — neben wenig SiJ_4 — gebildet (*32*).

Die Hydrolyse in Eiswasser führt zu einer Subkieselsäure der Zusammensetzung $[H_4Si_2O_3]_x$ (*116*).

3. Die Siliciumsubhalogenide des Typs Si_nHal_{2n+2}

Zu dieser Klasse zählen die Verbindungen, in denen das Silicium die „Oxydationsstufe" $>2 < 4$ aufweist; speziell sind dies die Subhalogenide Si_2Hal_6, Si_3Hal_8, Si_4Hal_{10}, Si_5Hal_{12} und Si_6Hal_{14}. Alle Glieder dieser Reihe sind bei den Chloriden zu realisieren; das „höchste" Bromid ist das Si_5Br_{12}, während von Fluoriden nur die ersten drei Glieder als

Individuen isolierbar sind. Als Vertreter der Jodide ist bisher nur das Si_2J_6 bekannt.

Von besonderem Interesse sind die Disiliciumhexahalogenide, da sie als Subhalogenide mit nur *einer* Si—Si-Bindung als übersichtlich zu handhabende Modellsubstanzen für Reaktionen an Subhalogeniden dienen können, die mehrere Si—Si-Bindungen im Molekül enthalten.

Eine besondere Rolle spielen die Verbindungen $Si_{10}Cl_{22}$ (bzw. $Si_{25}Cl_{52}$) (*111, 117*), die nach heutigen Vorstellungen besser als dem $[SiCl_2]_x$ ähnliche Subhalogenide $[SiCl_{2,2}]_x$ (bzw. $[SiCl_{2,08}]_x$) anzusehen sind.

In den folgenden Ausführungen ist das Hauptgewicht auf die neueren Ergebnisse im Bereich der Verbindungen Si_2Hal_6 ... Si_6Hal_{14} gelegt worden, während die Fülle der Reaktionen, die zu mehr oder weniger komplizierten Gemischen dieser Subhalogenide führen, nur summarisch dargestellt ist.

3.1. Allgemeine Darstellungsmethoden der Subhalogenide Si_nHal_{2n+2}

Die Darstellung der Substanzen Si_2Hal_6 ... Si_6Hal_{14} — sofoern die einzelnen Glieder in Verbindung mit den entsprechenden Halogenen überhaupt existenzfähig sind — gelingt auf folgenden Wegen:

1) aus Silicium und Halogenen, bzw. Halogenwasserstoffen

   aus Siliciden und Halogenen, bzw. Halogenwasserstoffen

2) aus $SiHal_4$, bzw. $SiHHal_3$ durch thermische Zersetzung oder Einwirkung einer Glimmentladung

   aus $SiHal_4$ mit Silicium, bzw. mit Metallen

3) aus polymeren Siliciumhalogeniden ($[SiHal_2]_x$, $[SiHal]_x$) durch Pyrolyse,

   durch Abbau mit Halogenen

4) für gezielte Synthesen einzelner Glieder der Reihe:

   durch Disproportionierung von Subhalogeniden

   durch Halogenaustausch an vorgegebenen Individuen.

Zu 1) Silicium und Halogene bzw. Halogenwasserstoffe reagieren bei ca. 300°C (in Gegenwart von Katalysatoren z.T. bei 150°C) zu $SiHal_4$ und Subhalogenidgemischen (*17a, 33, 34, 126, 130*); vorteilhaft werden auch die Silicide des Mg, Fe und Cu, besonders aber des Ca eingesetzt (Reaktionstemperatur 150—200°C) (*4a, 5, 23, 45, 58, 64, 68, 79, 100, 101, 105, 107, 127, 136, 144*). $CaSi_2$ reagiert auch mit Halogenwasserstoffen entsprechend (*52a, 54*).

Zu 2) Bei Einwirkung höherer Temperatur in Verbindung mit schnellem Abschrecken der Reaktionsprodukte sind Vertreter der Klasse $SiHal_4$ und $SiHHal_3$ geeignete Ausgangsmaterialien (*26, 27*); die gleichen Verbindungen können auch (z. T. mit beigemischtem Wasserstoff) der Glimmentladung ausgesetzt werden (*2—4, 10—12, 43, 60, 88, 112*).

Si-tetrahalogenide ergeben bei 1000—1250 °C mit elementarem Silicium (neben den $[SiHal_2]_x$-Verbindungen) die Subhalogenide Si_nHal_{2n+2} (*80, 81, 90, 92, 97, 123, 137, 138, 139, 142*).

Eine wesentliche Reaktionsweise basiert auf der Anwendung des „heißkalten Rohrs" von *St. Claire-Deville* (*24, 137—139*), in abgewandelter Form auf der Anwendung des „Abschreckrohres" von *Stähler* (*125*): $SiHal_4$ setzt sich hierbei (in Gegenwart von H_2) bei ca. 1100 °C mit dem im SiC-Heizstab enthaltenen Si um (*83, 110—122*).

Das von *Schwarz* und Mitarbeitern hierbei erhaltene, als destillierbar beschriebene $Si_{10}Cl_{22}$ ist als bei der destillativen Aufarbeitung „mit-gerissen" zu betrachten, da nach (*55, 56*) nur Produkte bis Si_6Cl_{14} unzersetzt destillierbar sind.

Zweckmäßig kann auch die Svedberg-Methode (*129*) der Kolloidzerstäubung von Si in $SiHal_4$ angewandt werden (*55, 56*).

Statt Si kann auch SiH_4 zur Reaktion mit $SiHal_4$ herangezogen werden (*21*). $SiHal_4$ reagiert mit Metallen wie Zink (in Form eines Zinklichtbogens) (*128*), oder mit Magnesium (*42*) bzw. Silber (*31, 77, 116*) zu Subhalogeniden.

Zu 3) Durch Pyrolyse werden Vertreter der Klasse $[SiHal_{2,3}]_x$ bzw. $[SiHal_2]_x$ bei 200—350 °C abgebaut (*95, 110, 111, 114, 119, 121—123, 132, 142*).

Die Aufhalogenierung von polymeren Subhalogeniden (*15, 84, 90, 95, 97, 142*) ist als besonders günstige Methode zur präparativen Darstellung von Si-Subbromiden anzusehen.

Zu 4) Durch Wahl entsprechender Bedingungen können vorgegebene Subhalogenide thermisch — meist in Gegenwart von Aminen als Katalysatoren — so disproportioniert werden, daß ausschließlich bestimmte Subhalogenide entstehen (*48, 49, 51, 52, 70, 89, 140, 147*); das gleiche Ziel kann durch Halogenaustausch, vor allem im Bereich der Si_2Hal_6-Verbindungen, erreicht werden (*1, 25, 31, 60, 93, 98, 100*).

3.2. Darstellung, Eigenschaften und Reaktionen der Subhalogenide Si_2Hal_6, sowie Si_3Hal_8 . . . Si_6Hal_{14}

Unter den Verbindungen Si_nHal_{2n+2} nehmen die Disiliciumhexahalogenide Si_2Hal_6 als am besten charakterisierte niedermolekulare Subhalogenide — mit nur einer Si—Si-Bindung im Molekül — einen besonderen Platz ein. Sie sind als Modellsubstanzen für das Studium von Verbindungen, die mehrere Si—Si-Bindungen im Molekül enthalten, hervorragend geeignet. Zudem fungieren sie in ausgeprägtem Maße als Ausgangsmaterialien für die übrigen niedermolekularen Subhalogenide Si_3Hal_8 . . . Si_6Hal_{14}. Eingehender wird diese Körperklasse im Falle der Chloride im folgenden abgehandelt werden. Bei den entsprechenden Fluor- und Bromverbindungen kann auf die Ausführungen in den Abschn. 1.1.1. und 1.2.1. bzw. 1.1.3. und 1.2.3. verwiesen werden.

3.2.1. Si_2F_6

Das klassische Darstellungsverfahren für Si_2F_6 ist die Fluorierung von Si_2Cl_6 mit ZnF_2 (*98, 100*):

$$Si_2Cl_6 + 3\,ZnF_2 \;\rightarrow\; Si_2F_6 + 3\,ZnCl_2.$$

Es hat sich gezeigt (*25, 60*), daß die Reaktionsfähigkeit des ZnF_2 ganz entscheidend von der Feinteiligkeit, dem Feuchtigkeitsgehalt und der Anwesenheit kleiner Mengen freier Flußsäure abhängt. Ein völlig trockenes, HF-freies ZnF_2 reagiert nicht mit Si_2Cl_6!

Fehlanalysen bei der Weiterverwendung des Si_2F_6 — besonders zur Darstellung von $[SiF_2]_x$ — (*25, 60, 93*) haben zur besonderen Reinheitsprüfung des aus Si_2Cl_6 und ZnF_2 dargestellten Produkts geführt. Es erwies sich dabei (*25, 93*), daß neben der Fluorierung unvermeidbar eine Spaltung der Si–Si-Bindung einhergeht, die das — destillativ praktisch nicht abtrennbare — $SiCl_3F$ liefert. Es war nur möglich, auf präparativ-gaschromatographischem Wege beide Produkte voneinander zu trennen (*25, 93*). Anschließend gelang es, durch die Umsetzung von Si_2Br_6 mit ZnF_2

$$Si_2Br_6 + 3\,ZnF_2 \;\rightarrow\; Si_2F_6 + 3\,ZnBr_2$$

mit Leichtigkeit reines Si_2F_6 zu erhalten, da die Nebenprodukte der Fluorierung ($SiBr_3F$ und $SiBr_4$) leicht abgetrennt werden konnten (*25*). Bei der thermischen Zersetzung von $[SiF_2]_x$ bei $200-350\,°C$ (*132*) wird Si_2F_6 in kleinen Mengen neben den übrigen Verbindungen Si_nF_{2n+2} erhalten. Das Addukt $2\,SiF_2 \cdot BF_3$ ($= Si_2BF_7$) liefert bei der Umsetzung mit J_2 das Si_2F_6 in guter Ausbeute (*133*).

Fehlgeschlagen sind folgende a priori aussichtsreichen Darstellungsversuche: die Fluorierung von Si_2Cl_6 in unpolaren und polaren Lösungsmitteln (*25*), die Einwirkung einer Glimmentladung auf SiF_3Hal (hier tritt jedesmal Dismutation zu SiF_2Hal_2 ein) sowie die Umsetzung von Metallen (Ag, Hg) mit SiF_3Hal (*25, 60, 88*).

Bei der thermischen Disproportionierung von reinem Si_2F_6 entstehen bei $700\,°C$ $[SiF_2]_x$ und SiF_4 (*25, 93*):

$$x\,Si_2F_6 \;\rightarrow\; [SiF_2]_x + x\,SiF_4.$$

Die katalytische Disproportionierung von $SiCl_3F$-haltigen Si_2F_6 führt zu einem Produkt, das als $[SiF]_x$ angesprochen werden kann (*60, 90*). Mit elementarem Chlor findet bei Zimmertemperatur keine Reaktion, beim Erhitzen Explosion statt (*99*). Bei der Hydrolyse bilden sich $H_2Si_2O_4$ („Silicooxalsäure"), H_2SiF_6 und H_2 (*98, 100*).

3.2.2. Si_2Cl_6, sowie $Si_3Cl_8 \ldots Si_6Cl_{14}$

Die gängige Methode zur Darstellung von Si_2Cl_6 beruht auf der Einwirkung von Chlor auf Calcium- bzw. Eisensilicide *(64, 105)*. Das Verfahren kann wirksamer gestaltet werden durch Zugabe von Alkali- und Erdalkalichlorid-Gemischen *(127)*. Es hat sich als vorteilhaft erwiesen, die Reaktion bei 250 °C in Gang kommen zu lassen und dann die Temperatur auf 150 °C zu halten *(95)*.

Bei der Pyrolyse von $[SiCl_2]_x$ im Temperaturbereich zwischen 250 und 350 °C *(92, 142)* entsteht Si_2Cl_6 als Nebenprodukt ebenso wie bei der Chlorierung von $[SiCl_2]_x$. Nach *(15, 84)* entsteht bei 0 °C $SiCl_4$ und Si_2Cl_6, während nach *(142)* bei 60 °C kein $SiCl_4$, wohl aber Si_2Cl_6, Si_3Cl_8, Si_4Cl_{10} und Si_5Cl_{12} gebildet werden. Besondere Versuche haben gezeigt, daß Si_2Cl_6 erst bei höheren Temperaturen (200 °C) zu $SiCl_4$ chloriert wird *(95, 142)*.

Die thermische Zersetzung des Si_2Cl_6 geht nach der Gleichung

$$\text{n } Si_2Cl_6 \rightarrow (n-1)\ SiCl_4 + Si_{n+1}Cl_{2n+4}$$

bei 300–350 °C vor sich *(19, 59, 138)*; in der Glimmentladung wird es zu $SiCl_4$ und $[SiCl_{2,2}]_x$ dismutiert *(60)*.

Von besonderem Interesse ist die mit Aminen katalysierte Disproportionierung *(22, 46, 48–52, 70, 71, 89, 97, 140, 141, 144–147, 149, 150)*. Sie eröffnet einen Weg zu den Homologen, speziell zu Si_5Cl_{12} und Si_6Cl_{14}, die sich neben $SiCl_4$ bilden.

Bei 0 °C bis Zimmertemperatur geht im Hochvakuum in Anwesenheit von Trimethylamin folgende Reaktion vor sich *(70, 89, 147)*:

$$4\ Si_2Cl_6 \rightarrow Si_5Cl_{12} + 3\ SiCl_4.$$

Das Gleichgewicht wird dadurch zur rechten Seite verschoben, daß das flüchtige $SiCl_4$ ständig entfernt wird *(49–51, 140)*.

Im geschlossenen System führt die Umsetzung bei der gleichen Temperatur zu Si_6Cl_{14} *(48, 52, 89, 140)*:

$$5\ Si_2Cl_6 \rightarrow Si_6Cl_{14} + 4\ SiCl_4.$$

In beiden Fällen bildet sich zusätzlich $[SiCl_2]_x$. Bei höheren Temperaturen entsteht neben $SiCl_4$ ausschließlich $[SiCl_2]_x$ bzw. $[SiCl_{<2}]_x$ (vgl. 1.1.2.) *(22, 97, 141, 146, 147, 150)*.

Statt Trimethylamin *(70, 97, 144, 149)* sind auch anwendbar: Pyridin, Pyridiniumchlorid, Chinolin *(141, 145)*, $N(CH_3)_3 \cdot HCl$ *(141, 149)* und

M. Schmeißer und P. Voss

$N(C_4H_9)_3$ (*22*). Dimethylamin spaltet die Si—Si-Bindung nicht, sondern überführt das Si_2Cl_6 bei Zimmertemperatur in $Si_2[N(CH_3)_2]_6$ (*149*)

$$Si_2Cl_6 + 12\ HN(CH_3)_2 \rightarrow Si_2[N(CH_3)_2]_6 + 6\ HN(CH_3)_2 \cdot HCl.$$

Die Hydrolyse von Si_2Cl_6 führt zu Oxidchloriden des Siliciums (*108*), bei der Alkoholyse entstehen Hexaalkoxysilane (*65, 67, 72*):

$$Si_2Cl_6 + 6\ ROH \rightarrow Si_2(OR)_6 + 6\ HCl.$$

Ein neuer Weg zu dieser Körperklasse stellt die Umsetzung mit Alkylnitriten bei −50 bis −60 °C dar (*148*):

$$Si_2Cl_6 + 6\ NO(OR) \rightarrow Si_2(OR)_6 + 6\ NOCl$$

$R = CH_3, C_2H_5$.

Mit Ammoniak erhält man Si—N-haltige Kondensationsprodukte (*9, 13, 14, 28, 109, 150*).

Die nahezu quantitativ verlaufende Hydrierung (*29, 30, 70*) eines von der Temperatur des flüssigen Stickstoffs auf Zimmertemperatur gebrachten Gemisches von Si_2Cl_6 und $LiAlH_4$ in Äther verläuft gemäß

$$Si_2Cl_6 + 6\ LiAlH_4 \rightarrow Si_2H_6 + 6\ LiCl + 6\ AlH_3$$

$$\text{bzw. } 2\ Si_2Cl_6 + 3\ LiAlH_4 \rightarrow Si_2H_6 + 3\ LiCl + 3\ AlCl_3.$$

Daneben tritt auch eine — durch $LiAlH_4$ katalysierte — Spaltung der Si—Si-Bindung unter Entwicklung von SiH_4 ein.

Mit Schwefel werden bei 300 °C Siliciumsulfochloride unregelmäßiger Zusammenetzung erhalten; die Reaktionsprodukte haben keinen Charakter einer Silicium-sub-verbindung mehr (*19*).

Bleiäthylmercaptid $Pb(SC_2H_5)_2$ liefert zwar primär $Si_2(SC_2H_5)_6$; dieses zersetzt sich aber bei der Destillation gemäß

$$x\ Si_2(SR)_6 \rightarrow [Si(SR)_2]_x + x\ Si(SR)_4.$$

$$3x\ Si(SR)_2 \rightarrow 2\ [SiSR]_x + x\ Si(SR)_4 \quad (\textit{62}).$$

Die Umsetzung mit Grignardverbindungen (*20, 38, 66, 67, 87, 104, 106, 150*) führt nach

$$Si_2Cl_6 + 6\ RMgX \rightarrow Si_2R_6 + 6\ MgXCl$$
$$X = Cl, Br, J; \quad R = Alkyl, Aryl$$

ebenso zu Organosiliciumverbindungen wie die Einwirkung von Metallalkylen (Li, Na) (*35—38a, 103, 106*).

Bei Reaktionen in Ätherlösung ist mit einer Ätherspaltung

$$Si_2Cl_6 + 6\ ROR \rightarrow Si_2(OR)_6 + 6\ RCl$$

zu rechnen (57).

Aufspaltung der Si—Si-Bindung findet statt mit Wasserstoff (143), mit Halogenen (102, 142), mit Alkyl- und Arylchloriden (6, 7, 144), bei Wurtz-Fittig-Reaktionen (103, 106), bei der Hochtemperaturkondensation mit Olefinen (69) und bei Reaktionen mit Kohlenwasserstoffen mittels Elektronenbestrahlungen (18). $Hg(CN)_2$ spaltet bei 100°C zu Cl_3SiCN (47).

Si_3Cl_8

Die Pyrolyse bei 250 °C im Bombenrohr ergibt ein viscoses Gemisch aller niedermolekularen Si-chloride, aus dem sich Kristalle von Si_6Cl_{14} abscheiden (142).

Die mit Trimethylamin katalysierte Disproportionierung verläuft bei Raumtemperatur gemäß

$$3\ Si_3Cl_8 \rightarrow Si_5Cl_{12} + 2\ Si_2Cl_6 \quad (70, 89, 147)$$

bzw. im geschlossenen System nach:

$$5\ Si_3Cl_8 \rightarrow 2\ Si_6Cl_{14} + 3\ SiCl_4 \quad (48, 52, 89, 140).$$

Bei der Hydrierung mit $LiAlH_4$ wird Si_3H_8 gebildet (70)

$$Si_3Cl_8 + 8\ LiAlH_4 \rightarrow Si_3H_8 + 8\ LiCl + 8\ AlH_3,$$

z. T. tritt aber auch eine durch $LiAlH_4$ katalysierte Spaltung zu $[SiH_2]_x$ und SiH_4 ein.

Si_5Cl_{12}

sollte in 3 isomeren Formen vorliegen. Nach (71) hat das bei 345 °C schmelzende, bei 70 °C im Hochvakuum sublimierende Disproportionierungsprodukt des Si_2Cl_6 Neopentyl-Struktur. Dagegen wird dem nach (70, 147) auf dem gleichen Wege dargestellten Produkt, das bei 306 °C schmilzt und bei 50 °C/HV sublimiert, eine komplexe Natur zugeschrieben, bei der vier zweiwertige $SiCl_2$-Liganden über Chlorbrücken an ein $SiCl_4$-Molekül gebunden sind.

Nach (89) wurden 2 verschiedene Si_5Cl_{12}-Individuen erhalten, von denen das eine — bei 340 °C schmelzende — sich in CCl_4 gut löste, während das andere — bei 345 °C schmelzende — darin unlösbar war.

M. Schmeißer und P. Voss

Mit $SiCl_4$, CH_3SiCl_3, $(CH_3)_2SiCl_2$ — nicht dagegen mit $(CH_3)_3SiCl$ — bildet Si_5Cl_{12} mäßig stabile Addukte (71)

$$Si_5Cl_{12} + SiCl_4 \rightleftarrows Si_5Cl_{12} \cdot SiCl_4;$$

diese bei Zimmertemperatur ablaufende Reaktion kann bei 125 °C umgekehrt werden.

Mit HCl findet Zersetzung gemäß

$$Si_5Cl_{12} + 4\,HCl \rightarrow 4\,SiHCl_3 + SiCl_4$$

statt (51, 70, 147).

Die Chlorierung mit elementarem Chlor führt bei 200 °C langsam zu $SiCl_4$ und Si_2Cl_6 (70, 147).

Die Hydrierung mit $LiAlH_4$ setzt bei −110 °C ein und verläuft in folgender Weise (70, 147):

$$Si_5Cl_{12} + 12\,LiAlH_4 \rightarrow SiH_4 + 4\,SiH_2 + 12\,LiCl + 12\,AlH_3.$$

Si_6Cl_{14}

Die katalytische Disproportionierung von Si_2Cl_6 führt im geschlossenen System zu festem Si_6Cl_{14} bzw. $Si_6Cl_{14} \cdot SiCl_4$ neben $[SiCl_2]_x$ und $SiCl_4$ (48, 52, 89, 140). Das locker angelagerte $SiCl_4$ kann bei 125 °C entfernt werden.

$$Si_6Cl_{14} + SiCl_4 \underset{125\,°C}{\overset{20\,°C}{\rightleftarrows}} Si_6Cl_{14} \cdot SiCl_4.$$

Die Geschwindigkeit der Sublimation ist groß, sie überlagert die bei 60 °C beginnende Zersetzung des Si_6Cl_{14} zu Si_5Cl_{12}:

$$x\,Si_6Cl_{14} \rightarrow x\,Si_5Cl_{12} + [SiCl_2]_x.$$

Dem auf obigem Wege erhaltenen Si_6Cl_{14} (Fp 320 °C, Subl.-P. 120 bis 125°C/HV) wird Neohexyl-Struktur zugeschrieben (71), wobei aber zu bedenken ist, daß bei einer Substanz der Formel Si_6Cl_{14} 5 Isomere zu erwarten sind. Si_6Cl_{14} ist in $SiCl_4$, $SiHCl_3$, CH_3OCH_3 und CH_2Cl_2 löslich, in Benzol unlöslich (48). Nach (89) ist es in Benzol gut löslich; zudem wurden 2 Produkte erhalten, von denen eines in CCl_4 löslich, das andere darin unlöslich ist.

3.2.3. Si_2Br_6

Da die der Si_2Cl_6-Darstellung analoge Reaktion von Caliumsilicid mit Brom (*68, 101, 107*) sich als wenig ergiebig erwiesen hat, empfiehlt es sich, Si_2Br_6 aus $[SiBr_2]_x$ und Brom bei 200 °C darzustellen (*142*). Das bei der Gewinnung des $[SiBr_2]$ aus $SiBr_4$ und Si anfallende Si_2Br_6 (vgl. 1.1.3.) ist für die Weiterverarbeitung nicht geeignet, da es mit — nicht abtrennbaren, aus dem Gefäßmaterial stammenden — $AlBr_3$ verunreinigt ist (*142*).

Die Pyrolyse von $[SiBr_2]_x$ bei 350 °C liefert Si_2Br_6 neben $[SiBr]_x$, $SiBr_4$, Si_3Br_8, Si_4Br_{10} und Si_5Br_{12} (*142*).

Beim Erwärmen auf 125 °C in Gegenwart von Trimethylamin disproportioniert Si_2Br_6 zu $SiBr_4$ und $[SiBr_2]_x$ (vgl. 1.1.3.). Die Reaktionsgleichung

$$x\ Si_2Br_6 \rightleftarrows x\ SiBr_4 + [SiBr_2]_x$$

stellt ein Gleichgewicht dar, wie durch entsprechende Experimente im Bombenrohr gezeigt werden konnte (*142*).

Eine „unvollständige" Disproportionierung von Si_2Br_6 — bei der die flüchtigen Reaktionsprodukte Gelegenheit hatten, aus dem Reaktionsraum zu entweichen —, ergab die Bildung von Si_3Br_8, Si_4Br_{10} und Si_5Br_{12} neben $SiBr_4$ (*142*).

Die Bromierung des Si_2Br_6 mit elementarem Brom zu $SiBr_4$ gelingt bei 200 °C; in Gegenwart von Trimethylamin geht diese Reaktion bei Zimmertemperatur vor sich (*142*).

Beim Einleiten von HCl-Gas in eine Si_2Br_6-Schmelze entstehen — unter Erhalt der Si—Si-Bindungen — gemischt-halogenierte Si_2Hal_6-Derivate: Si_2Br_5Cl (farblose Kristalle, Fp 89 °C), $Si_2Br_4Cl_2$ (farblose Kristalle, Fp 71 °C) und $Si_2Br_2Cl_4$ (farblose Flüssigkeit, Kp 160—162 °C; (*95*).

3.2.4. Si_2J_6

Silicium reagiert mit Jod im N_2-Strom bei 1100—1250 °C zu SiJ_4, das etwa 10 % Si_2J_6 enthält (*32, 150*). Einen Spezialfall dieser Reaktion stellt die Umsetzung von Si mit AgJ bei 800—900 °C dar, da das AgJ bei dieser Temperatur bereits merklich in Ag und Jod zerfallen ist (*61, 77*). Lange Zeit war die Umsetzung von SiJ_4 mit Silber bei 280—300 °C im evakuierten Bombenrohr (*31, 116*) die praktisch einzige Methode zur Darstellung von Si_2J_6. Es konnte gezeigt werden (*77*), daß die besten Ausbeuten durch 15stündiges Erhitzen auf 300—400 °C erzielt werden können. Der Ersatz des Ag durch Mg (*77*) (6stündiges Erhitzen auf 300 °C) bringt wegen der Schwierigkeit der Abtrennung des gebildeten MgJ_2 keine Vorteile (*77*).

Die Methode der Wahl besteht heute in der Pyrolyse des $[SiJ_{2,2}]_x$ bei 240 °C, bzw. des $[SiJ_2]_x$ bei 350 °C (vgl. 1.2.4.) (*32, 94*):

$$[SiJ_{2,2}]_x \xrightarrow{240\,°C} [SiJ_2]_x + Si_2J_6 + SiJ_4$$
$$\downarrow 350\,°C$$
$$[SiJ]_x + Si_2J_6 + SiJ_4,$$

bzw. in der Jodierung von Siliciumsubjodiden mit SiJ_4 (*151*) oder mit elementarem Jod im Bombenrohr bei 120 °C. Aus $(SiJ_{2,2})_x$ und $[SiJ_2]_x$ wird dabei Si_2J_6 neben SiJ_4, aus $[SiJ]_x$ ausschließlich Si_2J_6 gebildet (*32, 94*). 280 g $[SiJ_{2,2}]_x$ liefern bei 240 °C 75 g Si_2J_6 neben 205 g $[SiJ_2]_x$; diese 205 g $[SiJ_2]_x$ ergeben bei 350 °C nochmals 80 g Si_2J_6. Aus je 28 g der Subjodide $[SiJ_{2,2}]_x$, $[SiJ_2]_x$ und $[SiJ]_x$ entstehen bei der Umsetzung mit Jod 29 g bzw. 34,5 bzw 74,5g Si_2J_6.

Die Pyrolyse von Si_2J_6 führt bei ca. 400 °C zu $[SiJ]_x$ und SiJ_4 (*31, 32, 107, 115, 116*). In Gegenwart von Trimethylamin verläuft diese Reaktion bereits bei 250 °C (*77*).

Bei der Chlorierung mit $HgCl_2$ wird Si_2Cl_6, bei der Bromierung mit elementarem Brom in CS_2 Si_2Br_6 (*31*) und bei der Jodierung mit elementarem Jod (bei 190 °C) SiJ_4 gebildet (*32*).

4. Die Schmelz- und Siede-(bzw. Sublimations-)punkte der wichtigsten Verbindungen

Siehe Tabelle auf Seite 197.

5. Schlußbemerkungen

Mit vorstehendem Bericht wurde eine Übersicht über die Darstellungsmethoden und Reaktionen der in den letzten Jahren in zunehmend stärker werdendem Maße bearbeiteten Klasse der Siliciumsubhalogenide gegeben. Es sollte und konnte nicht das Ziel dieser Ausführungen sein, handbuchähnliche Vollständigkeit anzustreben.

Wie in den Vorbemerkungen dargelegt, klaffen noch beträchtliche Lücken in unseren Kenntnissen über die Subhalogenide. Präparatives Material ist in großer Fülle erarbeitet worden, aber viele Fragen nach Strukturen und Bindungsverhältnissen harren — was bei den chemischen Eigen-

Tabelle. *Die Schmelz- und Siede-(bzw. Sublimations-)punkte der wichtigsten Verbindungen.*

	F Fp/Kp (Lit.)	Cl Fp/Kp (Lit.)	Br Fp/Kp (Lit.)	J Fp/Kp (Lit.)
SiX_4	$-90,2/1318$ Torr SbP $-95,7$	$-68/57,0$	$+5,2/154$	$120,5/287,5$
Si_2X_6	$-18,6/$SbP $-18,9$ (*100*)	$-1/145$ (*64*)	$+95,0/265$ (*12*) ——/SbP 90/HV (*142*)	$262/$SbP 110/HV (*77*) (Zers.)
Si_3X_8	$-1,2/+42,0$ (*132*)	-67 (*10*)$/210/13$ (*64*)	$+43,3/125*/$HV (*142*) $+133$ (*12*)/——	
Si_4X_{10}	$+66/68/+85,1$ (*132*)	——$/149/51/15$ Torr (*10*) ——$/95*/$HV (*142*)	$+64,6/180*/$HV (*142*) $+185$ (*12*)/——	
Si_5X_{12}		$+345 \pm 2/$SbP 70/HV (*51*) ——$/190/15$ Torr (*10*) ——$/140*/$HV (*142*)	——$/220*$ HV (*142*)	
Si_6X_{14}		$+320 \pm 3/$SbP 120/HV (*52*) —— /SbP 180*/HV (*142*) ——$/$SbP 200/HV (*10*)		

* Badtemperatur

heiten eines überwiegenden Teils der in Frage kommenden Verbindungen nicht verwunderlich ist — noch der Beantwortung. Manche, von verschiedenen Bearbeitern stammenden Ergebnisse widersprechen einander noch. Die Verfasser sahen aber ihre Aufgabe darin, durch die Zusammenstellung der auf präparativer Grundlage erzielten Fortschritte die reizvollen Probleme aufzuzeigen, die in der Zukunft auf ihre Lösung warten.

6. Literatur

1. *Anderson, H. H.:* Replacement of Elements Attached to Silicon, Germanium and Phosphorus in Some of their Volatile Compounds. J. Amer. chem. Soc. *72*, 2761 (1950).
2. *Andrejew, D. N.:* Über den Kettenmechanismus der Kondensation von Siliciumtetrachlorid mit Cyclohexan und Benzol bei der stillen Entladung. Ber. Akad. Wiss. UdSSR [N.S.] *100*, 263 (1955).
3. — Synthese siliciumorganischer Verbindungen durch elektrische Glimmentladungen. J. prakt. Chem. [4] *23*, 288 (1964).
4. —, u. *E. W. Kucharskaja:* Kondensation von $SiCl_4$ in stillen Entladungen. J. angew. Chem. [UdSSR] *36*, 2309 (1963).
4a. *Andrianow, K.:* Darstellung von Siliciumtetrachlorid und seine Verwendung als Ausgangspunkt für Kieselsäureester. C.R. [Doklady] Acad. Sci. URSS *28*, 66 (1940).
5. *Antipin, P. F.,* u. *W. W. Ssergejew:* Subchloride des Siliciums. J. angew. Chem. [Moskau-Leningrad] *27*, 784 (1954).
6. *Barry, A. J., J. W. Gilkey,* and *L. D. Pree:* Silicon halides. Dow Chemical Co. A.P. 2474087 (1949).
7. — — Dow Corning Co., F.P. 966214 (1950).
8. *Bassler, J. M., P. L. Timms,* and *J. L. Margrave:* Silicon-Fluorine Chemistry. III. Infrared Studies of SiF_2 and its Reactions in Low-Temperature Matrices. Inorg. Chem. *5*, 729 (1966).
9. *Besson, A.:* Sur les combinaisons du gaz hydrogène phosphoré et du gaz ammoniac avec le chlorure de bore et le sesquichlorure de silicium. Compt. rend. *110*, 516 (1890).
10. —, et *L. Fournier:* Obtention de nouveaux chlorures de silicium de la série silicométhanique. Compt. rend. *148*, 839 (1909).
11. — — Sur les chlorures de silicium. Compt. rend. *149*, 34 (1909).
12. — — Sur les composés bromés et hydrobromés du silicium. Comp. rend. *151*, 1055 (1910).
13. *Billy, M.:* Action de l'ammoniac sur l'hexachlorodisilane. Compt. rend. *250*, 4163 (1960).
14. — Sur la réaction d'ammoniolyse des chlorures de silicium Si_nCl_{2n+2}. Compt. rend. *251*, 1639 (1960).
15. *Bloching, H.:* Darstellung und Eigenschaften des Siliciumdichlorids $(SiCl_2)_x$. Dissertation, Freie Univ. Berlin 1961.
16. *Bonitz, E.:* Lepidoide. 6. Mitt. Ein neuer Weg zur Herstellung von aktivem Silicium oder Siliciummonochlorid. Chem. Ber. *94*, 220 (1961).

17. — Verfahren zur Herstellung von pyrophorem Silicium und Polysilicium-halogeniden. Badische Anilin- u. Soda-Fabrik A.-G., DBP 1132901 (1962).

17a. — Reaktionen des elementaren Siliciums. Angew. Chem. *78*, 475 (1966).

18. *Brown, J. F. jr.:* Herstellung von Organohalogensilanen. General Electric Co., DAS 1048920 (1959).

19. *Buschfeld, A.:* Zur Kenntnis der Sulfohalogenide des Siliciums. Dissertation, T.H. Aachen 1962.

20. *Bygdén, A.:* Über neue Silicium-Kohlenwasserstoff-Verbindungen. Ber. dtsch. chem. Ges. *45*, 707 (1912).

21. *Clasen, H.:* Herstellung von Si_2Cl_6. Siemens u. Halske A.-G., A.P. 2900225 (1959).

22. *Cooper, G. D.:* and *A. R. Gilbert:* Cleavage and Disproportionation of Polychlorodisilanes, Trichloromethylchlorosilanes and Hexachlorodisiloxane by Amines and Ammonium Salts. J. Amer. chem. Soc. *82*, 5042 (1960).

23. *Combes, C.:* Sur la préparation du silicichloroforme, du silicibromoforme et sur quelques dérivés du triphényl-silicoprotane. Compt. rend. *122*, 531 (1896).

24. *Deville, H. St. C.:* Memoire sur le silicium. Ann. Chim. Phys. [3] *49*, 76 (1857).

25. *Ehlers, K. P.:* Zur Darstellung des Siliciumsubfluorids $(SiF_2)_n$. Dissertation, T.H. Aachen 1964.

26. *Enk, E.,* u. *J. Nickl:* Herstellung von reinem Si_2Cl_6. Wacker-Chemie G.m.b.H., DAS 1082890 (1960); E.P. 923784 (1963).

27. — — Verfahren zur Herstellung von hochreinem Siliciumhexachlorid. Wacker-Chemie G.m.b.H., DAS 1142848 (1963).

28. *Fernelius, W. C.,* and *G. B. Bowman:* Ammonolysis in Liquid Ammonia. Chem. Rev. *26*, 3 (1940).

29. *Finholt, A. E., A. C. Bond,* and *H. I. Schlesinger,* Lithium Aluminium Hydride, Aluminium Hydride and Lithium Gallium Hydride, and Some of their Applications in Organic and Inorganic Chemistry. J. Amer. chem. Soc. *69*, 1199 (1947).

30. —, *A. C. Bond, K. E. Wilzbach,* and *H. I. Schlesinger:* The Preparation and Some Properties of Hydrides of Elements of the Fourth Group of the Periodic System and of their Organic Derivates. J. Amer. chem. Soc. *69*, 2692 (1947).

31. *Friedel, C.,* et *A. Ladenburg:* Sur la série éthylique du silicium. Ber. dtsch. chem. Ges. *2*, 60 (1869); Bull. Soc. Chim. *12*, 92 (1870); *16*, 244 (1871); Compt. rend. *73*, 1011 (1871); Ann. Chim. Phys. *19*, 390 (1880); Liebigs Ann. Chem. *203*, 241 (1880); Compt. rend. *68*, 920 (1869).

32. *Friederich, K.:* Zur Kenntnis der Siliciumsubjodide und ihrer Reaktionen mit Chlor, Brom und Jod. Dissertation, T.H. Aachen 1965.

33. *Gattermann, L.,* u. *E. Ellery:* Über Silicomesoxalsäure. Ber. dtsch chem. Ges. *32*, 1114 (1899).

34. —, u. *K. Weinlig:* Zur Kenntnis der Siliciumverbindungen. Ber. dtsch. chem. Ges. *27*, 1943 (1894).

35. *Gilman, H.,* and *C. E. Dunn:* Preparation and Properties of Hexaaryldisilanes. J. Amer. chem. Soc. *73*, 5077 (1951).

36. —, and *T. C. Wu:* Analogs of Hexaphenylethane. I. Hexaaryldisilanes Containing Phenyl and p-Tolyl Groups. J. Amer. chem. Soc. *75*, 3762 (1953).

M. Schmeißer und P. Voss

37. —, and *K. Oita:* Some 2-Biphenylyl Substituted Organosilicon Compounds. J. org. Chemistry *20*, 862 (1955).

38. —, and *G. D. Lichtenwalter:* Scission of the Silicon-Silicon Bond in Halogenated Polysilanes by Organometallic Reagents. J. org. Chemistry *24*, 1588 (1959).

38a. —, *W. H. Atwell*, and *F. K. Cartledge:* Compounds of Silicon, Germanium, Tin, and Lead. Advances Organometallic Chem. *4*, 1 (1966).

39. *Gregor, Mc. R. R.:* Silicones and their uses, S. 228. New York 1954.

40. *Hengge, E.*, u. *G. Scheffler:* Polychlorsilane and Polymethoxysilane. Naturwissenschaften *50*, 474 (1963).

41. — — Farbe und Fluorescenz von ringförmigen Si-Verbindungen. 5. Mitt. Zur Kenntnis schichtförmiger Si-Verbindungen des Typs $(SiX)_n$. Mh. Chem. *95*, 1450 (1964).

42. *Herrmann, W.:* Die Darstellung hochpolymerer Bromsilane durch Einwirkung von Magnesium auf Siliciumtetrabromid. Dissertation, Univ. Rostock 1960; Wiss. Z. Univ. Rostock, math.-naturwiss. R. *9*, 401 (1959/60).

43. *Hertwig, K. A.*, u. *E. Wiberg:* Über Siliciumsubchloride. 1. Mitt. Darstellung und Eigenschaften von Siliciumsubchloriden. Z. Naturforsch. *6b*, 336 (1951).

44. —Über Siliciumsubchloride. 2. Mitt. Umsetzung von Siliciumsubchloriden mit Methylchlorid. Z. Naturforsch. *6b*, 337 (1951).

45. — Herstellung von Siliciumsubverbindungen. DAS 1040518 (1958); DAS 1040519 (1958).

46. *Kaczmarczyk, A.:* Univ. Microfilms (Ann Arbor, Mich.), L. C. Card No. Mic. 60-4689, 80 pp. Dissertation Abstr. *22*, 424 (1961).

47. —, and *G. Urry:* Preparation and some Properties of Trichlorocyanosilane. J. Amer. chem. Soc. *81*, 4112 (1959).

48. — — A new synthesis for Hexasilicon tetradecachloride, Si_6Cl_{14}. J. Amer. chem. Soc. *82*, 751 (1960).

49. —, *M. Millard*, and *G. Urry:* Pentasilicon dodecachloride, Si_5Cl_{12}. J. Inorg. Nucl. Chem. *17*, 186 (1961).

50. —, and *G. Urry:* Complexes of Disilicon hexachloride with Trimethylamin. J. Inorg. Nucl. Chem. *26*, 415 (1964).

51. —, *M. Millard, J. W. Nuss*, and *G. Urry:* The Preparation and some Properties of a new Pentasilicon dodecachloride, Si_5Cl_{12}. J. Inorg. Nucl. Chem. *26*, 421 (1964).

52. —, *J. W. Nuss*, and *G. Urry:* The Preparation and some Properties of Hexasilicon tetradecachloride, Si_6Cl_{14}. J. Inorg. Nucl. Chem. 26, 427 (1964).

52a. — Probleme der Siliciumchemie — Zweidimensionale Kristallstrukturen. Z. Naturforsch. *7b*, 174 (1952).

53. —, u. *L. Haase:* Darstellung einer neuartigen, besonders reaktionsfähigen Form des Siliciums. Z. Naturforsch. *8b*, 45 (1953).

54. — — Ein Versuch, das $CaSi_2$-Gitter zu freien zweidimensionalen Siliciumnetzen abzubauen. Chem. Ber. *86*, 1226 (1953).

55. —, u. *H. Kautsky jr.:* Anwendung der Svedbergschen Kolloidzerstäubungsmethode zur chemischen Synthese. Z. Naturforsch. *9b*, 235 (1954). *H. Kautsky jr.:* Dissertation, Marburg 1955.

56. — — Die Anwendung von Hochspannungskurzschlußfunken zur chemischen Synthese. Chem. Ber. *89*, 571 (1954).

57. *Kipping, F. S.*, and *R. A. Thompson:* The Action of Disilicon Hexachloride on Ether. J. chem. Soc. [London] *1928*, 1989.

58. *Köster, A.:* Über eine neue präparative Methode zur Darstellung flüchtiger Chloride. Angew. Chem. *69*, 563 (1957).

59. *Kohlschütter, H. W.*, u. *H. Mattner:* Zersetzung von Hexachlordisilan an Kupfer und in Glasgefäßen. Z. anorg. allg. Chem. *282*, 169 (1955).

60. *Kreuder, H. J.:* Zur Kenntnis der Siliciumsubfluoride. Dissertation, T.H. Aachen 1961.

61. *Lieser, K. H., H. Elias* u. *H. W. Kohlschütter:* Darstellung von wasserfreien, flüchtigen Metallhalogeniden in geschlossener Apparatur. II. Darstellung von Halogeniden des Bors und Siliciums. Z. anorg. allg. Chem. *313*, 199 (1961).

62. *Lugauer, J.:* Über die Thioalkoholyse der Siliciumsubhalogenide $(SiBr_2)_x$ und Si_2Br_6. Dissertation, T.H. Aachen 1960. Diplomarbeit, Univ. München 1958 (unveröffentlicht).

63. *Margrave, J. L.:* Recent progress in fluorine chemistry. NASA Accession No. N65-14640, Rept. No. AD 451711. Avail. CFSTI, 8 pp. (1964).

64. *Martin, G.:* Researches on Silicon Compounds. Part VI. Preparation of Silicon Tetrachloride, Disilicon Hexachloride, and the Higher Chlorides of Silicon by the Action of Chlorine on 50 per cent. Ferrosilicon, Together with a Discussion on Their Mode of Formation. J. chem. Soc. [London] *105*, 2836 (1914).

65. — Researches on Silicon Compounds. Part VII. The Action of Ethyl Alcohol on Disilicon Hexachloride. J. chem. Soc. [London] *105*, 2860 (1914).

66. — Über die Einwirkung von Methylmagnesiumjodid auf Siliciumhexachlorid. Ber. dtsch. chem. Ges. *46*, 2442 (1913).

67. — Wasserstoff entwickelnde organische Siliciumverbindungen aus Siliciumhexachlorid und Methylmagnesiumbromid und -jodid. Ber. dtsch. chem. Ges. *46*, 3289 (1913).

68. *Moissan, H.*, et *Holt:* Préparation et propriétés d'un siliciure de vanadium. Comp. rend. *135*, 78 (1902).

69. *Mironow, W. F.:* Eine neue Methode zur Synthese von Organosiliciumverbindungen durch Hochtemperaturkondensation von Olefinen und Chlorolefinen mit Siliciumhydriden. Collect. czechoslov. chem. Commun. *25*, 2167 (1960).

70. *Neumaier, A.:* Über die asymmetrische Spaltung von Disilanen und Trisilanen und zur Kenntnis eines kristallinen Dodecachlor-pentasilans Si_5Cl_{12}. Dissertation, Univ. München 1960.

71. *Nuss, J. W.*, and *G. Urry:* On the Structures of Pentasilicon dodecachloride, Si_5Cl_{12}, and Hexasilicon Tetradecachloride, Si_6Cl_{14}. J. Inorg. Nucl. Chem. *26*, 435 (1964).

72. *Okawara, R., T. Tanaka*, and *K. Maruo:* A Note on Some Alkoxydisilanes. Bull. chem. Soc. Japan *28*, 189 (1955).

73. — — Hexamethoxy Disilane. Bull. Chem. Soc. Japan *27*, 119 (1954).

74. *Pearson, R.:* Zur Kenntnis der Subfluoride des Siliciums. Dissertation, Univ. München 1955.

75. *Pease, D. C.:* Difluorosilylene and its polymers. E. I. du Pont de Nemours & Co. A.P. 2840588 (1958).

76. — Dihalogenodifluorosilanes. E.I. du Pont de Nemours & Co. A.P. 3026173 (1962).

77. *Petereit, A.:* Reaktionen zur Darstellung von Siliciumsubjodiden. Dissertation, T.H. Aachen 1964.

M. Schmeißer und P. Voss

78. *Pflugmacher, A.,* u. *I. Rohrmann:* Notiz zur Darstellung des Silicium-monobromids. Z. anorg. allg. Chem. *290,* 101 (1957).
79. *Quig, J. B.,* and *J. A. Wilkinson:* Preparation of Disilicon Hexachloride. J. Amer. chem. Soc. *48,* 902 (1926).
80. *Rochow, E. G.,* and *R. Didtschenko:* Lower Chlorides of Silicon. J. Amer. chem. Soc. *74,* 5545 (1952).
81. *Rosenberger, G.:* Herstellung von Siliciumhexachlorid. Siemens & Halske A.G. DAS 1014971 (1957).
82. *Ruff, O.:* Die Chemie des Fluors, S. 119. Berlin: Verlag Julius Springer 1920.
83. *Schäfer, H.:* Bemerkungen zur Entstehung höhermolekularer Silicium-chloride im Abschreckrohr. Z. anorg. allg. Chem. *274,* 265 (1953).
83a. —, u. *J. Nickl:* Über das Reaktionsgleichgewicht $Si + SiCl_4 = 2 SiCl_2$ und die thermochemischen Eigenschaften des gasförmigen Silicium(II)-chlorids. Z. anorg. allg. Chem. *274,* 250 (1953).
83b. — Chemische Transportreaktionen. Weinheim 1962.
84. *Schenk, P. W.,* u. *H. Bloching:* Darstellung und Eigenschaften des Sili-ciumdichlorids $(SiCl_2)_x$. Z. anorg. allg. Chem. *334,* 57 (1964).
85. *Schmeißer, M.:* Neue Reaktionen auf dem Gebiet der anorganischen Säurehalogenide. GDCh-Vortrag. Angew. Chem. *66,* 182 (1954).
86. — Niedere Siliciumfluoride und -bromide sowie deren Derivate. Angew. Chem. *66,* 713 (1954). Silicium, Schwefel, Phosphate. Colloq. Sek. Anorg. Chem. Intern. Union Reine und Angew. Chem. Münster *1954,* 28 (Pub. 1955).
87. —, u. *H. Schröter:* Über die Einwirkung von Halogen und Halogenwas-serstoff auf die Siliciumsubbromide Si_2Br_6 und $(SiBr_2)_n$. Diplomarbeit, Univ. München 1956 (unveröffentlicht).
88. —, u. *H. J. Kreuder:* Über die Umsetzung von Siliciumhalogeniden mit Wasserstoff in der Glimmentladung. Diplomarbeit, Univ. München 1959 (unveröffentlicht).
89. —, u. *A. Petereit:* Darstellung von Siliciumchloriden der Reihe Si_nCl_{2n+2} insbesondere des Si_5Cl_{12} und des Si_6Cl_{14} durch Disproportionierung des Si_2Cl_6 mit $N(CH_3)_3$. Diplomarbeit, T.H. Aachen 1961 (unveröffentlicht).
90. —, u. *P. Voss:* Zur Kenntnis der Siliciumsubhalogenide. Diplomarbeit, T.H. Aachen 1961 (unveröffentlicht).
91. —, u. *K. Friederich:* Versuche zur Darstellung von Siliciumsubjodiden insbesondere von $(SiJ_2)_n$. Diplomarbeit, T.H. Aachen 1963 (unver-öffentlicht).
92. —, u. *M. Schwarzmann:* Das Silicium-dibromid $(SiBr_2)_n$ und seine Deri-vate. Z. Naturforsch. *11b,* 278 (1956).
93. —, u. *K.-P. Ehlers:* Siliciumdifluorid $(SiF_2)_x$. Angew. Chem. *76,* 781 (1964).
94. —, u. *K. Friederich:* Siliciumdijodid $(SiJ_2)_x$. Angew. Chem. *76,* 782 (1964).
95. —, u. *P. Voss:* Über das Siliciumdichlorid $(SiCl_2)_x$. Z. anorg. allg. Chem. *334,* 50 (1964).
96. —, u. *B. Busse:* Über die Reaktionen des $(SiJ_2)_x$ mit Wasser und Carbon-säuren. Diplomarbeit, T.H. Aachen 1965 (unveröffentlicht).
97. *Schröter, H.:* Zur Kenntnis der Silicium- und Kohlenstoffsubhalogenide, besonders des $(SiBr_2)_x$ und des CCl_2. Dissertation, T.H. Aachen 1960.
98. *Schumb, W. C.,* and *E. L. Gamble:* Hexafluorodisilane. J. Amer. chem. Soc. *53,* 3191 (1931).
99. — — Fluorochlorides of Silicon. J. Amer. chem. Soc. *54,* 3943 (1932).

100. — — Hexafluorodisilane. J. Amer. chem. Soc. *54*, 583 (1932).
101. —, and *C. H. Klein:* The Oxybromides of Silicon. J. Amer. chem. Soc. *59*, 261 (1937).
102. —, and *H. H. Anderson:* Fluorochlorobromides of Silicon. J. Amer. chem. Soc. *59*, 651 (1937).
103. —, *J. Ackermann jr.,* and *C. M. Saffer jr.:* Studies in Organosilicon Synthesis. I. The Wurtz Reaction with Silicon Chlorides. J. Amer. chem. Soc. *60*, 2486 (1938).
104. —, and *C. M. Saffer jr.:* Studies in Organo-Silicon Synthesis. II. Reactions of Aryl Grignard Reagents with Silicon Halides. J. Amer. chem. Soc. *61*, 363 (1939).
105. —, and *E. L. Gamble:* Inorganic Syntheses, p. 42. *H. S. Booth,* Editor-in-Chief. New York: McGraw-Hill Book Company, Inc. 1939.
106. —, and *C. M. Saffer jr.:* Studies in Organo-Silicon Synthesis. III. Two-Stage Wurtz Reactions with Silicon Halides. J. Amer. chem. Soc. *63*, 93 (1941).
107. — The Halides and Oxyhalides of Silicon. Chem. Reviews *31*, 587 (1942).
108. —, and *R. A. Lefever:* The partial hydrolysis of hexachlorodisilane. J. Amer. chem. Soc. *75*, 1513 (1953).
109. *Schwarz, R.,* u. *W. Sexauer:* Silicium-Stickstoff-Verbindungen mit Siliciumbrücke. Ber. dtsch. chem. Ges. *59*, 333 (1926).
110. —, u. *U. Gregor:* Über ein Siliciumchlorid der Formel SiCl. Z. anorg. allg. Chem. *241*, 395 (1939).
111. —, u. *H. Meckbach:* Über ein Siliciumchlorid der Formel $Si_{10}Cl_{22}$. Z. anorg. allg. Chem. *232*, 241 (1937).
112. —, u. *G. Pietsch:* Versuche zur Darstellung des Siliciumdichlorides. Z. anorg. allg. Chem. *232*, 249 (1937).
113. —, u. *R. Thiel:* Einige neue Halogenide des Siliciums. II. Z. anorg. allg. Chem. *235*, 247 (1938).
114. — Neuartige Verbindungen des Siliciums. Angew. Chem. *51*, 328 (1938).
115. — Kohlenstoff und Silicium. Eine vergleichende Betrachtung. Schr. Königsberger Gelehrten Ges., naturwiss. Kl. *18*, 61 (1942).
116. —, u. *A. Pflugmacher:* Einige neue Halogenide des Siliciums. 5. Mitt. Über die Siliciumjodide. Ber. dtsch. chem. Ges. *75*, 1062 (1942).
117. —, u. *C. Danders:* Einige neue Halogenide des Siliciums. 6. Mitt. Formel und Konstitution eines Silicosebacinsäurederivates. Z. anorg. allg. Chem. *253*, 273 (1947).
118. — — Einige neue Halogenide des Siliciums. 7. Mitt. Chem. Ber. *80*, 444 (1947).
119. — Neues aus der Chemie langkettiger Siliciumverbindungen. Angew. Chem. A *59*, 20 (1947).
120. —, u. *A. Köster:* Einige neue Halogenide des Siliciums. 8. Mitt. Über ringförmig gebaute Siliciumchloride. Z. anorg. allg. Chem. *270*, 2 (1952).
121. — — Über ringförmig gebaute Siliciumchloride. Z. Naturforsch. *7b*, 57 (1952).
122. — Die Chemie des Siliciums. Angew. Chem. *67*, 117 (1955).
123. *Schwarzmann, M.:* Über das Silicium(II)-bromid $(SiBr_2)_x$ und seine Derivate. Dissertation, Univ. München 1956.
124. *Seibt, H.:* Zur Kenntnis des $(SiBr_2)_n$. (Reaktionen mit Schwefel, Aminen, Äthylenoxyd.) Dissertation, T.H. Aachen 1959.
125. *Stähler, A.,* u. *F. Bachra:* Zur Kenntnis des Titans. Chem. Ber. *44*, 2906 (1911).

126. *Shiihara, I.,* and *J. Iyoda:* Preparation of Chloropolysilane from the Copper catalyzed Reaction of Silicon Metal and Hydrogen Chloride. Bull. Chem. Soc. Japan *32,* 636 (1959).
127. *Stedman, D. F.:* Chloropolysilanes. Honorary Advisory Council for Scientific and Industrial Research. A.P. 2621111 (1952).
128. *Stock, A., A. Brandt* u. *H. Fischer:* Der Zinklichtbogen als Reduktionsmittel. Ber. dtsch. chem. Ges. *58,* 643 (1925).
129. *Svedberg, T.:* Die Methoden zur Herstellung kolloider Lösungen anorganischer Stoffe. 3. Aufl. Dresden u. Leipzig: Verlag Th. Steinkopff 1922.
130. *Tachiki, K., M. Sada,* and *Y. Yamashita:* Siliciumhexachlorid. Japan. Ausl. 13353/63, 1963.
131. — Hochaktives Silicium-Pulver. Japan. Ausl. 24163/65 (1965).
131a. *Thompson, J. C., J. L. Margrave,* and *P. L. Timms:* Reaction of Silicon Difluoride with Ethylene and with Fluorinated Ethylene Derivatives. Chem. Commun. *16,* 566 (1966).
131b. —— Chemistry of Silicon Difluoride. Science, *155,* 669 (1967).
132. *Timms, P. L., R. A. Kennt, T. C. Ehlert,* and *J. L. Margrave:* Silicon-Fluorine Chemistry. I. Silicon Difluoride and the Perfluorosilanes. J. Amer. chem. Soc. *87,* 2824 (1965).
133. —, *T. C. Ehlert, J. L. Margrave, F. E. Brinckman, T. C. Farrar,* and *T. D. Coyle:* Silicon-Fluorine Chemistry. II. Silicon-Boron Fluorides. J. Amer. chem. Soc. *87,* 3819 (1965).
134. —, *R. A. Kent, T. C. Ehlert,* and *J. L. Margrave,* Some Properties of Silicon Difluoride. Nature [4993] *207,* 187 (1965).
135. —, *D. D. Stump, R. A. Kent,* and *J. L. Margrave:* Silicon-Fluorine Chemistry. IV. The Reaction of Silicon Difluoride with Aromatic Compounds. J. Amer. chem. Soc. *88,* 940 (1966). SiF$_2$. Expanding Silicone-Fluorine Chemistry. Chem. Engng. News *43,* 40 (1965).
136. *Toral, T.:* Darstellung von Hexachlordisilan. An. Soc. españ. Fisica Quim. *23,* 225 (1935).
137. *Troost, L.,* et *P. Hautefeuille:* Sur les sous-chlorures et les oxychlorures de silicium. Compt. rend. *73,* 563 (1871).
138. —— Sur la volatilisation apparente du silicium et du bore. Bl. Soc. Chim. (2) *16,* 240 (1871); Compt. rend. *73,* 443 (1871); Ann. Chim. Phys. (5) *7,* 459 (1876).
139. —— Sur les corps composés susceptibles de se produire à une température très-supérieure à celle qui détermine leur décomposition complète. Compt. rend. *84,* 946 (1877).
140. *Urry, G.:* Recent Developments in the Chemistry of Perchloropolysilanes. J. Inorg. Nucl. Chem. *26,* 409 (1964).
141. *Vielberg, F.:* Über die Additionsverbindungen von Siliciumhalogeniden mit tertiären organischen Basen. Dissertation, T.H. Aachen 1956.
142. *Voss, P.:* Darstellung und Reaktionen von Siliciumsubhalogeniden. Dissertation, T.H. Aachen 1962.
143. *Wagner, G. H.:* Hydrogenation of Silicon Compounds. Union Carbide & Carbon Corp. A.P. 2606811 (1952).
144. —, and *W. G. Whitehead:* Resolving Chlorosilane Mixtures. Union Carbide & Carbon Corp. A.P. 2752379 (1956).
145. *Walton, W. L.:* Chloropolysilanes. General Electric Co. A.P. 2602728 (1952).
146. *Wannagat, U.:* Einige neuere Ergebnisse und Probleme aus der Chemie der siliciumorganischen Verbindungen. Angew. Chem. *69,* 516 (1957).

147. *Wiberg, E.,* u. *A. Neumaier:* Spaltungsreaktionen an den Chlorsilanen Si_2Cl_6, Si_3Cl_8 und Si_5Cl_{12}. Angew. Chem. *74*, 514 (1952).
148. —, *O. Stecher* u. *A. Neumaier:* Über eine neue Methode zur Darstellung von Hexaalkoxydisilanen. Inorg. nucl. Chem. Letters *1*, 31 (1965).
149. — — — Zur Kenntnis eines Hexa-dimethyl-amino-disilans. Inorg. nucl. Chem. Letters *1*, 33 (1965).
150. *Wilkins, C. J.:* The Reactions of Hexachlorodisilane with Ammonium Halides and Trimethylamine Hydrohalides. J. chem. Soc. [London] *1953*, 3409.
151. *Wolf, E.,* u. *M. Schönherr:* Zur Darstellung von Di- und Trijodsilan. Z. Chem. *2*, 154 (1962).
152. —, u. *C. Herbst:* Zur Thermochemie der Halogensilane. III. Experimentelle Untersuchung des Reaktionsgleichgewichtes $SiBr_4(g) + Si(f) = 2\ SiBr_2(g)$. Z. anorg. allg. Chem. *347*, 113 (1966).
153. —, u. *R. Teichmann:* Zur Thermochemie der Halogensilane. IV. Experimentelle Untersuchung des Reaktionsgleichgewichtes $SiCl_4(g) + Si(f) = 2\ SiCl_2(g)$. nach der Strömungsmethode. Z. anorg. allg. Chem. *347*, 145 (1966).